MS Office 高效办公必修

王燕凤　著

中国科学技术出版社

·北　京·

图书在版编目（CIP）数据

MS Office 高效办公必修 / 王燕凤著 . -- 北京 : 中国科学技术出版社 , 2024. 12. -- ISBN 978-7-5236-1023-7

Ⅰ . TP317.1

中国国家版本馆 CIP 数据核字第 2024WA2146 号

策划编辑	李　洁	
责任编辑	曹小雅	
封面设计	沈　琳	
正文设计	中文天地	
责任校对	焦　宁	
责任印制	李晓霖	

出　　版	中国科学技术出版社	
发　　行	中国科学技术出版社有限公司	
地　　址	北京市海淀区中关村南大街 16 号	
邮　　编	100081	
发行电话	010-62173865	
传　　真	010-62173081	
网　　址	http://www.cspbooks.com.cn	

开　　本	787mm×1092mm　1/16	
字　　数	349 千字	
印　　张	19.75	
版　　次	2024 年 12 月第 1 版	
印　　次	2024 年 12 月第 1 次印刷	
印　　刷	河北鑫玉鸿程印刷有限公司	
书　　号	ISBN 978-7-5236-1023-7 / TP·499	
定　　价	68.00 元	

前 言

在这个信息化、数字化快速发展的时代，掌握办公软件不仅是一种技能，更是实现职业目标、提升团队协同、优化时间管理的关键工具。

Microsoft Office（本书简写为 MS Office）是全球使用最广泛的办公软件之一，它强大的功能几乎触及了我们工作的每一个角落，比如制作专业报告的 Word、处理复杂数据的 Excel、创建精美演示的 PowerPoint，还有 Outlook、OneNote 等其他工具，MS Office 的应用范围之广、功能之全面，令人惊叹。然而，很多用户在使用过程中往往只使用该软件的表面功能，未发掘其深层次的、可以极大提升工作效率的能力。这也是本书诞生的初衷——让 MS Office 变成强有力的"工作武器"。

本书不仅适合初学者，帮助初学者建立坚实的基础，也适合中高级用户，通过深入的指导和实用的案例，帮助大家更好地掌握 MS Office。通过真实的办公场景，引导读者理解和掌握每一个功能，以及其如何帮助我们解决实际问题，这不仅是技术的操作，还有思维方式的转变。

此外，随着远程办公和数字协作成为新常态，本书还重点介绍了如何利用 MS Office 进行高效的团队协作，以及如何保护我们的数据安全，确保信息的安全传输和存储。

《MS Office 高效办公必修》不仅是一本教科书，更是一本实践指南。我们希望这本书不会被束之高阁，而是出现在大家的办公桌上，被大家反复参考。更重要的是，我希望这本书能够激发你对工作方式的新思考，让高效不再是难以触及的目标，而是可实现的常态。

在快节奏的现代生活中，时间就是资源，效率即是金钱。让我们一起通过掌握 MS Office 的强大功能，开启高效办公的新篇章。

在本书的创作过程中，我得到了许多宝贵的帮助和支持，我要向所有给予我帮助的人表示深深的感谢。

首先，我要感谢我的家人，他们的理解和支持是我能够专心写作的重要基础。在我工作时，家人总是默默地在旁边，为我提供了一个安静舒适的环境。

其次，我要特别感谢西北民族大学语言与文化计算教育部重点实验室，计算机科学与民族信息技术一流学科及计算机应用技术创新团队，国家民委专项生态系统恢复建模理论及其应用创新团队，国家民委专项计算机网络与信息安全创新团队，国家民委专项青藏高原碳循环模型构建及空间固碳区预测项目的资金支持为这本书的研究、写作和出版提供了坚实的基础。

再次，向所有在技术支持、图像设计和印刷方面给予帮助的专业人士表达我的谢意，他们的努力使本书在内容与形式上都达到了一个更高水准。

最后，我要感谢每一位读者，是你们的需求和反馈促使了这本书的诞生。我衷心希望这本书能够帮助你们更高效地使用 MS Office，提升工作效率，实现职业目标。

感谢大家的共同努力，使本书得以完结。

王燕凤

2024 年 11 月

目录
CONTENTS

第1章 Word 的基本操作——轻松上手，高效办公 ·········· 001

1.1 文件操作：掌握文档的生命线 ·········· 001

　　1.1.1 新建文档 ·········· 001

　　1.1.2 保存 ·········· 002

　　1.1.3 打开 ·········· 002

　　1.1.4 重命名 ·········· 002

　　1.1.5 自动保存 ·········· 002

1.2 字体格式：精细化你的文字表达 ·········· 003

　　1.2.1 字体选择——选择合适的字体 ·········· 003

　　1.2.2 字号调整——适配内容与观众 ·········· 003

　　1.2.3 粗体、斜体与下划线——强调与风格 ·········· 003

　　1.2.4 字体颜色——增添视觉效果 ·········· 003

　　1.2.5 格式刷——快速统一格式 ·········· 003

1.3 拼音指南 ·········· 004

　　1.3.1 标注汉语拼音 ·········· 004

　　1.3.2 汉语拼音加声调 ·········· 004

　　1.3.3 将拼音和汉字分离 ·········· 005

1.4 字符边框：增强文字的视觉效果 ·········· 006

　　1.4.1 边框设置基本方法 ·········· 007

　　1.4.2 使用场景与注意事项 ·········· 007

　　1.4.3 取消页眉中的横线 ·········· 008

1.5 段落格式 ·········· 009

　　1.5.1 段落行距、缩进、对齐方式 ·········· 009

　　1.5.2 首字下沉 ·········· 009

1.5.3 段落的选取：部分选取与全选 ···············010

1.6 页面设置 ································010

  1.6.1 页面的初级排版 ····················011

  1.6.2 添加自定义水印 ····················011

  1.6.3 设置并打印页面背景 ·················012

  1.6.4 奇妙的稿纸——作文本、横格本、田字本、书法字帖····012

  1.6.5 为文档设置跨栏标题 ·················015

  1.6.6 一个文档内设置纵横两种页面 ··········016

  1.6.7 快速分页与删除分页符 ···············018

1.7 打印设置 ································019

  1.7.1 如何将"快速打印"命令添加到"快速访问工具栏"····019

  1.7.2 巧妙选择打印文档的部分内容 ··········019

  1.7.3 将 A4 页面打印到 16 开纸上 ··········020

  1.7.4 将多页缩版到一页上打印 ··············020

第 2 章 制作图文并茂的文档 ················021

2.1 图片与形状的使用技巧 ···················021

  2.1.1 图片的插入 ·······················021

  2.1.2 图片的编辑（布局、位置）············022

  2.1.3 图片的编辑（图片裁剪）·············023

  2.1.4 图片样式的设置 ····················024

  2.1.5 图片中插入文字 ····················024

  2.1.6 插入各种形状 ······················025

2.2 组织结构图——SmartArt 图形 ·············025

  2.2.1 SmartArt 图形的创建 ···············025

  2.2.2 增加或减少组织结构图的层级 ··········027

2.3 制作邀请函、请柬——Word 邮件合并 ········028

2.4 邮件合并实例——公司周年庆 ··············029

第 3 章 快速定位与替换内容——查找和替换 ……………………………… 035

3.1 查找 …………………………………………………………………… 035

 3.1.1 导航窗格查找文本 ………………………………………… 035

 3.1.2 查找图片、表格、公式 ………………………………… 035

 3.1.3 查找格式相似的文本 …………………………………… 036

3.2 替换 …………………………………………………………………… 036

 3.2.1 文本内容替换 ……………………………………………… 036

 3.2.2 文字替换为指定格式 …………………………………… 039

 3.2.3 一键删除空格、空行 …………………………………… 040

 3.2.4 一键删除重复段落 ……………………………………… 045

第 4 章 标书、报告、论文排版——文档高级编辑及排版 …………… 048

4.1 排版的灵魂——样式 ……………………………………………… 048

 4.1.1 什么是样式 ………………………………………………… 048

 4.1.2 样式的类型 ………………………………………………… 049

 4.1.3 为段落快速应用样式 …………………………………… 049

 4.1.4 新建样式 …………………………………………………… 051

 4.1.5 修改与删除样式 ………………………………………… 056

 4.1.6 找出隐藏的样式 ………………………………………… 057

 4.1.7 需要设置四级标题吗 …………………………………… 058

4.2 一次性改变文本的格式设置——主题 ………………………… 059

 4.2.1 快速设置主题 ……………………………………………… 059

 4.2.2 模板、主题和 Word 样式之间的区别 ……………… 061

 4.2.3 应用颜色集 ………………………………………………… 063

 4.2.4 应用字体集 ………………………………………………… 065

4.3 排版效果可视化——导航窗格 ………………………………… 067

 4.3.1 将文档大纲尽收眼底——打开目录导航 …………… 067

 4.3.2 导航窗格中不同级别标题的显示 …………………… 068

4.3.3　拖曳整理文档 ·· 070

4.4　创建目录的关键——自动化标题编号 ····················· 071

4.4.1　手动编号还是自动编号 ······························ 072

4.4.2　创建多级列表自动编号 ······························ 073

4.4.3　取消按回车后自动产生的编号 ··················· 079

4.5　生成目录的前提——页码 ·· 081

4.5.1　封面不要页眉页码 ······································ 081

4.5.2　统一型的页码 ·· 082

4.5.3　奇偶页不同的页码 ······································ 086

4.5.4　页眉引用章的标题 ······································ 090

4.6　快速生成目录 ·· 095

4.6.1　自动生成目录 ·· 095

4.6.2　更新目录 ··· 099

4.6.3　将目录转换为普通文本 ································ 099

4.7　文档的解释——脚注与尾注 ······································ 101

4.7.1　脚注、尾注、参考文献是什么 ··················· 101

4.7.2　脚注、尾注、参考文献的区别 ··················· 101

4.7.3　以脚注形式解释名词——添加脚注 ············· 102

4.7.4　改变脚注的编号格式 ··································· 103

4.7.5　一键快速删除脚注 ······································ 104

4.7.6　影响美观的脚注横线 ··································· 104

4.7.7　脚注编号的字体大小调整 ···························· 105

4.7.8　参考文献的引用——尾注 ··························· 106

4.7.9　尾注编号格式修改 ······································ 107

4.7.10　快速转换脚注和尾注 ································· 110

4.8　图形和表格的标题注释——图题注、表题注 ············· 111

4.8.1　为图片插入图题注 ······································ 111

4.8.2　图题注交叉引用 ··· 115

4.8.3　生成图目录 ··· 115

4.8.4　为表格添加表题注、交叉引用、生成表目录 ········ 118

第 5 章 高效使用 Word 表格 ·· 120

5.1 创建表格的方式 ·· 120

5.1.1 通过拖动插入表格 ·· 120

5.1.2 利用插入表格对话框 ······································ 120

5.1.3 文本转表格 ·· 120

5.1.4 绘制表格 ·· 122

5.1.5 Excel 表格 ·· 123

5.1.6 快速表格 ·· 123

5.2 表格边框设置与页面边框 ·· 124

5.3 拆分表格：上下拆分、左右拆分 ···································· 126

5.3.1 上下拆分 ·· 126

5.3.2 左右拆分 ·· 127

5.4 表格跨页重复表头 ·· 129

5.5 表格更美观——套用表格样式 ······································ 130

5.6 处理表格中的数据 ·· 131

5.6.1 表格中数据排序 ·· 131

5.6.2 表格中数据计算 ·· 131

第 6 章 Excel 零基础必修——基本操作 ···························· 135

6.1 工作簿、工作表基础操作 ·· 136

6.1.1 新建工作簿 ·· 136

6.1.2 新建、删除工作表 ·· 137

6.1.3 移动、复制工作表 ·· 138

6.1.4 重命名工作表 ·· 138

6.1.5 隐藏工作表 ·· 138

6.1.6 显示隐藏的工作表 ·· 139

6.1.7 让重要的工作表更醒目——工作表标签颜色 ················ 140

6.1.8 不要修改我的工作表——保护工作表 ······················ 140

6.2 表格的基本操作 ························· 141

　6.2.1 选择单元格 ····························· 142

　6.2.2 选择单元格区域 ··················· 142

　6.2.3 行、列的插入、删除、移动 ············ 144

　6.2.4 行高、列宽设置 ··················· 145

第 7 章　制作清晰专业的表格 ························· 147

7.1 赏心悦目的表格布局 ··················· 147

　7.1.1 除标题外，使用相同的字号 ············ 147

　7.1.2 表格中的数字列、文字列如何排列 ······· 148

　7.1.3 标题的跨列居中 ··················· 148

7.2 可读性强的表格内容 ··················· 150

　7.2.1 用千位分隔符显示的数字 ············ 150

　7.2.2 设置 Excel 的默认字体，摆脱每次修改字体的麻烦 ······· 151

　7.2.3 5 位以上的数字用"万"表示 ············ 152

　7.2.4 非数字、数字对齐方式设置 ············ 153

7.3 专业且一目了然的表格外观 ··················· 155

　7.3.1 套用表格格式 ····························· 155

　7.3.2 重点数据突出显示 ··················· 155

　7.3.3 使用条件格式，突出重点数据 ············ 156

第 8 章　数据的快速处理 ························· 160

8.1 各种数据的输入方法 ··················· 160

　8.1.1 常规数据输入 ····························· 160

　8.1.2 身份证号码的输入 ··················· 160

　8.1.3 输入以"0"开头的序号 ············ 161

　8.1.4 设置单元格的货币形式 ············ 162

8.1.5　生日日期格式的设置·······························163

8.1.6　Excel常用自定义格式参数······················164

8.2　数据完整性处理···167

8.2.1　删除空白行或者空白列··························167

8.2.2　删除表格中的重复数据··························168

8.2.3　数据清洗——删除有纰漏的数据··············171

8.3　转化原有数据——数据分列·····························172

8.3.1　文本型格式日期转换成日期格式··············172

8.3.2　不用函数提取数据·······························175

8.3.3　报表中单位的提取·······························177

8.4　单元格数据的批量修改·································179

8.4.1　定位并填充空单元格·····························180

8.4.2　填补拆分后的空白单元格······················182

8.4.3　自动填充复制数据·······························184

8.4.4　通过拖曳填充序列·······························184

8.5　使用数据验证采集数据·································186

8.5.1　只允许输入规定的数据

（整数、小数、文本长度、日期、时间等）··············186

8.5.2　复制数据验证设置·······························188

8.5.3　利用数据验证制作下拉列表选项··············188

8.5.4　快速圈释表格中的无效数据····················189

8.5.5　清除数据验证····································190

第9章　数据可视化——用数据讲故事·················192

9.1　设计图表的原则···192

9.1.1　可视化图表的作用·······························192

9.1.2　图表的设计标准·································193

9.2　图表的分类···193

9.2.1 柱形图 ·· 194

9.2.2 条形图 ·· 195

9.2.3 折线图 ·· 195

9.2.4 XY 散点图 ·· 196

9.2.5 饼图 ·· 197

9.2.6 面积图 ·· 197

9.2.7 雷达图 ·· 198

9.2.8 股价图 ·· 198

9.2.9 曲面图 ·· 199

9.2.10 树状图 ··· 199

9.2.11 旭日图 ··· 200

9.2.12 直方图 ··· 200

9.2.13 箱形图 ··· 200

9.2.14 瀑布图 ··· 201

9.2.15 漏斗图 ··· 202

9.2.16 组合图 ··· 202

9.3 图表的绘制 ·· 203

9.3.1 图表元素有哪些 ·· 203

9.3.2 创建图表的常用方法 ······································ 206

9.4 如何编辑图表 ·· 210

9.4.1 更改图表类型 ·· 210

9.4.2 编辑数据系列 ·· 213

9.4.3 编辑图表标题 ·· 215

9.4.4 编辑图例 ·· 216

9.4.5 添加数据标签 ·· 217

9.4.6 玩转复合图表 ·· 219

9.5 点睛的打印设置 ·· 223

9.5.1 在页眉位置添加信息 ······································ 223

9.5.2 在页脚位置添加页码和总页数 ······························ 225

9.5.3　每页都打印出标题行···227

9.5.4　居中打印表格···228

9.5.5　页边距的调整···228

9.5.6　将所有信息打印到一页纸上·································230

9.5.7　如何将表格打印到不同类型的纸张上················231

第 10 章　数据统计分析快速上手···232

10.1　简单的统计分析——排序、筛选、分类汇总··········232

10.1.1　利用自定义排序让数据一目了然·····················232

10.1.2　利用高级筛选快速查找和提取分析数据·············237

10.1.3　分类汇总与合并计算，一键搞定你的汇总统计·····240

10.2　数据统计分析进阶——数据透视表·······················246

10.2.1　数据透视表的应用场景及其作用·····················246

10.2.2　数据透视表的创建及美化·······························247

第 11 章　用函数公式让工作更高效···251

11.1　玩转函数不用背——入门级函数公式······················251

11.1.1　函数的结构···251

11.1.2　常用函数···251

11.1.3　自动填充函数公式··254

11.1.4　错误处理···255

11.1.5　实践是关键···257

11.2　揭秘 Excel 排名——深入解析 RANK 函数·············257

11.2.1　RANK 函数的基本语法··257

11.2.2　实用案例···258

11.2.3　避坑指南：处理相同排名的问题·····················260

11.3　驾驭决策力量——透彻理解 IF 函数······················260

11.3.1　IF 函数的基本运用 ⋯⋯⋯⋯⋯⋯⋯⋯⋯261

11.3.2　嵌套的 IF 函数 ⋯⋯⋯⋯⋯⋯⋯⋯⋯⋯261

11.3.3　与其他函数的组合运用 ⋯⋯⋯⋯⋯⋯262

11.4　横跨表格的数据搜寻——VLOOKUP 函数深度解析 ⋯⋯263

11.4.1　VLOOKUP 函数的基础应用 ⋯⋯⋯⋯263

11.4.2　处理 VLOOKUP 函数的错误返回 ⋯⋯263

11.4.3　两步 VLOOKUP 函数法则 ⋯⋯⋯⋯⋯264

11.5　精准计数的艺术——走进 COUNTIF 函数的世界⋯⋯265

11.5.1　COUNTIF 函数的基础结构与应用 ⋯⋯⋯265

11.5.2　多条件计数——COUNTIFS 函数的运用 ⋯⋯266

11.5.3　高阶技巧：动态区间的计数 ⋯⋯⋯⋯267

11.6　与时间赛跑——Excel 日期函数的奇妙世界 ⋯⋯⋯267

11.6.1　DATE 函数：打造你的时间机器 ⋯⋯⋯268

11.6.2　TODAY 函数和 NOW 函数：永远不迟的现在 ⋯⋯268

11.6.3　DATEDIF 函数：时间的秘密通道 ⋯⋯⋯268

11.6.4　EDATE 函数和 EOMONTH 函数：

未来（或过去）的预言家 ⋯⋯⋯⋯⋯⋯⋯269

第 12 章　Office 习惯与技巧 ⋯⋯⋯⋯⋯⋯⋯⋯⋯⋯270

12.1　整洁的桌面，工作的良师 ⋯⋯⋯⋯⋯⋯⋯270

12.2　文件的命名与分类艺术 ⋯⋯⋯⋯⋯⋯⋯⋯270

12.3　定时设置自动保存，文件不易丢失 ⋯⋯⋯270

12.4　利用云同步，安全备份 ⋯⋯⋯⋯⋯⋯⋯⋯272

12.5　利用宏和自动化功能 ⋯⋯⋯⋯⋯⋯⋯⋯⋯272

12.6　掌握数字纪律：工作表数量的明智控制 ⋯⋯275

第 13 章 ▶ PPT 的真正价值·····································277

13.1 PPT 的历史·····································277

13.2 为什么选择 PPT·····································277

13.3 探索 PPT 的多功能性·····································278

第 14 章 ▶ PPT 基础知识——将幻灯片艺术变为超能力·····································279

14.1 探索模板的王国·····································279

14.1.1 模板是什么·····································279

14.1.2 如何挑选和使用模板·····································280

14.1.3 自定义模板·····································280

14.1.4 实例分享·····································280

14.2 文字与图片：表达的艺术·····································281

14.2.1 平衡文字和图片·····································281

14.2.2 文字的力量和限制·····································281

14.2.3 图片的选择和利用·····································281

14.3 动画与过渡：活力四射的幻灯片·····································281

14.3.1 什么是动画和过渡·····································281

14.3.2 如何有效使用动画·····································282

14.3.3 动画的计时·····································283

14.3.4 实例分享·····································283

第 15 章 ▶ PPT 进阶技能·····································284

15.1 让文本跃然纸上：高级文本技巧·····································284

15.1.1 根据重要性设计文字·····································284

15.1.2 字体的艺术·····································285

15.1.3 文本的视觉效果·····································285

15.2 图表不只是为了好看：传播知识 ································· 286

15.2.1 图表的选择和使用 ······································ 286

15.2.2 图表一页一张 ··· 286

15.2.3 动态图表：数据的生命 ································· 286

15.3 掌握 PPT 主题的秘密 ··· 287

15.3.1 什么是 PPT 主题 ······································ 287

15.3.2 如何选择合适的主题 ··································· 288

15.3.3 如何自定义 PPT 主题 ································· 288

15.3.4 如何使用内置主题 ····································· 288

15.3.5 主题和模板的联系与区别 ······························ 288

第 16 章　PPT 的高级技巧 ································· 291

16.1 动画的魔法：不只是闪闪发光 ······························· 291

16.1.1 精心的动画选择 ······································ 291

16.1.2 交互式 PPT ·· 291

16.1.3 时间的艺术 ·· 291

16.2 设计的细节：小处着眼，大处着手 ··························· 292

16.2.1 对齐和网格系统 ······································ 292

16.2.2 高级色彩理论 ·· 292

16.2.3 创意图片应用 ·· 292

16.3 走进未来：探索 PPT 的新趋势 ······························ 292

16.3.1 虚拟现实（VR）与增强现实（AR）在 PPT 中

的应用 ·· 292

16.3.2 PPT 自动化 ·· 293

16.3.3 人工智能在 PPT 设计中的角色 ························· 293

第 17 章 团队协作与数据安全——MS Office 的力量 ·················· 294

17.1 高效团队协作的艺术 ······································· 294

17.1.1 实时协作的魅力 ································ 294

17.1.2 会议与通信的革新 ···························· 294

17.1.3 共享与管理文件 ································ 294

17.2 保护您的数字财富 ·· 295

17.2.1 密码与身份验证 ································ 295

17.2.2 文件加密与访问控制 ·························· 295

17.2.3 恶意软件保护 ·································· 295

17.3 安全存储与备份策略 ····································· 295

17.3.1 云存储的智慧 ·································· 295

17.3.2 数据损失防护 ·································· 295

17.3.3 灾难恢复规划 ·································· 295

参考文献 ·· 297

第 1 章

Word 的基本操作
——轻松上手，高效办公

欢迎你踏上 Word 高效办公的旅程！在这个数字化和快节奏的时代，掌握 Word 的基本操作不仅是一项必备技能，更是提升工作效率的关键。不管你是初次接触，还是希望进阶拓展，本章会以温和、亲切的方式带你走进 Word 的世界。本书使用的软件版本是 Microsoft Office 2016。

1.1 文件操作：掌握文档的生命线

1.1.1 新建文档

创建新的 Word 文档，是开启文档编辑之旅的基础步骤。无论是撰写学术论文，还是准备商业报告，娴熟地操作这一步骤至关重要。

方法一：在 Word 内部新建文档

步骤 1：初始化 Word

首先，启动 Word 程序。这一步骤是整个文档创建过程的起点，确保你的 Word 是最新版本，以便使用所有高级功能。

步骤 2：创建空白文档

在 Word 界面上，单击"文件"菜单中的"开始"选项，然后单击"新建空白文档"即可。

步骤 3：选择模板（可选）

经验丰富的用户可使用 Word 提供的丰富模板库，根据你的具体需求，选择适合的模板，提高工作效率和文档专业性。

方法二：在桌面快速创建新文档

在桌面空白处单击鼠标右键，从弹出的菜单中选择"新建"功能中二级菜单中的

"Microsoft Word 文档"，这是一种更快捷的创建方式，适合迅速开始新文档的场景。

作为 Word 使用者，掌握新建文档的不同方法对提高工作效率至关重要。无论是从 Word 内部创建文档，还是利用桌面快捷方式创建文档，每种方法都有其适用的场景。根据你的具体需求和使用习惯，选择最适合你的方法，更加专业、高效地使用 Word。

1.1.2　保存

①使用"Ctrl+S"组合键保存文档，可以大大提高办公效率。

②单击"文件"中的"保存"按钮。

1.1.3　打开

反复修改、编辑某个或几个文档时，每次进入文件夹打开所需文件比较麻烦，用户可以单击"文件"中的"打开"选项或使用"Ctrl+O"组合键快速打开最近使用过的文档。

1.1.4　重命名

①在需要重名的文件上单击鼠标右键，选择"重命名"选项。

②单击文件名称也可进行重命名操作。

1.1.5　自动保存

Word 有自动保存的功能，可以通过调整自动保存时间，最大限度地防止因为断电、死机等导致文件丢失。

单击"文件"菜单中的"选项"，在弹出的"Word 选项"对话框中选择"保存"，将自动保存时间调整为 1 分钟（见图 1.1.1）。

图 1.1.1　调整自动保存时间

1.2 字体格式：精细化你的文字表达

在 Word 中，不同的字体格式不仅体现文字的外观，也是提升文档专业性和可读性的关键工具。一个专业的 Word 用户应该深入了解并娴熟运用这些功能。下面，让我们一起探索 Word 中的字体功能。

1.2.1　字体选择——选择合适的字体

字体的选择直接影响文档的风格和可读性。在"开始"菜单栏的"字体"组中，你可以找到多种字体。根据文档的性质选择合适的字体至关重要，例如，比较正式的报告可能更适合使用 Times New Roman 或 Calibri，而创意文档则可以尝试更具艺术风格的字体。

1.2.2　字号调整——适配内容与观众

字号大小直接影响文字的可读性。在"字体"组中，你可以通过调整"字号"来适应不同的阅读场景。标题通常使用较大的字号，而正文则使用较小字号，以确保结构的清晰和层次感。

1.2.3　粗体、斜体与下划线——强调与风格

在"字体"组中，"加粗""倾斜"和"下划线"选项是强调特定文字的常用手段。粗体用于强调重点，斜体常用于引用或强调，而下划线可以用于突出标题或重要概念。

1.2.4　字体颜色——增添视觉效果

改变字体颜色可以增加文档的视觉吸引力。但需谨慎使用，避免过度丰富的颜色组合影响文档的专业性。在"字体"组的"字体颜色"选项中，选择适宜的颜色以突出重点或分类信息。

1.2.5　格式刷——快速统一格式

格式刷是一种非常有用的工具，可以快速将一个文本的格式应用到另一个文本。在编辑长文档时，这个工具能显著提高效率。

掌握字体格式是实现专业文档编辑的关键。正确运用这些功能，不仅能够提升文档的整体美观，还能加强信息的传达效果。每一种字体格式选项都是你表达思想和信息的工具，合理运用它们，你的文档就会在清晰性、可读性和专业性上更上一层楼，图 1.2.1 所示为字体下拉选项和字体选项卡。

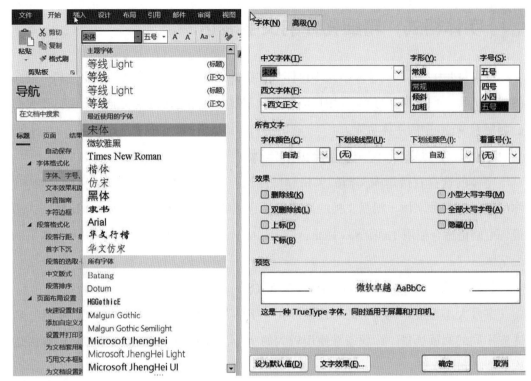

图 1.2.1 字体下拉选项（左）和字体选项卡（右）

1.3 拼音指南

1.3.1 标注汉语拼音

小学语文教案和试卷中少不了汉语拼音，那如何为文字标注汉语拼音呢？

①选中所要标注拼音的文字。

②切换到"开始"菜单，在"字体"组中单击"拼音指南"按钮，打开"拼音指南"对话框，对字体和字号进行适当的设置，单击"确定"按钮即可。

1.3.2 汉语拼音加声调

汉语拼音的声调只能在特殊符号中查找，具体的操作方法如下。

①首先在 Word 窗口中用英文输入法输入汉语拼音，如"shengdiao"，然后选中添加声调的拼音字母"e"，切换到"插入"菜单，在"符号"组中单击"符号"按钮，从弹出的下拉列表中选择"其他符号"选项，弹出符号对话框。

②在弹出的符号对话框中，右下角的"来自"选择"简体中文 GB（十六进制）"，在"子集"下拉列表中选择"拼音"选项，在列表框中选择"ē"选项，单击"插入"

按钮即可插入"ē"（见图 1.3.1）。

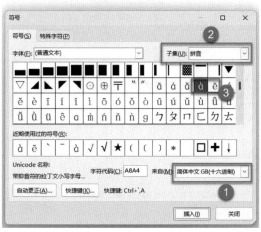

图 1.3.1　插入"ē"

③再用相同的方法输入"a"的第 4 声，就为汉语拼音加上声调了。

1.3.3　将拼音和汉字分离

有时我们需要将汉字和拼音分离，尤其是在制作小学语文试题时。下面我们介绍将拼音和汉字分离的方法。

①打开 Word 文档，选中需要分离的文本，然后按"Ctrl+C"组合键复制文本，切换到"开始"菜单，在"剪贴板"组中单击"粘贴"按钮的下半部分，从弹出的下拉列表中选择"选择性粘贴"选项（见图 1.3.2）。

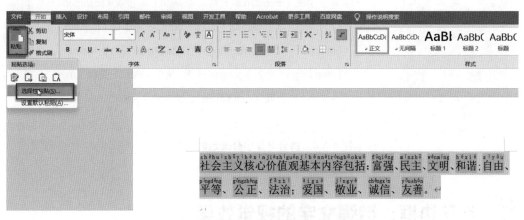

图 1.3.2　选择"选择性粘贴"选项

②弹出选择性粘贴对话框，选中"粘贴"单选钮，在形式列表框中选择"无格式

文本"选项，然后单击"确定"按钮（见图 1.3.3）。

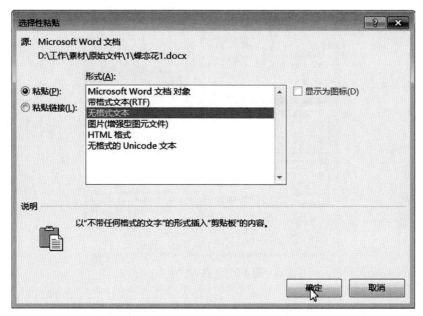

图 1.3.3　选择"无格式文本"选项

③返回文档即可看到拼音与汉字分离后的效果（见图 1.3.4）。

图 1.3.4　拼音与汉字分离后的效果

1.4 字符边框：增强文字的视觉效果

在 Word 中，为文字添加边框是增强文档视觉效果和强调重要内容的有效手段。一个熟练的 Word 用户应该掌握如何恰当地运用字符边框增强文档的吸引力。

1.4.1　边框设置基本方法

（1）定位文字

首先确定想要添加边框的文本，可以是一个词、一句话，甚至是一个段落。拖动光标选择你想要加边框的文字。

（2）访问边框选项

单击"开始"菜单中"段落"组右下角的"边框"图标旁向下的箭头。

（3）选择边框样式

在弹出的列表中选择"边框和底纹"。这里你可以选择边框样式、线条宽度和颜色等。根据你的需求和文档风格，选择合适的边框样式（见图 1.4.1）。

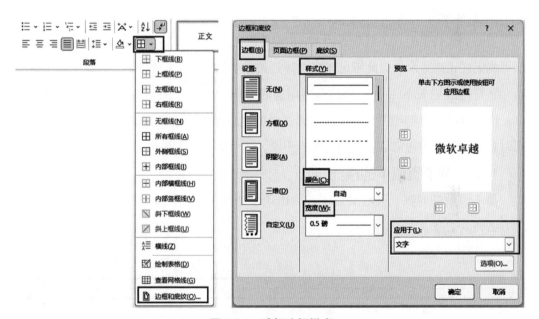

图 1.4.1　选择边框样式

（4）预览并应用

在选择了想要的边框样式后，你可以在预览框中看到效果，然后单击"确定"按钮将效果应用到选中的文本上。

1.4.2　使用场景与注意事项

（1）适当使用

字符边框适用于标题、关键词或需要强调的内容。但选择过于花哨的边框等过度使用行为可能会分散读者的注意力，降低文档的专业性。因此，在使用时应适度。

（2）配合其他工具

字符边框可以与其他选项，如字体颜色、背景色等配合使用，以设计更加引人注目和协调的视觉效果。

（3）一致性

如果要在文档中多次使用边框，请确保样式的一致性。这有助于保持文档的整洁和专业性。

（4）打印考虑

如果文档需要打印，需要考虑边框在打印时的表现。某些边框样式或颜色可能打印效果不佳。

（5）兼容性

当你的文档需要在不同版本的 Word 或其他文本编辑软件中打开时，某些复杂的边框可能无法正确显示，因此考虑兼容性还是很重要的。

字符边框是 Word 中一个强大且多用途的工具，它可以帮助你在文档中创造视觉焦点。恰当地使用字符边框，不仅能增强文本的视觉效果，还能有效地引起读者的注意。同时要记住，字符边框是强调和装饰的手段，适时而用，方显效果。

1.4.3 取消页眉中的横线

插入页眉的时候，有时页眉下方会出现一条横线（见图 1.4.2），我们可以按照以下方法将其去除。

图 1.4.2 页眉下有横线

①将插入点置于页眉中，注意要选中段落标记符"↵"。

②切换到"开始"菜单，在"段落"组中单击"边框"按钮旁向下的箭头，从弹出的列表中选择"边框和底纹"选项。

③打开"边框和底纹"对话框，选择"边框"选项。在"设置"中选择"无"，在"应用于"位置选择"段落"，然后单击"确定"按钮即可（见图 1.4.3）。

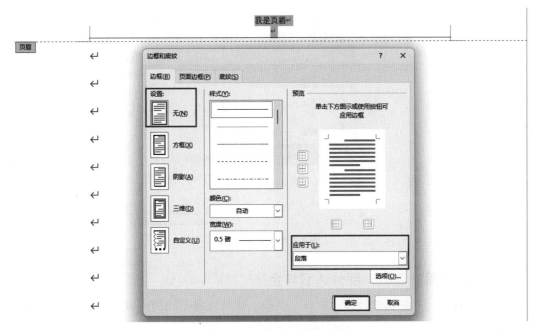

图 1.4.3　取消页眉中的横线

1.5 段落格式

1.5.1　段落行距、缩进、对齐方式

打开"段落"对话框的方法很简单，在"开始"菜单中，在"段落"组中单击右下角箭头符号打开"段落"对话框。

打开"段落"对话框后，即可进行段落的间距、缩进等设置。

1.5.2　首字下沉

利用 Word 提供的首字下沉功能可以达到把一篇文档开头的第一个字放大数倍的效果，用户可以按照以下方法进行设置。

①把光标放在需要首字下沉的段落中，然后切换到"插入"菜单，在"文本"组中单击"首字下沉"，从弹出的列表中选择"首字下沉选项"。

②弹出"首字下沉"对话框，在"位置"中选择需要的样式。然后在"选项"中设置字体、下沉行数和距正文选项，设置完毕后单击"确定"即可（见图 1.5.1）。

图 1.5.1　首字下沉

1.5.3　段落的选取：部分选取与全选

在 Word 中可以分别选择词、一行、一段、矩形块和不同的区域，用户可以按照以下方法来操作。

①选择词的方法：打开文档，在需要选取的词的地方双击。

②选择一行的方法：将鼠标指针放在行首，待其成为空心箭头形状时单击鼠标左键。

③选择全部段落（整篇文章）的方法：在需要选取的段落中间 3 次单击鼠标左键或按住 Ctrl 键的同时用鼠标单击文档左边的空白区。

④选择一个句子的方法：按住 Ctrl 键的同时用鼠标单击文本区。

⑤选择矩形框的方法：按住 Alt 键的同时拖动鼠标。

⑥选择不同区域的方法：按住 Ctrl 键的同时分别在要选择的位置拖动鼠标。

1.6　页面设置

在现实生活中，我们经常遇到这样的问题，文档内容都已经设置好格式，就因为调整了纸张大小等设置，排版好的文章格式就全乱了，这是因为很多人觉得设置页面是一个无关紧要的设置项，需要的时候再设置也不晚，这就大错特错了。无论对文档进行何种样式的排版，所有操作都是在页面中完成的，页面直接决定了版面中内容的多少及摆放位置。在排版过程中，我们可以使用默认的页面设置，也可以根据需要对页面进行设置，包括纸张大小、纸张方向、页边距等。为了保证版式的整洁，一般建议在文档排版之前先设置好页面。

1.6.1　页面的初级排版

页面的基本设置包括纸张类型、纸张方向、行距等操作，要想对页面进行符合实际的设置，我们首先要了解页面的结构。页面的基本结构由版心、页边距、页眉、页脚、天头和地脚构成。

版心：由文档页面 4 个顶角上的灰色十字形围住的区域，即图 1.6.1 中的灰色矩形区域。

页边距：版心 4 个边缘与页面 4 个边缘之间的区域。

页眉：版心以上的区域。

页脚：版心以下的区域。

天头：在页眉中输入内容后，页眉以上剩余的空白部分为天头。

地脚：在页脚中输入内容后，页脚以下剩余的空白部分为地脚。

了解页面结构后，我们就可以进行页面的基本设置了。

选择"布局"菜单，在"页面设置"组单击右下角箭头，打开"页面设置"对话框。在"页边距"和"纸张"中，我们可以准确设置相应的纸张类型、纸张方向及页边距，"文档网格"窗口可以设置页面中每行的字符数和页面可以显示多少行（见图 1.6.2 ）。

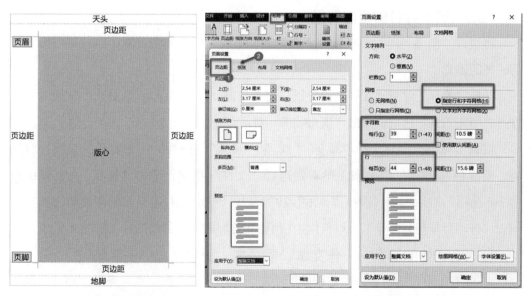

图 1.6.1　页面的基本结构　　　　　图 1.6.2　页面设置

1.6.2　添加自定义水印

为了保护文档的原创性及公司属性，往往需要在文档中添加水印，选择"设计"菜单，在"页面背景"组中单击"水印"，从下拉列表中选择"自定义水印"，在弹出的"水印"对话框中，选择图片水印或文字水印，最后单击"应用"或"确定"完成水印的设置（见图 1.6.3）。

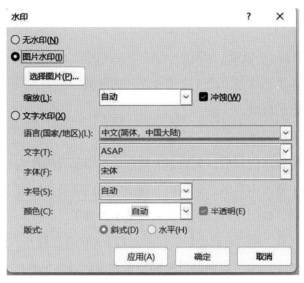

图 1.6.3　添加自定义水印

1.6.3　设置并打印页面背景

将纹理、图案、图片等设置为页面背景，不仅可以使文档美观，而且可以给人眼前一亮的感觉。

选择"设计"菜单，在"页面背景"组中单击"页面颜色"，从弹出的下拉列表中选择"填充效果"选项，弹出"填充效果"对话框。

根据实际需要分别选择"渐变""纹理""图案""图片"作为背景。设置好背景后，要想成功将其打印出来，还需要选择"文件"菜单，单击"选项"，在弹出的"Word 选项"对话框中，选择"显示"功能，从"显示"右边界面的"打印选项"中勾选"打印背景色和图像"，这样才能在预览和打印时显示背景图片（见图 1.6.4）。

1.6.4　奇妙的稿纸——作文本、横格本、田字本、书法字帖

Word 有个神奇的功能，那就是稿纸功能，如果孩子的作业本用完了，临时又没办法去买，那家里有打印机的话，就可以用 Word 的稿纸功能完美解决这个问题。

（1）作文本

作文本其实就是标准的稿纸，最常见的是 20×20（400 格）的。在 Word 中，选择"布局"菜单，单击"稿纸设置"，在打开的"稿纸设置"对话框中，选择格式为"方格式稿纸"，然后对纸张大小、页眉等进一步进行设置。

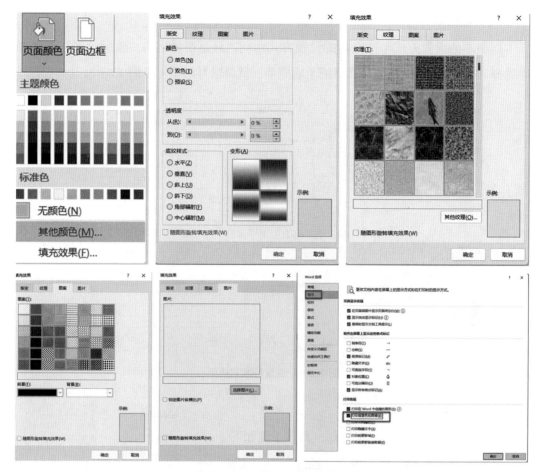

图 1.6.4　设置并打印页面背景

也可以用一种更简单的方式，选择"文件"菜单，单击"新建"，在右侧的搜索栏输入"稿纸"，在搜索结果中双击"稿纸（网格式）"即可（见图 1.6.5）。

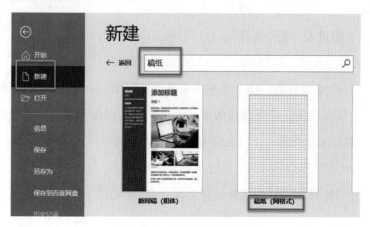

图 1.6.5　设置网格式稿纸

（2）横格本

横格本的设置方式与作文本的设置方式相同，只是在弹出的"稿纸设置"对话框中选择"行线式稿纸"，等待横格纸生成完毕，就可以打印了（见图 1.6.6 ）。

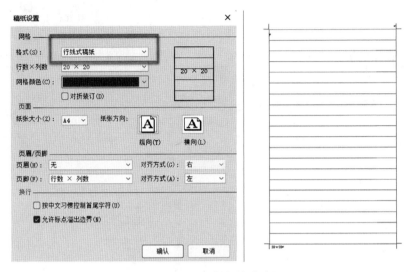

图 1.6.6　设置行线式稿纸

（3）田字本

田字本需要我们自己手工制作，具体步骤如下。

①新建一个空白文档，单击"插入"→"表格"→"插入表格"，对话框中列数值设为"16"，行数值设为"24"，固定列宽设为"1 厘米"，完成后单击"确定"（见图 1.6.7 ）。

②选中第一个"田字格"（即上下左右相邻的 4 个单元格），单击右键进入"表格属性"，在"表格"界面中选择"边框和底纹"按钮。在弹出的对话框中选择"自定义"，然后单击一个虚线线型，接下来单击右侧预览框里

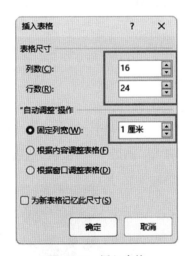

图 1.6.7　插入表格

田字格中间的十字交叉线，设置虚线效果，完成后单击两次"确定"返回编辑状态。

③选中已经编辑好的第一个"田字格"进行复制操作（可使用"Ctrl+C"组合键），然后选择剩余表格，单击鼠标右键，在"粘贴选项"中选择"覆盖单元格"（见图 1.6.8 ）。

📋 **粘贴选项：**

图 1.6.8　选择"覆盖单元格"

④最后选择表格，单击"开始"→"段落"→"居中"，将表格居中处理，最后打印即可，最终效果如图 1.6.9 所示。

（4）书法字帖

我们还可以用 Word 自带的"书法字帖"进行书法练习，陶冶情操。

①单击"文件"→"新建"，在模板页中选择"书法字帖"。

②弹出的对话框不用修改，直接关闭即可。

③稍等片刻，一组标准的书法米字格就出现在眼前（见图 1.6.10），直接打印即可。

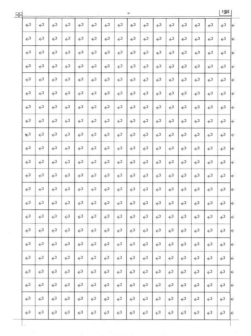

图 1.6.9　田字本最终效果

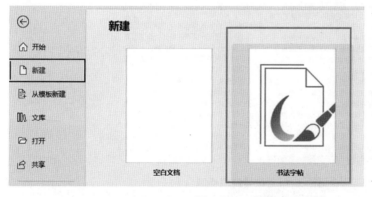

图 1.6.10　设置书法字帖

1.6.5　为文档设置跨栏标题

我们进行论文写作时，有时会遇到要求内容进行分栏的情况，但是分栏后，论文的题目要进行跨栏居中，那应该如何设置呢？

首先，选定除题目外需要分栏的内容，单击"布局"菜单，在"页面设置"组中选择"栏"中的"更多栏"。接着，打开"栏"对话框，在"栏"对话框中可以对"栏数""分隔线"，以及每栏的宽度和间距进行设置，然后单击"确定"。最后选定文章题目，单击"开始"菜单，选择段落中的"居中"对齐即可，编辑后的效果如图 1.6.11 所示。

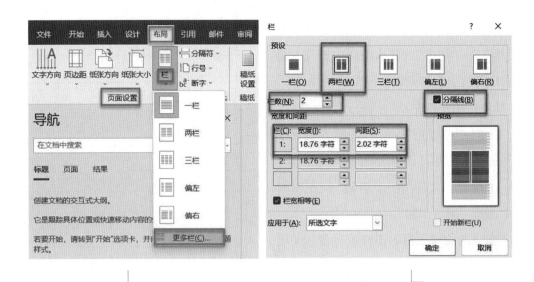

图 1.6.11 设置跨栏标题

1.6.6 一个文档内设置纵横两种页面

处理日常工作文档的商务人士，尤其是撰写工作总结、商务报告、投标文件、技术资料、研究论文、书稿，以及其他以 Word 为编辑环境的文字工作者，经常会遇到在同一个文档中需要设置不同的纵横版面，不同的纸张类型。想要达到这样的编辑效果，就需要用到"分节"工具，那什么是"分节"呢？

"节"是文档格式化的最大单位（或指一种排版格式的范围），分节符是一个"节"的结束符号。默认方式下，Word 将整个文档视为一"节"，故对文档的页面设置是应用于整篇文档的。若需要在一页之内或多页之间采用不同的版面布局，只需插入"分节符"将文档分成几"节"，然后根据需要设置每"节"的格式即可。分节符中存储了"节"的格式设置信息，这里要注意分节符只控制它前面的文字的格式。

选择"布局"菜单，单击"分隔符"右边向下的箭头，就可以看见共有 4 种形式的分节符，插入相应分节符后，便可以实现同一文档纵横两种页面。

这里我们设置素材的第一页为"纵向"，第二页为"横向"，"应用于"选择"本节"，最终设置完成的文档如图 1.6.12 所示。

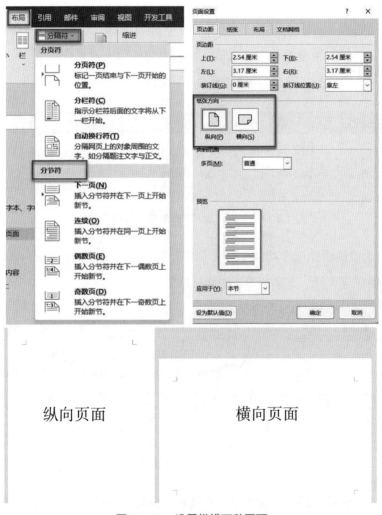

图 1.6.12　设置纵横两种页面

这样我们很轻松地在同一个文档中设置了不同的页面，当然，我们除了可以设置不同的纵横页面，也可以设置不同的纸张类型、页眉、页脚等，这些操作将在本书第 4 章中进行详细介绍。

1.6.7 快速分页与删除分页符

通常情况下，Word 会根据纸张大小及页面设置进行自动分页，默认情况是上一页填充满后自动增加一页新页面继续填充。但在实际工作中，我们可能需要手动分页，也就是上一页并不需要填满，下面的内容就需要移动到第二页上，或者一篇很长的文档，我们想按标题进行分页，每一个新的标题就另起一页。

除了软件默认的一页填充满后增加一个新页面，其余的分页，我们都需要通过添加"分页符"或"分节符"来完成分页。

要确定我们插入的是"分页符"还是"分节符"，需要先把"显示/隐藏编辑标记"打开，选择"开始"菜单，单击"段落"组右上角类似左右箭头的符号，当这个符号有灰色底纹时，就表明"显示/隐藏编辑标记"已打开（见图 1.6.13）。

图 1.6.13 打开"显示/隐藏编辑标记"功能

"显示/隐藏编辑标记"功能未打开和打开后，文档显示对比如图 1.6.14 所示。此时删除显示的"分页符"文字，即可删除该功能。

图 1.6.14 文档显示对比

不管是"分节符"还是"分页符"都能达到分页的目的，但是插入"分页符"后，只是从"分页符"的位置进行了分页，整个文档实际上还是一节，不能对同一个文档设置不同的纵横页面或纸张等。如果插入的是"分节符"，既达到了分页的目的，又可以实现同一文档有不同的页面设置和纸张设置。

1.7 打印设置

使用过微软办公软件的人，想必对 Word 的打印功能会有所了解，但是 Word 中的一些打印小技巧大家了解吗？合理使用 Word 的打印功能，可以大大提高我们的办公效率。下面我们就来看几个打印小技巧吧。

1.7.1 如何将"快速打印"命令添加到"快速访问工具栏"

将 Word 中的常用命令添加到"快速访问工具栏"中可以使某些操作更方便。如果要将"快速打印"命令添加到"快速访问工具栏"中，可以用鼠标右键单击"快速访问工具栏"旁的按钮，从弹出的下拉列表中选择"快速打印"选项即可。

1.7.2 巧妙选择打印文档的部分内容

有时我们打印文件时，并不需要打印所有内容，只需要打印部分内容即可，这就需要设置打印区域。在打印文档时，我们先选择"文件"菜单，单击"打印"功能，在弹出的打印界面中，单击"设置"部分向下的箭头，在弹出的选项中选择"自定义打印范围"即可巧妙打印文档的部分内容（见图 1.7.1）。

图 1.7.1　打印文档的部分内容

1.7.3 将 A4 页面打印到 16 开纸上

不管是将 A4 页面打印到 16 开纸还是 A3 纸上，还是把 A3 页面打印到 A4 纸上，其本质是打印页面的缩放问题。选择"文件"菜单，单击"打印"功能，在弹出的打印界面中选择最下面一项"每版打印 1 页"，在弹出的选项中选择"缩放至纸张大小"，弹出右侧选项后，选择缩放的纸张类型即可，最后单击最上方的"打印"按钮进行打印（见图 1.7.2）。

图 1.7.2　将 A4 页面打印到 16 开纸上

1.7.4 将多页缩版到一页上打印

在打印文档的时候，尤其是需要讨论的草稿文档，我们可以将多页缩放到一页上进行打印，以节约纸张。具体操作与"将 A4 页面打印到 16 开纸上"类似。

选择"文件"菜单，单击"打印"功能，在弹出的打印界面中选择最下面一项"每版打印 1 页"，在弹出的选项中选择每版打印几页即可。

第 2 章

制作图文并茂的文档

Office 办公软件（Word、Excel、PPT）中，处理文字功能最强大的软件必然是 Word，而 Word 最突出的特点就是能制作图文并茂的文档，比如各种海报、个人简历、产品说明书，以及毕业论文等。

如果想要制作一个精美的 Word 文档，那就需要将文字和图片结合，让图片辅助说明文字或者美化文档。Word 文档中可以添加各种图片、插入艺术字及绘制示意图、流程图等，目的都是让文档的内容更加丰富。而这种将文字与图片混合排列的排版方式就是图文混排，文字可显示在图片的四周、嵌入图片下方、浮于图片上方等。下面我们将介绍如何在 Word 中插入图片与形状，并且对图片与形状进行编辑美化的方法与技巧。

2.1 图片与形状的使用技巧

2.1.1 图片的插入

插入图片是经常用于装饰文档或者解说文档内容的方法。我们可以插入本机图片，也可以插入联机图片，或是插入屏幕截图。Word 支持当前流行的多种图像文件格式，如 BMP 格式、JPG 格式和 GIF 格式等。利用 Word，我们就可以方便地对插入的图片进行简单的编辑，以及样式和版式的设置等。Word 支持的图片格式如图 2.1.1 所示。

```
所有文件(*.*)
所有图片(*.emf;*.wmf;*.jpg;*.jpeg;*.jfif;*.jpe;*.png;*.bmp;*.dib;*.rle;*.gif;*.emz;*.wmz;*.tif;*.tiff;*.svg;*.ico)
Windows 增强型图元文件 (*.emf)
Windows 图元文件 (*.wmf)
JPEG 文件交换格式 (*.jpg;*.jpeg;*.jfif;*.jpe)
可移植网络图形 (*.png)
Windows 位图 (*.bmp;*.dib;*.rle)
图形交换格式 (*.gif)
压缩式 Windows 增强型图元文件 (*.emz)
压缩式 Windows 图元文件 (*.wmz)
Tag 图像文件格式 (*.tif;*.tiff)
可缩放的向量图形 (*.svg)
```

图 2.1.1　Word 支持的图片格式

Word 允许用户在文档的任意位置插入常见格式的图片，下面介绍在文档中插入图片的具体操作方法。

选择"插入"菜单，单击"插图"组中的"图片"功能，在弹出的选项中选择插入本地图片或是联机图片。如果选择"此设备"，屏幕上会弹出插入图片对话框，选择需要插入的本地图片，单击"插入"即可。

有时候本地保存的图片可能满足不了我们的需求，这个时候就需要从网上搜索符合要求的图片，那就要用到 Word 的插入联机图片功能。选择"插入"菜单，单击"插图"组中的"图片"功能，从"插入图片来自"栏中选择"联机图片"，在弹出的插入图片对话框的搜索栏中输入要搜索的关键字，如"牡丹"，然后单击回车键，屏幕上会弹出以"牡丹"为关键字的"联机图片"对话框，这个对话框中包含了众多以"牡丹"为关键字的图片，选择自己需要的图片，然后单击"插入"即可（见图 2.1.2）。

图 2.1.2　插入联机图片

2.1.2　图片的编辑（布局、位置）

有时仅靠简单的图片插入不能满足我们美化文档的需求，需要对插入的图片作进一步编辑，使插入的图片符合文档的整体风格。图片插入后，Word 的菜单栏会出现一个"图片格式"的隐藏菜单，这个菜单包含对插入图片的各种编辑操作。

单击鼠标左键选定图片后，图片的四周会出现 8 个空心圆的形状，并且会弹出"布局选定"图标，单击该图标，通过"布局选项"对话框选择图片与文字的相对位置，默认是"嵌入型"。"嵌入型"是将图片作为文本放置在段落中。图片位置会随文字的添加或删除而改变。可选择其他选项使图片在页面上移动，且将文字排列在图片周围。

单击"布局选项"对话框右下角的"查看更多 ..."，会弹出"布局"对话框，在此对话框中可以对图片的"位置""文字环绕""大小"进行详细的设置（见图 2.1.3）。

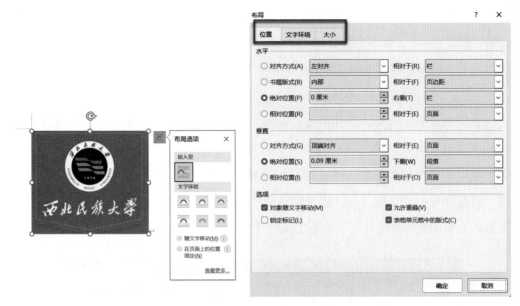

图 2.1.3　设置图片的位置、文字环绕、大小

2.1.3　图片的编辑（图片裁剪）

当然我们也可以根据实际需要对图片进行裁剪，选定图片后，选择"图片格式"菜单中的"裁剪"功能，此时图片四周会出现裁剪框，拖动裁剪框上的控制柄即可进行裁剪，裁剪完成后，在 Word 文档的其他位置单击鼠标左键即可。

Word 还可以按纵横比进行裁剪。打开 Word 文档，选中需要裁剪的图片，切换至"图片格式"菜单，单击"裁剪"下拉按钮，在展开的菜单列表内选择"纵横比"，然后在展开的纵横比列表内选择合适的纵横比，例如"3:4"，此时，选中的图片即可按照选定的纵横比进行裁剪，然后在 Word 文档的其他位置单击鼠标左键即可完成裁剪，过程及效果如图 2.1.4 所示。

图 2.1.4　图片裁剪

Word 还支持将图片裁剪为形状。打开 Word 文档，选中需要裁剪的图片，切换至"图片格式"菜单，单击"裁剪"下拉按钮，在展开的菜单列表内选择"裁剪为形状"，然后在展开的形状样式库内选择合适的形状即可。

2.1.4 图片样式的设置

选定图片后，选择"图片格式"菜单中的图片样式，单击某一样式，就可以将此样式赋予选定图片，应用该样式后的图片效果可立即体现出来。在调整图片的时候，除了可以调整图片的颜色、样式和柔化边缘，还可以设置图片的艺术效果、图片的边框、更改图片的大小等。在"图片样式"中还可以利用"图片边框""图片效果""图片版式"功能对图片进行进一步细化操作（见图 2.1.5）。

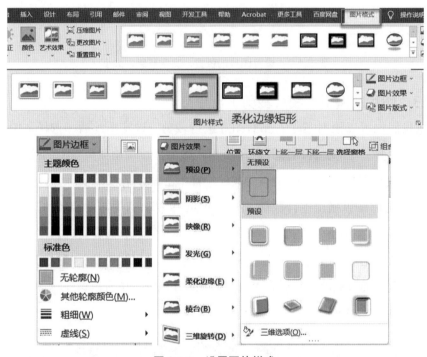

图 2.1.5 设置图片样式

2.1.5 图片中插入文字

有时用户需要在图片中插入一些文字，那么在 Word 中如何实现呢？只需要选中插入的图片，选择"图片格式"菜单，在"排列"组中单击"环绕文字"按钮，在展开的下拉列表中单击"衬于文字下方"选项，即可在图片上输入文字了，输入文字后再根据需要调整图片位置即可（见图 2.1.6）。

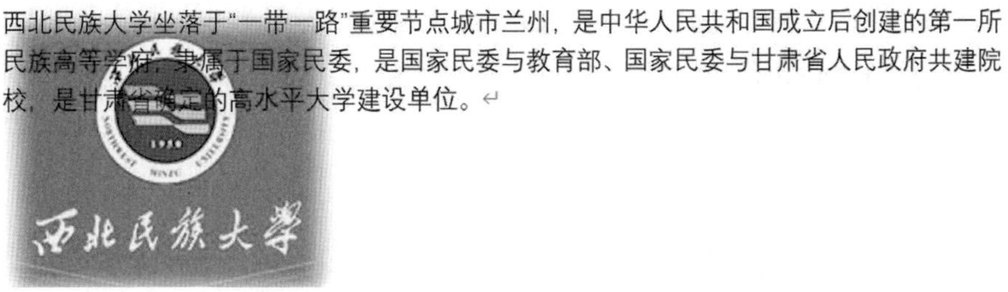

西北民族大学坐落于"一带一路"重要节点城市兰州，是中华人民共和国成立后创建的第一所民族高等学府，隶属于国家民委，是国家民委与教育部、国家民委与甘肃省人民政府共建院校，是甘肃省确定的高水平大学建设单位。
西北民族大学

图 2.1.6　在图片中插入文字

2.1.6　插入各种形状

Word 的图文混排功能非常强大，我们平时不管是做海报，还是画流程图等都离不开插入各种图形，Word“插入”菜单中的“形状”功能提供了许多日常使用的各种图形，可以满足用户日常制图的基本需求。

选择“插入”菜单中插图组中的“形状”功能，从弹出的列表中（见图 2.1.7）选定需要的图形，然后在需要插入形状的地方，按住鼠标左键进行拖动，便可以插入我们需要的形状。

最近使用的形状
线条
矩形
基本形状
箭头总汇
公式形状
流程图
星与旗帜
标注
新建画布(N)

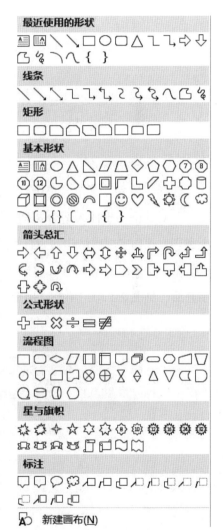

图 2.1.7　各种类型的形状

2.2 组织结构图——SmartArt 图形

SmartArt 图形是从 Microsoft Office 2007 开始新增的功能，用户可在 Word、Excel、PowerPoint 中使用该功能创建各种图形图表。SmartArt 图形是信息和观点的视觉表示形式，用户可以从多种不同布局中进行选择创建 SmartArt 图形，从而快速、轻松、有效地传达信息。使用 SmartArt 图形，配合其他新功能，用户只需单击几下鼠标，即可创建出具有设计师水准的插图。

2.2.1　SmartArt 图形的创建

创建 SmartArt 图形时，系统会提示你选择一种 SmartArt 图形类型（见图 2.2.1），例如"流程""层次结构""循环"或"关系"。类型可以理解为 SmartArt 图形类别，而且每种类型包含几种不同的布局。

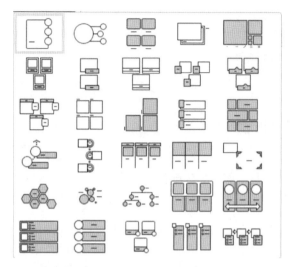

图 2.2.1　SmartArt 图形的不同类型

选择"插入"菜单，单击"插图"组中的"SmartArt"，即可弹出"选择 SmartArt 图形"对话框。想插入适合文档主题的 SmartArt 图形，首先要从左侧类别列表中选择大类别，比如"层次结构"，对话框中间部分就会出现此种类型下的所有 SmartArt 图形，选定第一个"组织结构图"，对话框右侧的预览区域会出现"组织结构图"的图形及文字介绍（见图 2.2.2），单击"确定"即可插入"组织结构图"的 SmartArt 图形。

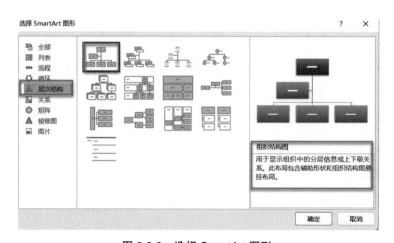

图 2.2.2　选择 SmartArt 图形

单击文本框左侧中间的箭头输入文字，或双击"组织结构图"的"文本"部分输入文字。文字输入完成后，在"SmartArt 设计"菜单中可以对此 SmartArt 图形进行更多设计（见图 2.2.3）。

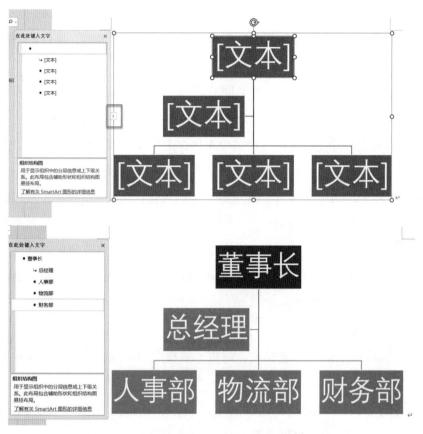

图 2.2.3　在 SmartArt 图形中输入文本及更多设计

2.2.2　增加或减少组织结构图的层级

默认情况下插入的组织结构图所具有的层级可能并不满足需求，用户可以根据需要为组织结构图添加或者减少层级。若要添加层级，只需选中要添加层级的框图，单击"SmartArt 设计"菜单栏中的"添加形状"按钮（见图 2.2.4），从列表框中选择要插入的选项即可。若要删除某一层级，只需在要删除的框图上单击鼠标右键，从弹出的快捷菜单中选择删除选项，或直接按下 Delete 键即可。要注意的是最高层级不能通过上述方法删除。

图 2.2.4　添加形状

2.3 制作邀请函、请柬——Word 邮件合并

邀请函、请柬、准考证想必大家再熟悉不过了，假如你是某公司的办公室文员，要制作一批邀请函，你会怎么制作呢？如果你是学校的教务老师，要打印一批准考证又该怎么做？

邀请函、请柬、准考证都有一个共同的特点，就是文档通常分为固定不变的内容和变化的内容。比如邀请函，除了邀请人的姓名和称谓是变化的，其他内容都是固定的。Word 的邮件合并功能就可以胜任这项工作，避免我们做很多重复工作，大大提高工作效率，节省工作时间。

邮件合并是 Word 中一种可以批量处理文本的功能。完成这项任务，我们需要先建立两个文档：一个包括所有文件共有内容的 Word 文档（比如未填写的信封等）和一个包括变化信息的 Excel（填写的收件人、发件人、邮编等），然后使用邮件合并功能在 Word 文档中插入变化的信息，合成后的文件用户可以保存为 Word 文档，也可以打印出来，或是以邮件的形式发出去。

邮件合并的主要应用情景有以下几种。

①批量打印信封：按统一的格式，将电子表格中的邮编、收件人地址和收件人打印出来。

②批量打印信件：从电子表格中调用收件人，调换称呼，信件内容基本固定不变。

③批量打印请柬：同上面第②条。

④批量打印工资条：从电子表格中调用数据。

⑤批量打印个人简历：从电子表格中调用不同字段的数据，每人一页，对应不同信息。

⑥批量打印学生成绩单：从电子成绩表格中调取个人信息，并设置评语字段，编写不同评语。

⑦批量打印各类获奖证书：在电子表格中设置姓名、获奖名称和等级，在 Word 中设置打印格式，打印众多证书。

⑧批量打印准考证、明信片、信封等个人报表。

总之，只要有数据源（电子表格、数据库）等，只要是一个标准的二维数表，就可以很方便的按一个记录一页的方式从 Word 中用邮件合并功能将上述内容打印出来！

下一节，我们通过一个具体实例来看一下邮件合并如何实现。

2.4 邮件合并实例——公司周年庆

实例要求：某公司成立 1 周年要举办大型庆祝活动，为了答谢广大客户，公司决定于 2023 年 2 月 15 日下午 3:00，在某五星级酒店举办庆祝会。现在要求生成邀请人的请柬，每位邀请人一份请柬，邀请人的联系方式存放在"重要通信录 .xlsx"文件中，请柬模板如图 2.4.1 所示。

请柬

尊敬的×××：

　　为了答谢广大客户，公司定于 2023 年 2 月 15 日下午 3:00，在皇家花园酒店 3 楼宴会厅举办庆祝会。

届时恭请光临！

CEO：李名轩

图 2.4.1　请柬模板

请柬的模板已经做好，现在需要根据"重要通信录 .xlsx"中的名单生成请柬，并且要根据性别，在称呼后面自动添加"女士"或者"先生"。通信录具体信息如图 2.4.2 所示。

	A	B	C	D	E
1	姓名	性别	职务	单位	
2	王鹏	男	市场总监	东达集团	
3	路易	男	总经理	万兴股份公司	
4	李银	男	CEO	邦正公司	
5	苏佳	女	高级经理	银软集团	
6					

图 2.4.2　重要通信录具体信息

邮件合并的具体步骤如下。

①打开素材"请柬 .docx"。

②按住鼠标左键拖动选取"×××"。

③切换到"邮件"菜单，单击"开始邮件合并"下的"邮件合并分布向导"（见图2.4.3）。

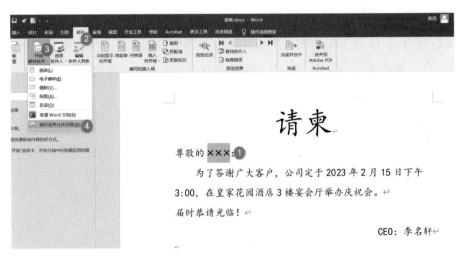

图2.4.3　选择"邮件合并分布向导"

④"邮件合并分步向导"导航窗格会出现在页面的右侧，在"选择文档类型"中选择"信函"，然后单击"下一步"。

⑤继续点击"下一步：选择收件人"（见图2.4.4）。

⑥在"选择收件人"窗格，单击"浏览"，打开"选择数据源"对话框，在地址栏部分定位到素材文件所在的文件夹，单击选择"重要通信录.xlsx"，然后单击"打开"（见图2.4.5）。

⑦在"选择表格"和"邮件合并收件人"两个对话框中分别点"确定"（见图2.4.6）。

⑧收件人列表文件选好后，在"邮件合并"导航窗格的"您当前的收件人选自："位置会出现收件人列表所在的文件名称，然后单击"下一步：撰写信函"。

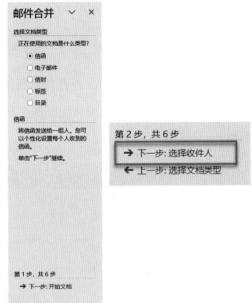

图2.4.4　选择"下一步：选择收件人"

⑨按住鼠标左键拖动选定"×××"，单击"其他项目"，在弹出的"插入合并域"对话框中选择"姓名"，然后单击"插入"（见图2.4.7）。

图 2.4.5 选择"重要通信录 .xlsx"文件

图 2.4.6 邮件合并收件人

图 2.4.7 选择"姓名"

⑩ "姓名"域插入后，在"尊敬的"文字后面就会出现"《姓名》"，然后单击"关闭"（见图 2.4.8）。

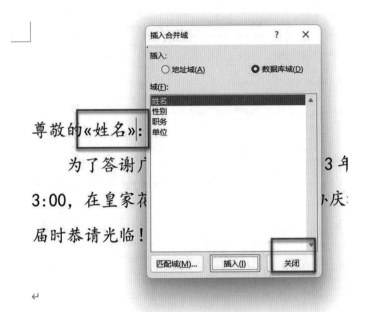

图 2.4.8　插入"姓名"域

⑪切换到"邮件"菜单，在编写和插入域组中，单击"规则"下方的"如果...那么...否则..."（见图 2.4.9）。

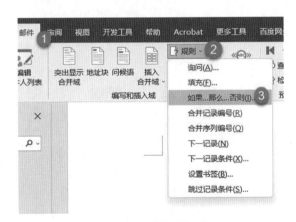

图 2.4.9　选择"规则"

⑫在"插入 Word 域：如果"对话框中，选择"域名"为性别，"比较对象"为"女"，"则插入此文字"为"女士"，"否则插入此文字"为"先生"，然后单击"确定"按钮（见图 2.4.10）。

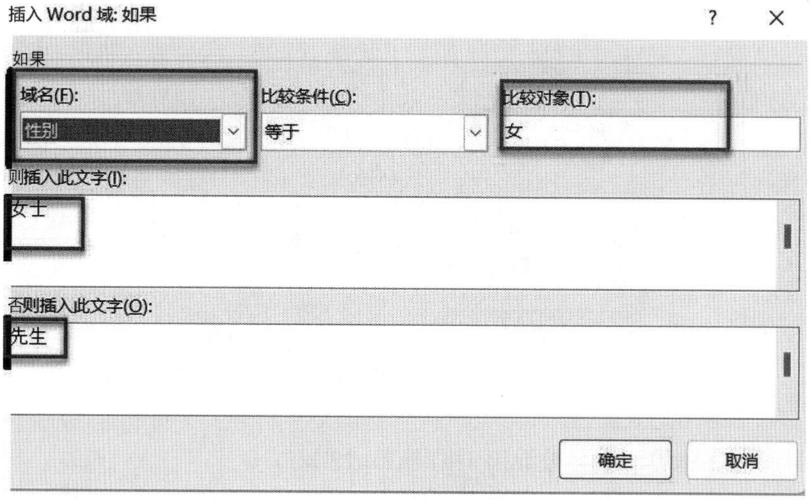

图 2.4.10　设置规则

这个规则的意思是如果性别为女，则在姓名后插入"女士"两个字，否则（也就是性别是男）在姓名后插入"男士"两个字。

⑬选中"先生"两个字，将字体与其他文字调整一致（见图 2.4.11）。

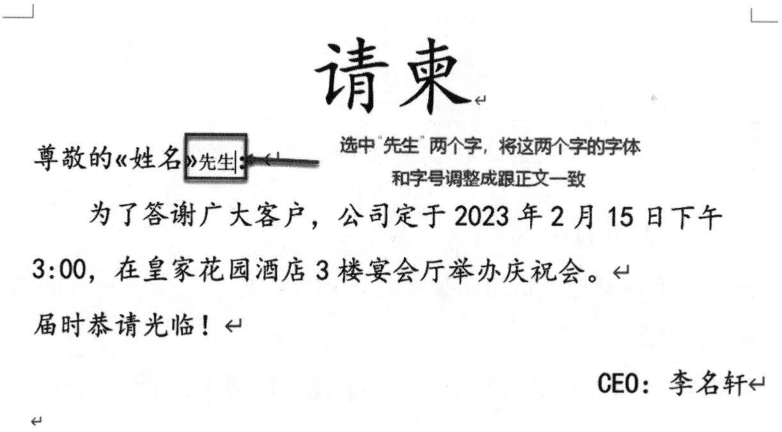

图 2.4.11　调整字体

⑭单击"下一步：预览信函"。

⑮单击"下一步：完成合并"。

⑯单击"编辑单个信函 ..."导出每个嘉宾的请柬。

⑰在弹出的"合并到新文档"对话框中选择"全部"，单击"确定"按钮（见图 2.4.12）。

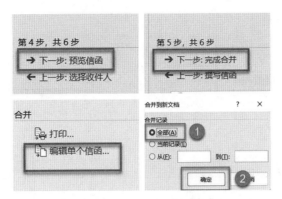

图 2.4.12　导出全部记录

⑱此时所有嘉宾的请柬会被导出（见图 2.4.13）。

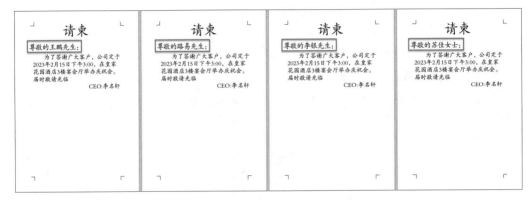

图 2.4.13　导出的所有嘉宾的请柬

⑲保存导出的文档并打印。

至此，完整的请柬制作方法讲解完毕，邀请函、信封、准考证等的制作方式与请柬的制作方式是一样的。

相信大家学会 Word 邮件合并功能后，高效制作邀请函、请柬、信封、准考证等将不再是难题。

第3章

快速定位与替换内容——查找和替换

大家在编辑文档时，对"查找"和"替换"功能想必并不陌生，但是你真的能把这两个功能用好、用对吗？熟练使用这两个功能，可以大大提升工作效率，减少重复劳动。

3.1 查找

3.1.1 导航窗格查找文本

"查找"顾名思义就是在文档中快速找到自己需要的内容，常规做法是切换到"开始"菜单，单击"编辑"组中的"查找"，在弹出的导航窗格中输入要查找的内容，然后按下键盘上的 Enter 键，查找的结果就会在导航窗格中出现，并且在正文中，会用黄色底纹标记出查找结果（见图 3.1.1）。

图 3.1.1　查找文本

3.1.2 查找图片、表格、公式

文本内容的查找最容易实现，那图片、表格、公式、脚注、尾注应如何查找呢？

这些内容的查找需要在导航窗格中完成。切换到"视图"菜单，单击左键勾选"显示"组中的"导航窗格"，让导航窗格出现在正文的侧边。

然后单击导航窗格搜索框右侧向下的箭头，弹出查找列表后，在列表中选择需要查找的类型即可（见图 3.1.2）。

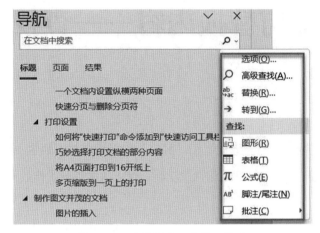

图 3.1.2　查找图片、表格、公式

3.1.3　查找格式相似的文本

格式相似的文本是什么意思呢？这个格式可以是字体颜色一样，也可以是样式相同等。比如一篇文档中有很多红色字体颜色的文本，我们只要选择一个红色字体颜色的文本，切换到"开始"菜单，单击"编辑"组中"选择"旁向下的箭头，在弹出的列表中选择"选定所有格式类似的文本（无数据）"（见图 3.1.3），这样所有红色字体颜色的文本都将被选中。

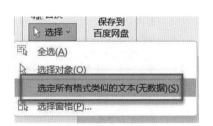

图 3.1.3　查找格式相似的文本

3.2 替换

3.2.1　文本内容替换

"替换"顾名思义就是把原来的内容替换成一个新内容。我们最常用也是最简单的替换方式就是单纯的文本内容替换。

这里我们以将文档中的"学校"二字替换为"西北民族大学"为例。

想要将文本内容进行替换，首先要将原内容查找出来，然后把原内容替换成新内容。

打开文档，切换到"开始"菜单，单击"编辑"组中的"替换"按钮，在弹出的"查找和替换"对话框中，选择"替换"标签，在"查找内容"右侧的编辑框中输入"学校"，在"替换为"右侧的编辑框中输入"西北民族大学"，然后单击"全部替换"，弹出结果窗口显示"全部完成。完成 14 处替换。"，最后单击"确定"即可（见图 3.2.1）。

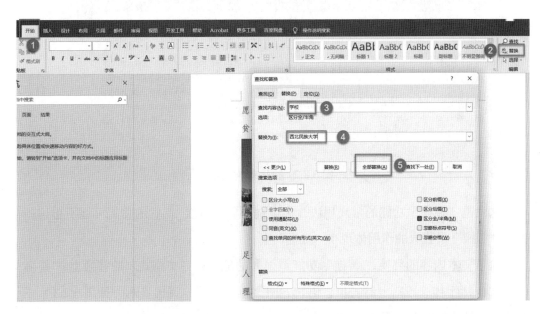

图 3.2.1　文本内容替换

这样，文档中的"学校"二字就已经全部替换成"西北民族大学"了。有些朋友肯定会问，我怎么能知道文档中的"学校"已经被替换成"西北民族大学"了呢？有没有什么方式来检验一下呢？当然有，"验算"的方法就是用我们的"查找"功能。

在已经替换完成的文档中，切换到"开始"菜单，单击"编辑"组中的"查找"按钮，在弹出的导航窗格的编辑栏输入"学校"后，按 Enter 键，随后返回搜索结果"无匹配项"。这就说明我们已经把"学校"二字全部替换成"西北民族大学"了（见图 3.2.2）。

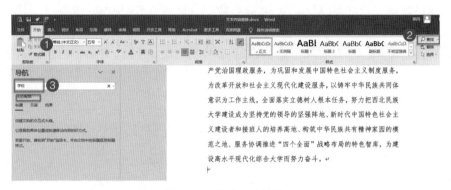

图 3.2.2　检验文本替换

这就是"替换"功能的常规用法，你可别小看"替换"，它的功能可远不止这些，其实"替换"最强大的作用体现在"批量"上。

除了文本内容的替换，"替换"功能最强大的地方还在"格式"的替换上，"替换"的格式包括字体、段落、制表位、语言、图文框、样式、突出显示（见图 3.2.3），下面我们用具体的实例进行讲解。

图 3.2.3　强大的"替换"功能

3.2.2　文字替换为指定格式

文字内容的替换我们已经不陌生了，但如果要把替换的文字着重显示，比如修改文字颜色、给文字加下划线或给文字添加着重号呢？如果需要替换的内容数量比较少，我们可以选择手动修改，但要是修改的内容数量比较多，比如数十条甚至上百条记录，这就需要用到"替换"功能里的"格式"替换。

这里依然以前面的文档为例，我们首先看一下此文档中"西北民族大学"共出现了几次。

切换到"视图"菜单，勾选"显示"组中的"导航窗格"，然后在导航窗格的搜索栏中输入"西北民族大学"后按回车键，搜索结果如图 3.2.4 所示，共有 4 个结果，并且正文中会用黄色底纹显示搜索结果。

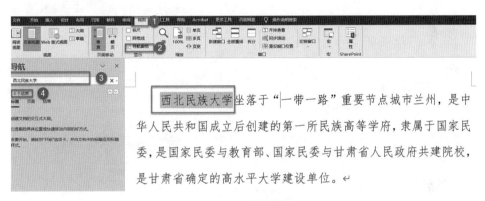

图 3.2.4　搜索结果

我们现在要求将正文中所有"西北民族大学"的字体替换为仿宋，三号，字体颜色为红色，并且加着重号。注意，在实际工作中遇到这种批量修改的问题，一定要用替换的思路去完成。

切换到"开始"菜单，单击"编辑"组中的"替换"按钮，打开"查找和替换"对话框，出现在我们面前的是"替换"页面，在"查找内容"位置输入"西北民族大学"，在"替换为"位置仍然输入"西北民族大学"，单击左下角"格式"按钮，在弹出的列表中选择"字体"按钮，在弹出的"字体"对话框中，"中文字体"选择"仿宋"，"字号"选择"三号"，"字体颜色"选择红色，"着重号"列表中选择"·"，最后单击"确定"。这样我们就会返回到"查找和替换"对话框，但这时"替换为"位置的"西北民族大学"下方就出现了我们选择的字体格式内容，单击"全部替换"后，会出现替换完成的对话框，在此对话框中单击"确定"按钮，最后关闭"查找和替换"对话框，最终效果如图 3.2.5 所示。

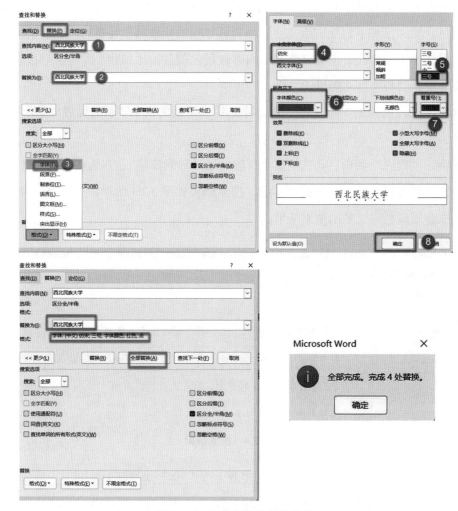

图 3.2.5　文字替换为指定格式

3.2.3　一键删除空格、空行

在日常工作中我们经常会碰到以下困扰，比如我们从网上下载或复制到 Word 的纯文本形式的资料，会出现一大堆空格或空行（回车符），格式非常混乱，完全不符合排版要求，如图 3.2.6 所示。

为了使文章美观整洁，我们需要把多余的空格和空行删除，使其最终效果如图 3.2.7 所示。

如果我们手动一个一个空格删除，一行一行空行删除的话，费时又费力。这里教给大家两个小妙招，可以快速删除所有空格和空行。

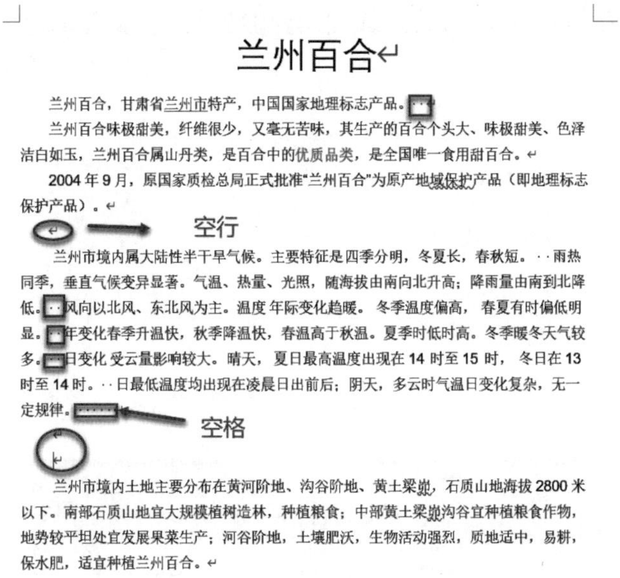

兰州百合

兰州百合，甘肃省兰州市特产，中国国家地理标志产品。

兰州百合味极甜美，纤维很少，又毫无苦味，其生产的百合个头大、味极甜美、色泽洁白如玉，兰州百合属山丹类，是百合中的优质品类，是全国唯一食用甜百合。

2004 年 9 月，原国家质检总局正式批准"兰州百合"为原产地域保护产品（即地理标志保护产品）。

空行

兰州市境内属大陆性半干旱气候。主要特征是四季分明，冬夏长，春秋短。雨热同季，垂直气候变异显著。气温、热量、光照，随海拔由南向北升高；降雨量由南到北降低。风向以北风、东北风为主。温度年际变化趋暖。冬季温度偏高，春夏有时偏低明显。年变化春季升温快，秋季降温快，春温高于秋温。夏季时低时高。冬季暖冬天气较多。日变化受云量影响较大。晴天，夏日最高温度出现在 14 时至 15 时，冬日在 13 时至 14 时。日最低温度均出现在凌晨日出前后；阴天，多云时气温日变化复杂，无一定规律。

空格

兰州市境内土地主要分布在黄河阶地、沟谷阶地、黄土梁峁，石质山地海拔 2800 米以下。南部石质山地宜大规模植树造林，种植粮食；中部黄土梁峁沟谷宜种植粮食作物，地势较平坦处宜发展果菜生产；河谷阶地，土壤肥沃，生物活动强烈，质地适中，易耕，保水肥，适宜种植兰州百合。

图 3.2.6　格式混乱的文档

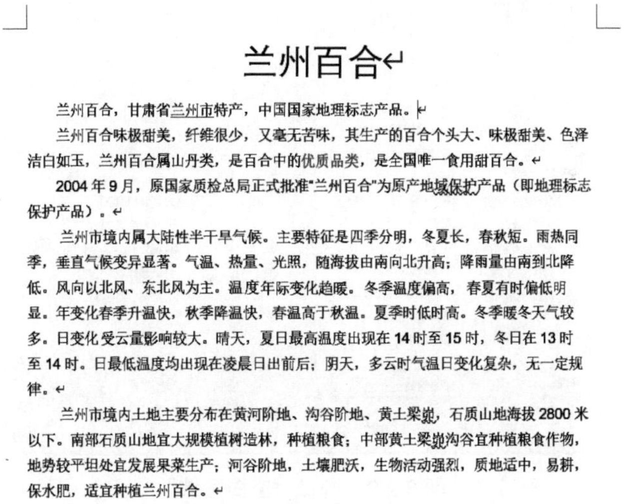

兰州百合

兰州百合，甘肃省兰州市特产，中国国家地理标志产品。

兰州百合味极甜美，纤维很少，又毫无苦味，其生产的百合个头大、味极甜美、色泽洁白如玉，兰州百合属山丹类，是百合中的优质品类，是全国唯一食用甜百合。

2004 年 9 月，原国家质检总局正式批准"兰州百合"为原产地域保护产品（即地理标志保护产品）。

兰州市境内属大陆性半干旱气候。主要特征是四季分明，冬夏长，春秋短。雨热同季，垂直气候变异显著。气温、热量、光照，随海拔由南向北升高；降雨量由南到北降低。风向以北风、东北风为主。温度年际变化趋暖。冬季温度偏高，春夏有时偏低明显。年变化春季升温快，秋季降温快，春温高于秋温。夏季时低时高。冬季暖冬天气较多。日变化受云量影响较大。晴天，夏日最高温度出现在 14 时至 15 时，冬日在 13 时至 14 时。日最低温度均出现在凌晨日出前后；阴天，多云时气温日变化复杂，无一定规律。

兰州市境内土地主要分布在黄河阶地、沟谷阶地、黄土梁峁，石质山地海拔 2800 米以下。南部石质山地宜大规模植树造林，种植粮食；中部黄土梁峁沟谷宜种植粮食作物，地势较平坦处宜发展果菜生产；河谷阶地，土壤肥沃，生物活动强烈，质地适中，易耕，保水肥，适宜种植兰州百合。

图 3.2.7　最终效果

（1）批量删除空格

①单击"开始"菜单"编辑"组中的"替换"按钮，或者按"Ctrl+H"组合键，打开"查找与替换"对话框，然后单击"更多"按钮（见图 3.2.8）。

②展开"替换"栏，单击"特殊格式"按钮，在弹出菜单中选择"空白区域"选项（见图 3.2.9）。

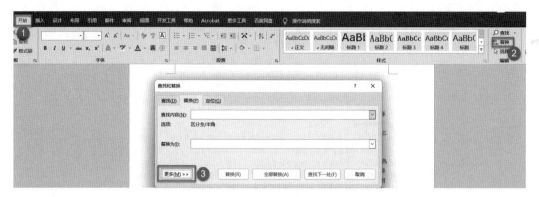

图 3.2.8 单击"更多"按钮

图 3.2.9 选择"空白区域"

③然后将鼠标定位在"替换为"文本框中，单击"全部替换"按钮，在全部完成的提示框中单击"确定"按钮，所有空格即被删除（见图 3.2.10）。

全部空格被删除后的文本效果如图 3.2.11 所示。

（2）批量删除空行

Word 中，回车符又称为段落标记，一个回车符表示一行结束，所以删除空行就是删除多余的回车符（段落标记），简单来说，就是把多个连续的回车符（段落标记）换

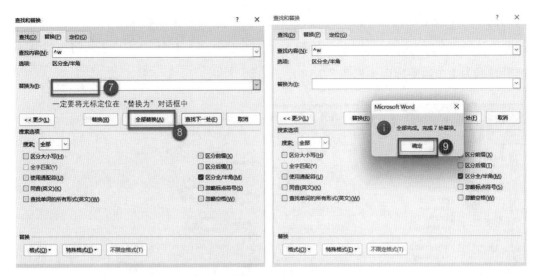

图 3.2.10　删除空格

图 3.2.11　删除空格后的效果

成一个回车符，方法如下。

①打开"查找与替换"对话框，将鼠标光标定位于"查找内容"文本框中，然后单击"更多"按钮。

②展开"替换"栏，单击"特殊格式"按钮，在弹出菜单中选择"段落标记"选项。此时，"查找内容"文本框中自动添加了"^p"，但这里需要注意，空行是由多个连

续的回车符（段落标记）形成。因此，我们需要在查找内容中输入 2 个"^p"，表示查找两个连续的段落标记，同时在"替换为"文本框中输入 1 个"^p"，表示将查找到的内容替换为 1 个段落标记（见图 3.2.12）。

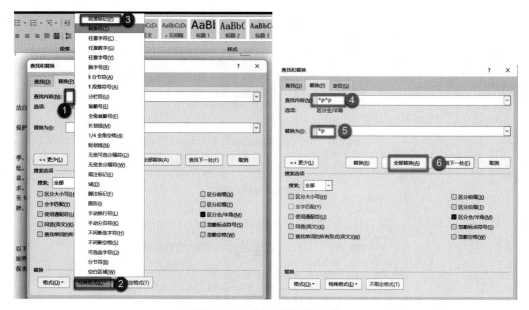

图 3.2.12　选择"段落标记"

③单击"全部替换"，此时只是删除段落之间有个一个空行的情况，如果段落之间有多个空行，需要重复单击"全部替换"，直至最后所有的空行都被删除为止（见图 3.2.13）。

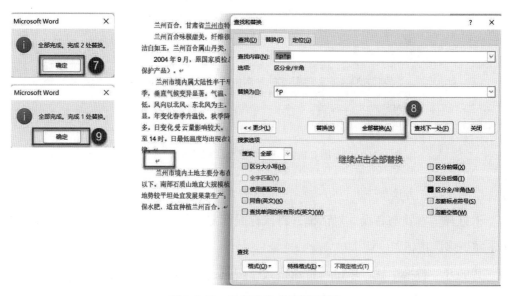

图 3.2.13　重复单击"全部替换"

如果在"查找内容"中输入 1 个"^p"，并将"替换为"的内容设为空，则文档中所有回车符（段落标记）都会被删除，所有内容会成为一个段落。反之，如果想要添加空行，则可把替换内容颠倒过来，在"替换为"文本框中输入 1 个"^p"就会产生一个空行，输入 *n* 个"^p"就会产生 *n* 个空行。

删除空行后的效果如图 3.2.14 所示。

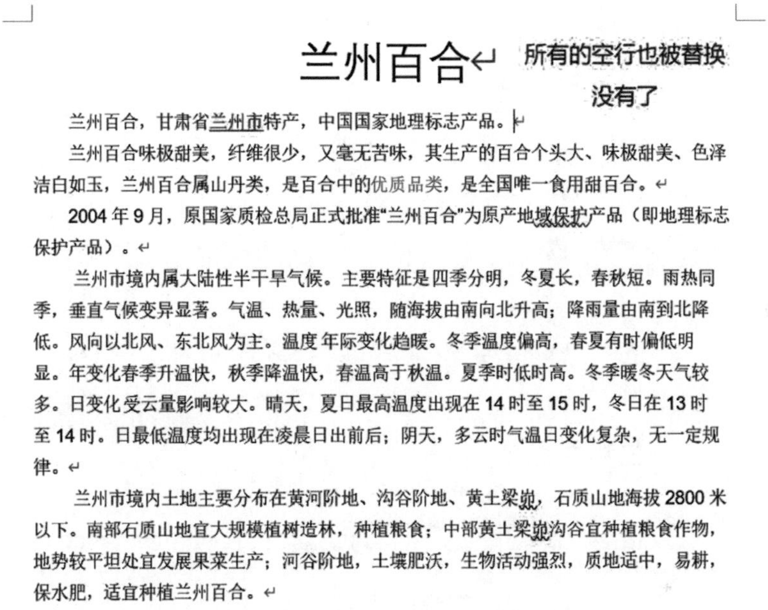

兰州百合 ← 所有的空行也被替换没有了

兰州百合，甘肃省兰州市特产，中国国家地理标志产品。

兰州百合味极甜美，纤维很少，又毫无苦味，其生产的百合个头大、味极甜美、色泽洁白如玉，兰州百合属山丹类，是百合中的优质品类，是全国唯一食用甜百合。

2004 年 9 月，原国家质检总局正式批准"兰州百合"为原产地域保护产品（即地理标志保护产品）。

兰州市境内属大陆性半干旱气候。主要特征是四季分明，冬夏长，春秋短。雨热同季，垂直气候变异显著。气温、热量、光照，随海拔由南向北升高；降雨量由南到北降低。风向以北风、东北风为主。温度年际变化趋暖。冬季温度偏高，春夏有时偏低明显。年变化春季升温快，秋季降温快，春温高于秋温。夏季时低时高。冬季暖冬天气较多。日变化受云量影响较大。晴天，夏日最高温度出现在 14 时至 15 时，冬日在 13 时至 14 时。日最低温度均出现在凌晨日出前后；阴天，多云时气温日变化复杂，无一定规律。

兰州市境内土地主要分布在黄河阶地、沟谷阶地、黄土梁峁，石质山地海拔 2800 米以下。南部石质山地宜大规模植树造林，种植粮食；中部黄土梁峁沟谷宜种植粮食作物，地势较平坦处宜发展果菜生产；河谷阶地，土壤肥沃，生物活动强烈，质地适中，易耕，保水肥，适宜种植兰州百合。

图 3.2.14　删除所有空行后的效果

3.2.4　一键删除重复段落

不管你是在上学还是已经工作了，也不管你从事哪个行业，在使用 Word 文档的时候，还会遇到一个更令人抓狂的事情——文档中有大量重复段落，特别是在一篇长文档中，重复的段落又比较多的时候，难道要通过我们的记忆力来删除重复段落吗？

有没有其他更高效的好方法，能让我们快速而准确地删除文档中的重复段落呢？当然有，为了快速解决这个问题，就要请出我们的"替换"神器了。

①按"Ctrl+A"组合键全选文档，然后按"Ctrl+H"组合键，打开"查找和替换"对话框。

②在"查找内容"文本框中，输入"(<[!^13]*^13)(*)\1"。

③在"替换为"文本框，输入"\1\2"。

④勾选"使用通配符"，单击"全部替换"按钮（见图 3.2.15）。

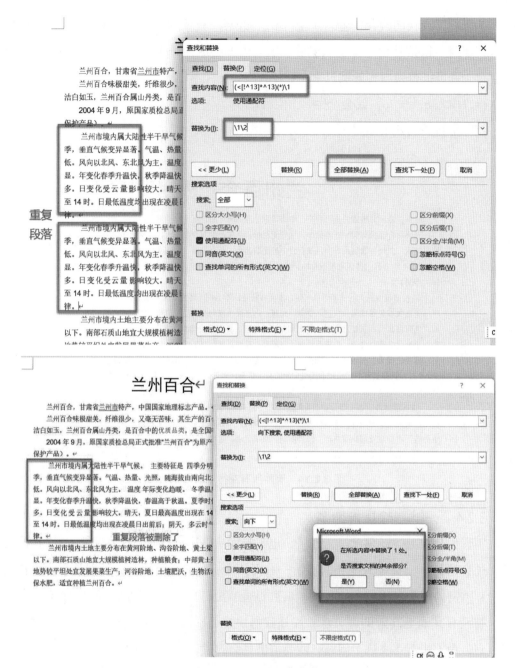

图 3.2.15　删除重复段落

⑤此时，文档会提示是否搜索其他部分，以及替换了几处。比如这里只替换了2处，还需要重复替换。反复单击"全部替换"按钮，直到无法再进行替换为止，这样就能自动删除文档中所有重复段落了。

注意事项：要想删除代码起作用，最关键的一步是首先要全部选定所有文本，也就是你的替换操作要有操作对象，不能对空气进行操作。

　　代码说明："(<[!^13]*^13)(*)\1"中"(<[!^13]*^13)"用于查找以非段落标记开头的一个段落。其中，"^13"表示段落标记，"[!]"表示"非"，"[!^13]"表示段落标记之外的任意单个字符，"(*)"表示查找第一个找到段落之后的任意内容，"\1"表示重复查找"(<[!^13]*^13)"找到的第一个表达式段落。

　　"\1\2"表示将找到的内容替换为"查找内容"中的前两部分，也就是删除重复的内容。

　　代码说明可能对许多小伙伴来说比较难理解，但只要大家掌握上述操作方法，就算有成千上万页内容，也可快速完成重复剔除操作，效率非常高。因此，如果想实现重复段落快速删除，就掌握好这个技巧吧！

第4章
标书、报告、论文排版
——文档高级编辑及排版

大家觉得 Word 使用起来困难吗？我相信肯定很多人都会说不难，无非就是设置字体、字号，打打字嘛。抱有这种想法的人不在少数，但事实并非如此，Word 看似"简单"的外表下，隐藏了很多让我们工作效率飞速提升的技巧。

在日常使用 Word 办公的过程中，我们常常需要制作长文档，比如营销报告、毕业论文、宣传手册、活动计划等。由于长文档的纲目结构通常比较复杂，内容也较多，如果不使用正确高效的方法，那么整个工作过程会费时费力，而且质量还不尽如人意。

想必只要编辑设计过 Word 长文档的用户和同学们，一定遇到过这样的情况：领导布置给自己写的企业内部培训方案、标书或自己的毕业论文，辛辛苦苦熬夜加班做好了，第二天交上去后却被指出许多问题，"字体大小不一，段落参差不齐""格式错乱，排版粗糙"等。

为了使 Word 长文档美出新高度，使编辑高效，工作省时省力，接下来我们将讲解 Word 高级编辑及排版的各项功能。

4.1 排版的灵魂——样式

很多人认为不值得花时间去学习 Word。其实不然，在 Word 文档编排的过程中，涉及大量的格式调整，如果格式不规范，只调整格式，就会浪费大量时间。试想一下：别人还在一段一段地调整格式，而你精通样式的使用，刷、刷、刷几下，1 分钟就调整好文档格式。鼠标一点，就可以自动生成目录。那感觉太棒了。

4.1.1 什么是样式

样式是应用于文档中的文本、表格和列表的一套格式特征，它是指一组已经命名的字符和段落格式。它规定了文档中标题、题注及正文等各文本元素的格式。用户可以将一种样式应用于某个段落，或段落中选定的字符上。使用样式定义文档中的各级标题，如标题 1、标题 2 等，可以智能化地制作出文档的标题目录。

使用样式能减少许多重复操作，在短时间内排出高质量的文档。比如，用户要一次改变使用某个样式的所有文字的格式时，只需修改该样式即可。如标题 2 样式最初为"四号、宋体、两端对齐、加粗"，如果用户希望标题 2 样式变为"三号、隶书、居中、常规"，此时不必重新定义标题 2 的每一个实例，只需改变标题 2 样式的属性就可以。

4.1.2　样式的类型

将样式按不同的定义进行分类，可以分为字符样式和段落样式，也可以分为内置样式和自定义样式。

字符样式是指由样式名称来标识的字符格式的组合，它提供字符的字体、字号、字符间距和特殊效果等。字符样式仅作用于段落中选定的字符。

段落样式是指由样式名称来标识的一套字符格式和段落格式，它包括字体、制表位、边框、段落格式等。Word 本身自带有许多样式，这些被称为内置样式，但有时候这些样式不能满足用户的全部要求，这时可以创建新的样式，也就是自定义样式。内置样式和自定义样式在使用和修改时没有任何区别，但是用户可以删除自定义样式，不能删除内置样式。

用户可以创建或应用下列类型的样式。

①段落样式：控制段落外观的所有方面，如文本对齐、制表位、行间距和边框等，也可能包括字符格式。

②字符样式：段落内选定文字的外观，如文字的字体、字号、加粗及倾斜格式。

③表格样式：可为表格的边框、阴影、对齐方式和字体提供一致的外观。

④列表样式：可为列表应用相似的对齐方式、编号或项目符号字符及字体。

4.1.3　为段落快速应用样式

我们想要高效地制作出专业的文档，那为文档设置样式是必不可少的操作。为文档快速设置样式的方法包括为文档套用预设的样式和使用格式刷快速复制已有的样式。

（1）使用样式快速格式化段落

预设的样式库包含许多样式，例如，有专门用于文档标题的样式"标题 1""标题 2""标题 3"等，也有专用于正文的样式"要点""引用""明显强调"等（见图 4.1.1）。

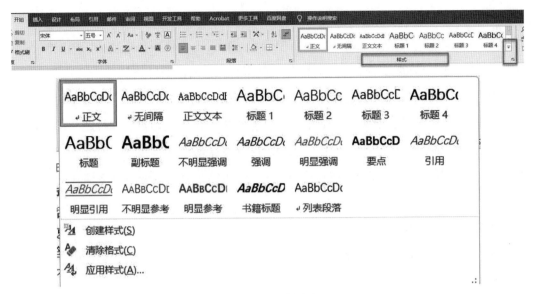

图 4.1.1　各类样式

我们现在来看一下如何给文档标题快速应用相应样式，假设目前的内容均为"正文"样式，现在把"第一章一级标题""第一章二级标题""第一章三级标题"分别应用"标题 1""标题 2""标题 3"的样式。

按住鼠标左键拖动选取"第一章一级标题"几个字，单击"开始"菜单，样式组中的"标题 1"，这样"第一章一级标题"就由"正文"样式设置成了"标题 1"样式，用同样的方法把"第一章二级标题"设置为"标题 2"样式，"第一章三级标题"设置为"标题 3"样式。同时，文档左侧的导航窗格中会出现目前应用了"标题"样式的文档标题。

套用标题样式后的效果如图 4.1.2 所示。

（2）使用格式刷快速复制格式

如果文档中已经有了一个非常合适的样式，并且需要将这个样式应用到其他段落中，使用格式刷是一个便捷的办法。

选中已经设置好样式的文本，在"开始"菜单，左键双击"剪贴板"组中的"格式刷"功能（见图 4.1.3），这时鼠标就会变成一个小刷子，再按住鼠标左键拖动选取需要修改格式的文本，这样所选文本就应用了选定的样式。

双击格式刷后，"格式刷"功能会有灰色底纹，选定的格式可以多次刷取，鼠标也会一直是小刷子的样子，鼠标的选取功能将不能使用（见图 4.1.4）。如果想要把鼠标变回指针模样，只需要再单击一下"格式刷"功能，使"格式刷"功能失效，鼠标就

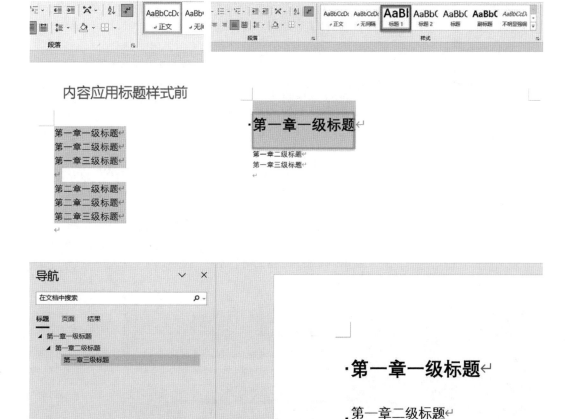

图 4.1.2 套用标题样式后的效果

会重新变成指针，也就能正常选取文档内容了。

4.1.4 新建样式

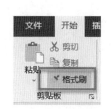

图 4.1.3 格式刷

有时候，为了文档的统一或者个性化设置，我们需要新建样式。新建样式需要先选择"开始"菜单，单击"样式"组右下角的箭头符号，在弹出的"样式"对话框中单击左下角第一个符号，即可新建满足需求的样式（见图 4.1.5）。

下面我们来看一下新建样式的具体步骤。

①设置新建样式的名称为"我的样式 1"。

②设置该样式的中文字体为"仿宋"、字号为"小二号"，西文字体为"Times New Roman"、字号为"小二号"（见图 4.1.6）。

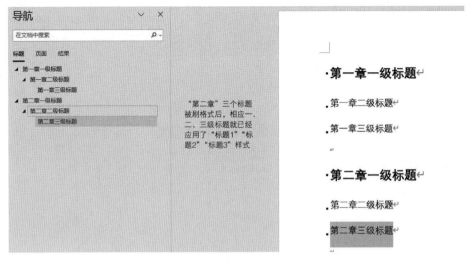

图 4.1.4 使用"格式刷"功能

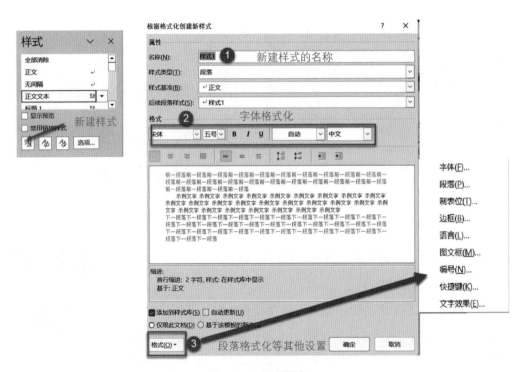

图 4.1.5 新建样式

　　单击对话框左下角的"格式",弹出选择列表后,选择"字体",这样就会弹出我们熟悉的"字体"对话框,在这个对话框中,我们可以对字体进行格式设置,这样就可以为该样式设置字体、字号、字形、效果等属性。要注意的是,此对话框中有"中文字体"和"西文字体"两个选项。我们新建的"我的样式1"也设置了"中文字体"

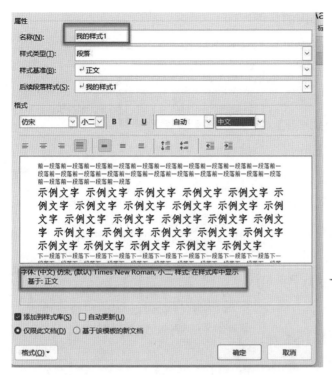

图 4.1.6　设置样式的字体

是"仿宋","西文字体"是"Times New Roman"。那为什么要分别设置"中文字体"和"西文字体"呢？假如某个段落要求中文文本和西文文本（英文、阿拉伯数字、希腊文、罗马文等）的字体不同，在没有使用样式功能的情况下，就只能将中文文本和西文文本分别选中后进行设置，但是在这个对话框中，只要设置一次，以后就会自动将中文和西文分开设置字体。按前文要求设置好字体后，单击"确定"按钮。

③接着对"我的样式 1"进行段落格式设置，设置"大纲级别"为"1 级"，段落对齐方式为"左对齐"，段前、段后的间距各 1 行，行距为"1.5 倍行距"。

在刚才的新建样式对话框中，继续单击"格式"菜单中的"段落"，此时会弹出我们熟悉的"段落"对话框。在此对话框中，设置"对齐方式"为"左对齐"，"大纲级别"为"1 级"，在"间距"部分设置"段前""段后"均为"1 行"，"行距"设为"1.5 倍行距"，最后单击对话框的"确定"按钮（见图 4.1.7），这样"我的样式 1"的"段落"格式设置就完成了。

在"段落"对话框中，有个特别重要的设置，会直接影响我们文档的结构及目录是否重要，这就是"大纲级别"。

因此，需要提醒大家特别注意，设置各级标题样式时，对于"大纲级别"的选择一定要仔细慎重。通常，默认的"大纲级别"为"正文"，在创建主标题（一级）、节标题（二级标题）、小节标题（三级标题）样式时，如果保持默认的大纲级别"正文"，那排版完成之后提取目录时，将不能提出这些标题。因此，一般将主标题样式的"大纲级别"设为"1级"，其下一级节标题样式的"大纲级别"设为"2级"，小节标题样式的"大纲级别"设为"3级"，依次类推。

单击"确定"返回新建样式对话框后，在该对话框最下面，需要按照实际选择该样式的应用范围（见图 4.1.8）。

"仅限此文档"和"基于该模板的新文档"这两个操作是单选操作，是非此即彼的关系。如果选择了"仅限此文档"，则不能选择"基于该模板的新文档"。

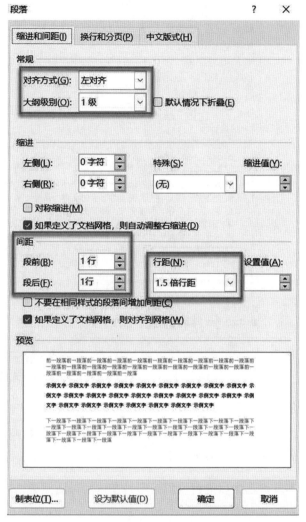

图 4.1.7　设置段落样式

图 4.1.8　选择样式的应用范围

"仅限此文档"，顾名思义就是只有当前编辑的这个文档应用"我的样式 1"这个样式。如果选择"基于该模板的新文档"，我们现在做的段落设置也会在以后新建的空白文档中应用。

如果勾选了"自动更新"设置，那么此样式后续如果修改了某项设置，则基于此样式的所有标题将会自动更新为修改设置后的样式。

那问题来了，我们要不要把样式设置为自动更新呢？

答案是否定的。因为自动更新标题样式会占用大量的计算机系统资源，导致 Word 运行很卡。如果勾选了"自动更新"，那么修改一次样式就要自动更新一次标题样式，但实际工作中，在工作文档最终定稿前，我们可能会多次修改样式，刷新太频繁就会导致 Word 多次"卡顿"。所以，我们把"自动更新"设置为手动模式，在文档编辑过程中不断修改样式，只需要在最终定稿后，勾选一次"自动更新"即可。

④如果想进一步美化新建的样式，可以对"边框"和"图文框"进行设置。比如为"我的样式 1"添加"下框线"（单实线、红色、1 磅），并添加"黄色""底纹"。

在新建样式对话框中，单击左下角"格式"功能中的"边框"，弹出"边框和底纹"对话框后，在"边框"页面选择单实线，"颜色"选择红色，"宽度"设为 1.0 磅。然后切换到"底纹"页面，填充选择黄色，最后单击"确定"。其具体过程及最后效果如图 4.1.9 所示。

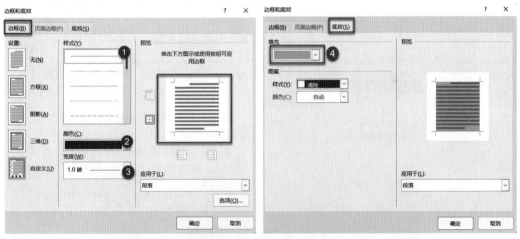

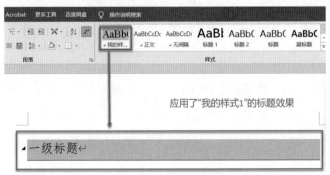

图 4.1.9　美化样式

4.1.5 修改与删除样式

（1）修改样式

前面我们已经详细讲解了如何新建一个样式，细心的读者肯定会发现，"开始"菜单的样式组中，已经存在很多样式种类，那我们能不能修改这些样式中的某些设置呢？答案是肯定的。

修改样式的步骤与新建样式相似，切换到"开始"菜单的样式组，在需要修改的样式名称（比如"标题1"）上单击鼠标右键，在弹出的对话框中选择"修改"，弹出"修改样式"对话框后，可以根据实际情况修改样式的"名称""字体""字号""颜色"等设置，在此页面中，单击左下角的"格式"功能，可以对段落的格式、文本框、底纹等进行相应的修改，最后单击"确定"按钮即可（见图 4.1.10）。操作方式可以参考前文新建样式的讲解。

图 4.1.10　修改样式

（2）删除样式

如果我们设置了某个样式后，在文档后续的编辑过程中并没有用到，那么我们就可以把多余的样式删除。切换到"开始"菜单的"样式"组，在需要删除的样式上单击鼠标右键，在弹出的选项中选择"从样式库中删除"即可（见图 4.1.11）。

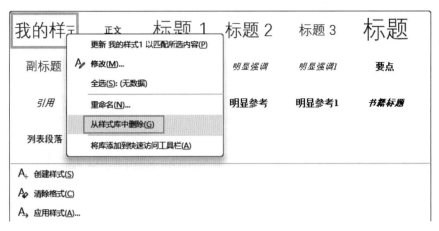

图 4.1.11 删除样式

4.1.6 找出隐藏的样式

当我们设置完"标题 1""标题 2""正文"的样式后，如果我们要设置"标题 3"样式时，可能会发现样式组的常见样式中没有"标题 3"。由于 Word 中的样式实在是太多了，默认情况下"标题 3"的样式是被隐藏的。那我们如何找出被隐藏的"标题 3"呢？

切换到"开始"菜单的样式组，单击右下角的箭头符号，在弹出的"样式"窗口中单击"管理样式"按钮（见图 4.1.12），在打开的"样式管理"对话框中，切换到"推荐"选项卡，选择"标题 3"，然后单击下方的"显示"按钮，单击"确定"按钮（见图 4.1.13），最后关闭"样式"窗格。

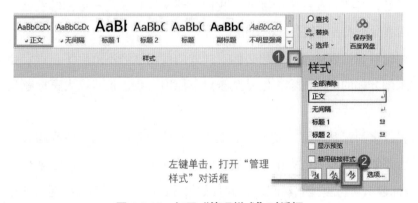

图 4.1.12 打开"管理样式"对话框

这样，隐藏的"标题 3"就显示出来了，我们可以用前文同样的方法设置"标题 3"的样式了。

图 4.1.13　显示"标题 3"

4.1.7　需要设置四级标题吗

通过上述新建样式详细步骤，想必大家对文档样式的建立、修改、删除有了详细的了解，对文档的结构做到了心中有数，一级标题、二级标题、三级标题是文档的基本结构。但是，有些朋友肯定会疑惑，我们一篇文档只需要三级标题就够了吗？为什么不设置四级标题或者更细分的标题呢？

当我们设置完三级标题后，想必你对样式的使用已经不陌生了，肯定会期待用更多的标题来细分你的文档内容，但是基于以下原因，我还是建议大家标题只设置三级就可以了。

①设置过多的标题容易造成逻辑混乱。当文档的逻辑结构划分为四级或者更多层级时，作者需要花更多的精力来考虑逻辑归类的问题，这个标题应该划分为"二级标题""三级标题"，还是"四级标题"？并且如果你已经设置了四级标题，那很有可能会把原本不用拆分的三级标题，划分为多个四级标题，造成逻辑混乱。

②标题过多还会造成读者阅读困难。当一篇文档出现四级及以上层级后，读者对内容的读取会产生较大难度，即使读者的逻辑思维很严密，也不一定愿意花更多精力和时间解读这篇文档。

后续我们还要添加自定义编号，比如"一级标题"就是"1."，代表第 1 章；"二级标题"就是"1.2"，代表第 1 章第 2 节；"三级标题"就是"1.2.3"，代表第 1 章第 2 节的第 3 小节。如果再在后面加个四级标题"1.2.3.4"，如果你是读者，想必也会把这个文档搁置一边了。

至此，排版的灵魂——样式就讲解完了。我们已经学会了设置"标题 1""标题 2""标题 3"及"正文"的样式。通过对这些样式的设置，我们可以轻松统一文档同级别的文字样式，快速统一文档结构，提高工作效率。

4.2 一次性改变文本的格式设置——主题

4.2.1　快速设置主题

看到别人设计的 Word 文档，你会不会有这样的疑问，为什么别人的文档看起来版面美观让人舒服，而自己的 Word 文档却平平无奇，甚至有些呆板呢？原因或许就在于你没有高效地使用 Word 主题。那什么是 Word 主题呢？

Word 主题是 Word 自带的一项可以美化 Word 文档的功能，使用 Word 主题，可以让文档立即具有样式与合适的个人风格。

文档主题有统一的一组颜色、字体和效果，主题跨 Office 程序共享，以便所有 Office 文档都可以具有相同、统一的外观。

Word 提供了大量多种格式文档的免费主题（见图 4.2.1）。

Word 文档中的主题包含三个组件：

- 字体——大小和系列；
- 样式——颜色、间距等，适用于列表、标题、段落等元素；
- 效果——元素的粗体、斜体和其他效果。

一个主题可以有所有组件的自定义值，也可以只使用其中几个。例如，在大部分 Word 主题中，我们总是会看到文档以白色背景打开，尽管可能有不同的页面颜色。此外，我们还总是看到正文的默认字体字号为宋体五号，段落间距为单倍行距。现在我们来看一下如何快速使用默认主题。

新建的 Word 文档默认的主题都是"Office"，本书讲解所使用的测试文档使用默认主题的效果如图 4.2.2 所示，单击"设计"菜单中的"主题"即可看到。同时，单击"设计"菜单中的"字体"，可以看出"Office"主题的默认字体是"等线 Light"，用同

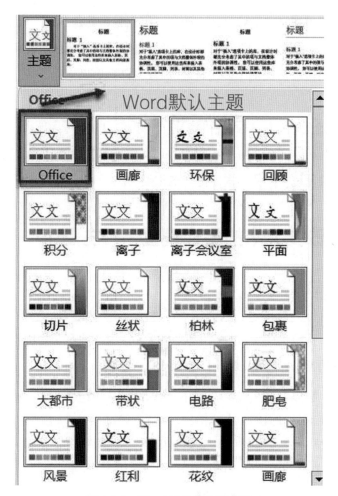

图 4.2.1　Word 提供的免费主题

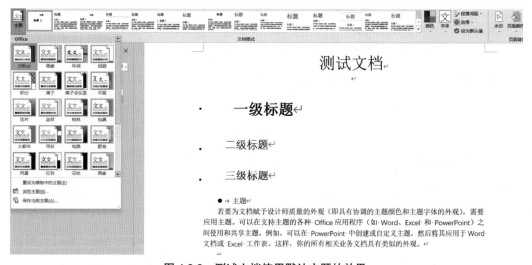

图 4.2.2　测试文档使用默认主题的效果

样的方法查看默认的主题颜色（见图 4.2.3）。现在，我们把主题修改为"主要事件"。切换到"设计"菜单，单击"主题"打开"主题"选择窗口，找到"主要事件"主题，然后单击鼠标左键，我们可以看出文档效果发生了变化，默认字体等都已经修改为主题"主要事件"的内置设置（见图 4.2.4）。

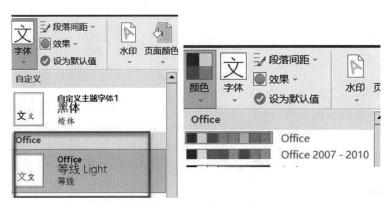

图 4.2.3　查看主题字体和颜色

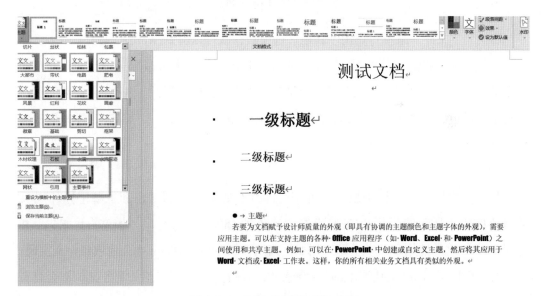

图 4.2.4　选择"主要事件"主题

4.2.2　模板、主题和 Word 样式之间的区别

快速增强文档外观的选择很多，可以使用模板创建文档，也可以应用主题，或是应用样式。

（1）模板

模板可以帮助你设计有趣、引人入胜和具有专业外观的文档。模板包含内容和设计元素，在创建文档时即可应用。模板的所有格式都是完整的，你只需要添加所需内容即可，比如简历、邀请函和新闻稿（见图 4.2.5）。

图 4.2.5　模板示例

切换到"文件"菜单，单击"新建"选项后，就可以看到 Word 提供了非常多已经设置好的模板，我们可以根据实际需要选择模板，这样就大大减少了设计文档外观的工作量。比如选择"蓝灰色简历"，左键双击"蓝灰色简历"后，Word 会自动创建一个基于此模板的新文档，我们只需要在此模板中添加自己的个人信息，这样一份精美的简历就完成了（见图 4.2.6）。

（2）主题

若要为文档赋予设计师质量的外观（即具有协调的主题颜色和主题字体外观），则需要应用主题。我们可以在支持主题的各种 Office 应用程序（如 Word、Excel 和 PowerPoint）之间使用和共享主题。例如，我们可以在 PowerPoint 中创建或自定义主题，然后将其应用于 Word 文档或 Excel 工作表中。这样，你的所有相关业务文档都会具有类似的外观。

（3）Word 样式

主题用于快速更改整体颜色和字体，如果想要快速更改文本格式，Word 样式是最有效的工具。将一种样式应用于文档的不同文本节后，只需更改该样式，即可更改这些文本的格式。Word 中包含大量样式类型，其中一些可用于在 Word 中创建引用表，例如，可用"标题"样式创建目录。

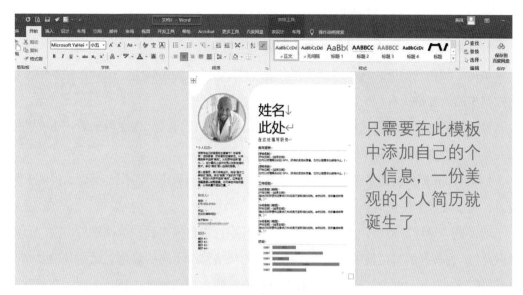

只需要在此模板中添加自己的个人信息，一份美观的个人简历就诞生了

图 4.2.6　简历模板

4.2.3　应用颜色集

下面我们来看一下主题中颜色的应用和修改。

"设计"菜单中的"颜色"功能提供了很多默认的颜色集，那颜色集中的每种颜色都代表什么意思呢？

以"紫罗兰色Ⅱ"为例，图 4.2.7 中的"紫罗兰色Ⅱ"的主题颜色内容包括了文字 / 背景的深浅色、着色 1– 着色 6、超链接访问前和访问后 12 种颜色的设置（见图 4.2.7）。

图 4.2.7　"紫罗兰色Ⅱ"的主题颜色内容

下面，以前文应用了主题"主要事件"的文档为例进行颜色集应用和修改的详细讲解。

打开测试文档，现在测试文档的主题为"主要事件"。

单击"颜色"功能，选择"紫罗兰色Ⅱ"，我们可以看到除了"设计"菜单中文档格式组中的内置格式有所变化，文档的外观好像没有改变。

接着我们选择文档格式组中内置格式的最后一项"阴影"，现在再来看一下文档效果，是不是比刚才的外观主题美观大气多了。

如果 Word 提供的内置颜色集跟我们正在编辑的文档风格不匹配，那怎么办呢？别着急，可以设置个性化的颜色集。

切换到"设计"菜单，单击"颜色"，打开颜色集选择列表，选择最后一项"自定义颜色"，在打开的对话框中，根据自己文档的风格修改不同的着色。比如我们要修改"超链接"的颜色，单击"超链接"右侧的颜色区域，打开颜色选择对话框，选择标准色红色（见图4.2.8）。也可以单击"其他颜色"，打开"颜色"对话框，选择"自定义"标签，其中"颜色模式"选择"RGB"，在"红色""绿色""蓝色"3种颜色的后面填写具体的数值，最后单击"确定"就可以完成超链接自定义颜色的设置（见图4.2.9）。

最后，我们在"新建主题颜色"对话框中的"名称"位置，填写自定义的个性化颜色集的名称，单击"保存"，这样我们自定义的颜色集就会出现在"设计"菜单"颜色"功能的选择列表中，方便我们后续使用。

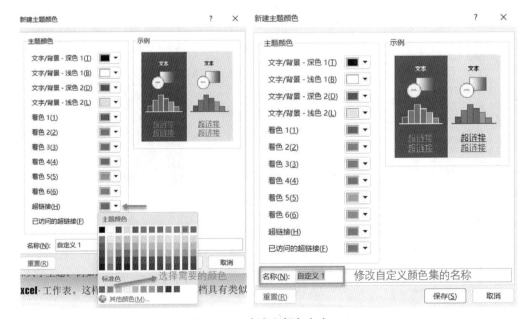

图 4.2.8　自定义颜色方式一

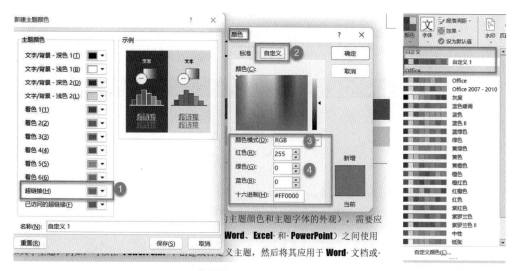

图 4.2.9　自定义颜色方式二

4.2.4　应用字体集

我们已经看到，通过合理使用颜色集可以快速美化我们的文档，那还有没有其他方式来快速美化我们的文档呢？我们还可以使用"字体集"。

还是以前文使用的测试文档为例，图 4.2.10 是测试文档的当前预览，现在我们选择全部文档内容，切换到"设计"菜单，单击"字体"功能，从弹出的下拉列表中选择"华文行楷 – 微软雅黑"字体集，测试文档中的字体效果就会全部被修改了（见图 4.2.11）。

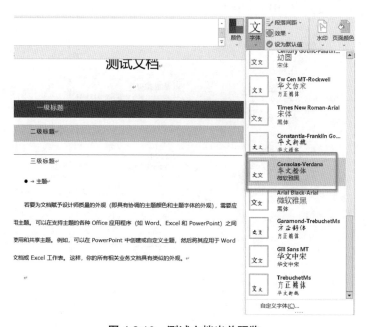

图 4.2.10　测试文档当前预览

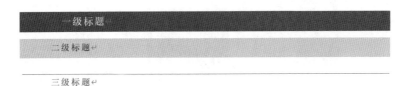

图 4.2.11 修改后的效果

我们也可以选择"字体"中的"自定义字体",定义更为个性化的字体集。

单击"字体",弹出字体集选择列表后,选择最后一项"自定义字体",在弹出的"新建主题字体"对话框中,分别修改"标题字体(西文)""正文字体(西文)"及"标题字体(中文)""正文字体(中文)",然后在"名称"右侧填写自定义字体集的名称"自定义 1",最后单击"保存"即可(见图 4.2.12)。至此,符合文档气质的个性化自定义字体集"自定义 1"就设置完毕了,后续文档直接单击"切换"菜单"字体"功能中的"自定义 1"即可使用该字体集。

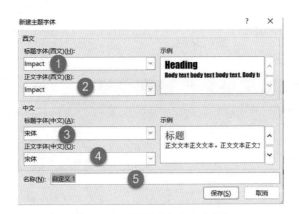

图 4.2.12 设置"自定义字体"

4.3 排版效果可视化——导航窗格

当我们设置完"标题 1""标题 2""标题 3"及"正文"样式后，只需要打开导航窗格，在不做其他复杂操作的情况下，就可以享受标题样式给我们工作带来的便捷。

你可能会问"导航窗格"是什么，它长什么样子，又有用什么作用呢？

很多人会忽略目录导航，但 Word 编辑写作，Word 排版美化都离不开目录导航。

有的同学写论文，一篇文档几千甚至几万字，却老老实实拖动滚动条拉上拉下，鼠标滚动无数次，千难万难才找到需要编辑的位置。

有的同事写文案、工作总结、文档汇报，文档内容需要大量调整位置，上下内容调换，然而只会复制粘贴，导致文档排版变形。

有的人文档用了 4 级标题，5 级标题，6 级标题，但写着写着自己全乱了，标题编号乱七八糟，真闹心。

加上 Word 还有很多不为人知的格式，杂七杂八的格式问题使工作效率更加低下。

目录导航可以大大提高工作效率，利用目录导航可以快速定位文档的各个重要节点，快速查询图片、表格、文字内容等！

4.3.1 将文档大纲尽收眼底——打开目录导航

Word 打开目录导航的操作如下，切换至"视图"菜单，在"显示"组中，勾选"导航窗格"，即可显示。我们还可以通过拖曳导航窗格的右侧边缘部分，调整导航窗格的显示宽度（见图 4.3.1）。显示宽度只要比导航窗格中的文字略宽就可以了，这样就可以在不影响正文的前提下完整显示导航窗格中的内容。

导航窗格中的文字内容就是我们设置好的章标题"标题 1"、节标题"标题 2"和小节标题"标题 3"。在导航窗格中，各级标题按章节顺序依次排列，单击标题名称，就可以快速定位到标题在文档中的位置。比如单击"将文档大纲尽收眼底——打开目录导航"标题，Word 就会迅速跳转到这个标题所在的位置，代替以往烦琐的手动拖拉滚动条和鼠标滚轮的操作。

也就是说，当我们设置完各级标题后，导航窗格能提供快速定位的功能帮助我们快速跳转到目的章节，这就可以完美解决大家头疼的"无法快速定位各个章节"的困扰。

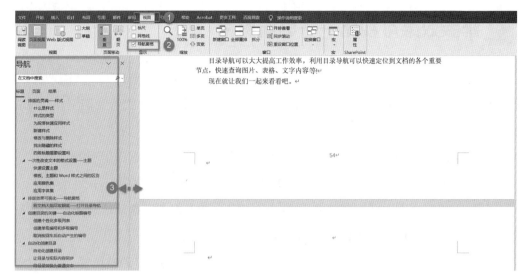

图 4.3.1　显示导航窗格

4.3.2　导航窗格中不同级别标题的显示

（1）标题层级缩进

在目录导航内，同级别标题并列显示，高级别标题显示在前，低级别标题显示在后，低级别的标题会一层一层自动缩进（见图 4.3.2）。

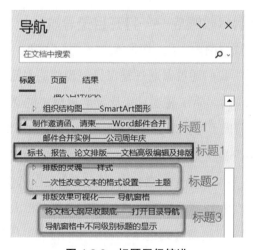

图 4.3.2　标题层级缩进

（2）通过展开和折叠查看各级标题

虽然导航窗格给我们提供了快速定位各章节的功能，但是如果文档比较大，章节标题比较多，导航窗格就会因为显示内容过多而显得杂乱，这样会给用户的阅读逻辑带来困难。

　　减少导航窗格中显示的标题数量，也就是显示的行数，可以让文档的逻辑结构简洁明了，便于阅读。如图 4.3.3 所示，将所有二级标题、三级标题隐藏后，文档的结构就一目了然。

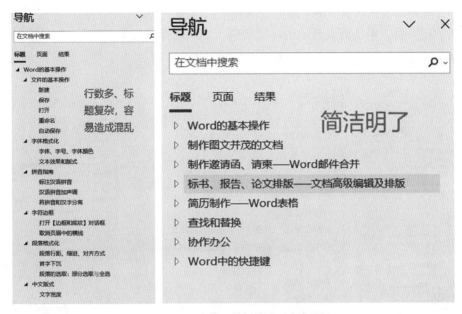

图 4.3.3　隐藏二级标题和三级标题

　　单击"排版的灵魂——样式"前方的小黑三角，这个二级标题下的所有三级标题都会被折叠起来。如果单击"标书、报告、论文排版——文档高级编辑及排版"前方的小黑三角，则该标题下的二级标题和三级标题都将被折叠隐藏（见图 4.3.4）。

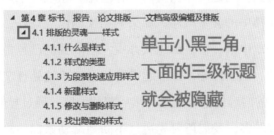

图 4.3.4　单击标题前方的小黑三角

　　这种手动的方式需要依次单击各个标题前方的小黑三角，如果文档结构比较复杂，章节标题比较多的时候，折叠标题又会变成一项烦琐且费时费力的工作。

　　导航窗格提供了一种一键显示各级标题的功能，利用这种功能，就可以省去手动依次折叠标题的烦琐操作。

如果只想在导航窗格中显示一级标题怎么办呢？在导航窗格的任一标题上单击鼠标右键，弹出对话框后，选择"全部折叠"，这样所有的二级标题和三级标题都将被折叠隐藏，只有一级标题显示。当然，我们还可以选择显示标题的具体级别。在导航窗格的任一标题上单击鼠标右键，弹出对话框后，单击"显示标题级别"，右侧弹出"标题级别"列表后，单击需要显示的标题级别，如果选择"显示至标题 2"，则导航窗格中将显示所有的一级标题和二级标题（见图 4.3.5）。

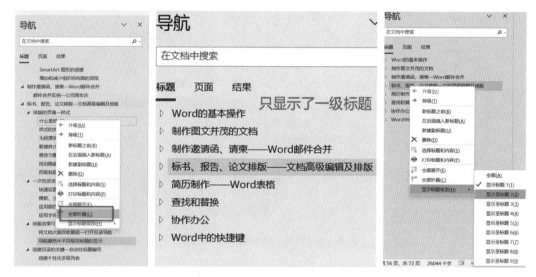

图 4.3.5　折叠标题

4.3.3　拖曳整理文档

不管是学生写论文，还是工作人员写工作总结、培训方案、工作职责等，最头疼的事情一定是调整文档中的文字顺序。如果一篇文档已经写好，发现第二章中的第三节内容需要放到第三章中第一节，那怎么办呢？虽然我们已经将文档的结构整理成了一级标题、二级标题、三级标题，处理起来可能会比单纯处理文字要简单些，但是还是要把第二章第三节的内容先进行选定，然后剪切内容，通过导航窗格定位到第三章，最后粘贴。如果内容较多，我们还要先通过不断地滑动鼠标滚轮来选中内容，然后执行剪切命令，再找到插入点，最后粘贴。

这个过程哪一步都不能出错，不然辛辛苦苦编辑好的文章，一下就全乱了。如果文字较多的时候，你可能还需要再花费很长时间重新整理文档。

更让人头疼的事情是，这只是一次结构调整需要做的工作。一个没有完成的论文、产品手册或者培训文档，有可能需要调整数十次或上百次才能最终定稿。如果每次都是"选定—剪切—定位—粘贴"4 个步骤的话，肯定会耗费你大量精力。

那我们能利用导航窗格轻松完成章节的调整吗？答案是肯定的。我们利用导航窗格进行简单的拖曳就能达到调整章节顺序的目的，再也不用"选定—剪切—定位—粘贴"4 步走了。

比如我们要将"拖曳整理文档"放到"导航窗格中不同级别标题的显示"的上面，不仅是将"拖曳整理文档"这六个字放到前面，而且要把这一节的标题和正文内容都放到"导航窗格中不同级别标题的显示"相关内容的前面。在导航窗格中，将鼠标左键移动到要调整位置的文档标题"拖曳整理文档"上，然后按住鼠标左键往上移动，当移动到"导航窗格中不同级别标题的显示"的上面时会出现一条黑色的实心直线，此时松开鼠标左键，这样"拖曳整理文档"下的标题和正文内容就被移动到"导航窗格中不同级别标题的显示"的前面了（见图 4.3.6）。

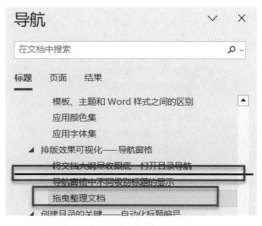

图 4.3.6　拖曳文档

使用导航窗格调整内容，只要 3 步"选择标题→拖动鼠标→插入点松开鼠标"。

对比传统方式和用导航窗格调整内容的方法，从表面上看，使用导航窗格仅仅是操作步骤少了一步，但实际上，使用导航窗格不需要进行文字的选取，这样就大大降低了选择出错的概率。最主要的是，在进行内容调整的时候，不用关心实际内容，只需要看导航窗格就可以了。这样不管文档最终版成稿前要调整多少版，就算是上百次，也不会对我们产生困扰。

4.4　创建目录的关键——自动化标题编号

我们通过为不同的标题设置不同的样式，以区分它们的大纲级别，这样我们在导航窗格中就可以浏览整篇文档的结构，但是，如果没有编号，我们对文档的逻辑结构就还是不清楚，不容易区分哪些是一级标题，哪些是二级标题，哪些又是三级标题。

这样的标题样式势必会给阅读带来困扰，造成不必要的麻烦。为了让我们的各级标题能一目了然，通常的做法是给标题加上编号。

添加编号后，在不需要额外解释思考的情况下，我们也能很清楚地知道"创建目录的关键——自动化标题编号"是本书第四章中的第四小节（见图4.4.1）。

图 4.4.1 添加编号

4.4.1 手动编号还是自动编号

那如何给各级标题编号呢？如果我们的文档比较短，只有两三个标题，那手动添加编号最方便、最快捷，直接在标题前面手动输入编号就可以了。但是，如果是文档很长，标题数量数十个或上百个，这个时候再采用手动编号的方式，就会存在以下问题。

（1）编号复杂，工作量大

标题数量级别越多，就意味着你需要进行手动编号的数量越多。比如我们要给"创建目录的关键——自动化标题编号"编号，在输入编号前，首先要考虑上一个标题的编号是多少，我们可以看到上一个标题编号是"4.3.3"，此时你要思考"4.3.3"意味着什么呢？如果后面待编号的内容是一级标题，则编号就是"5"开头；如果后面待编号的内容是二级标题，则编号就是"4.4"；如果后面待编号的内容是三级标题，则编号就是"4.3.4"。

（2）修改编号麻烦

在我们耗尽精力手动编完大部分的编号后，如果发现需要删除某个标题，那么这个标题后面的所有编号都需要重新手动编号，整个过程一定痛苦无比。

不仅删除编号需要这么痛苦地修改，增加一个新的标题，或者调整了标题的顺序，都需要重新修改相应的编号。

想想前面提到的论文和产品手册，有时需要数十次甚至上百次的修改，整个过程都不能用"烦琐"来形容，用"残酷"或"残忍"或许更贴切。

说了这么多，那 Word 有没有自动编号的工具呢？当然有，这就是即将闪亮登场的"多级列表"。

4.4.2　创建多级列表自动编号

虽然我们已经知道手动编号耗时耗力，效率低下，但编号对一篇文档来说，无异于锦上添花，编号虽然不能提升文档的价值，但可以使读者对文档的结构更清晰，增加阅读的舒适度。

相信大家读过的文档必然不少，从目录大家就可以看出文档的编号都是有规律可循的。一级标题的编号是按照数字的顺序，比如"1、2、3"；二级标题的编号是在一级标题编号的基础上按数字顺序增加，比如"1.1、1.2、1.3"；而三级标题的编号又是在二级标题编号的基础上按数字顺序增加，比如"1.1.1、1.1.2、1.1.3"。

这样有规律的编号，Word 利用自带的"多级列表"功能就可以轻松实现。

切换到"开始"菜单，单击"段落"组中的"多级列表"，从弹出的窗口可以看到，Word 内置了多种形式的多级列表，从中选择我们需要的多级列表即可（见图 4.4.2）。

当然，我们也可以定制符合文档气质的多级列表。在弹出的列表中选择"定义新的多级列表"，弹出对话框后，首先选择对话框左下角的"更多"，打开该对话框隐藏的右侧菜单，这将是多级列表设置成功与否的基础和关键。

为什么说"更多"按钮会是多级列表设置成功与否的关键呢？多级列表体现的是文档的结构，而文档的结构是指章、节、小节、正文，也就是一级标题、二级标题、三级标题、正文，多级列表编号设置正确，我们才能对文档的整体结构有清晰的认识。但是多级列表一旦设置错误，那么整篇文档本来一目了然的结构就会毁在多级列表手里。

那如何才能保证多级列表设置正确呢？关键就是图 4.4.3 中的第 2 步和第 3 步，也就是"单击要修改的级别"中的大纲级别要与右侧隐藏窗口中的"将级别链接到样式"一一对应。大纲级别为"1"，则"将级别链接到样式"就要选择"标题 1"，以此类推，大纲级别为"2"，则"将级别链接到样式"就要选择"标题 2"，大纲级别为"3"，则"将级别链接到样式"就要选择"标题 3"（见图 4.4.3）。

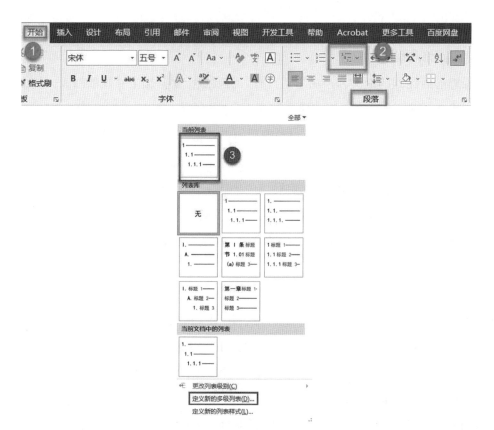

图 4.4.2　选择需要的多级列表

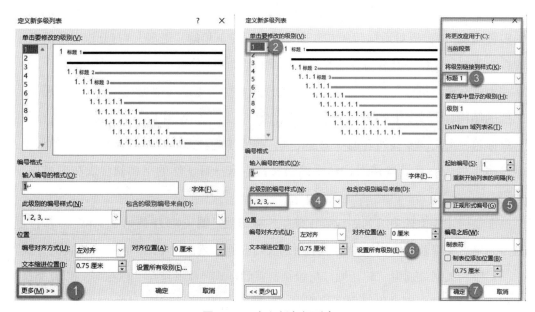

图 4.4.3　定义新多级列表

如果大纲级别和样式一一对应了，那么在设置多级列表的道路上，你就迈出了成功的第一步。

接下来我们就要设置多级列表编号显示的具体格式了。

多级列表设置成功与否的第二个关键就是"输入编号的格式"部分的数字。细心的你一定会看到这个数字是有灰色底纹的，这说明什么呢？在 Word 中，凡是有灰色底纹的内容，包括文字内容、数字等，这些内容都是自动生成的。要想让多级列表中的数字能自动添加、自动更新，那这个灰色底纹的数字是不能修改的，不能对它有任何操作。

如果你不想用阿拉伯数字表示一级标题，而是喜欢用简体中文的"一、二、三、"，那单击"此级别的编号样式"下方的文本框，从下拉列表中选择"一,二,三（简）..."。此时，在"输入编号的格式"部分我们会看到编号格式由"1"变成了"一"，"起始编号"位置也显示"一"（见图 4.4.4）。

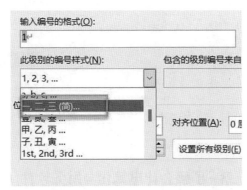

图 4.4.4　修改编号格式

我们在阅读文档的时候，会发现大部分文档的编号有"第 × 章"的形式。在"输入编号的格式"位置，在有灰色底纹的"一"前面输入"第"这个字，在灰色底纹的"一"后面输入"章"这个字，那我们的章标题就由单纯的"一"变成了"第一章"（见图 4.4.5）。

在"定义新多级列表"对话框中，"编号之后"列表中有三种分隔符：制表符、空格、不特别标注，使用这三种分隔符后，编号和标题之间分隔效果如图 4.4.6 所示。

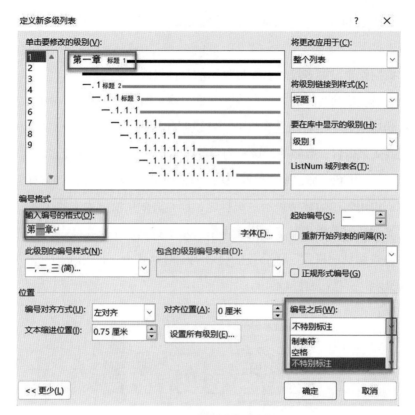

图 4.4.5　编号"第一章"

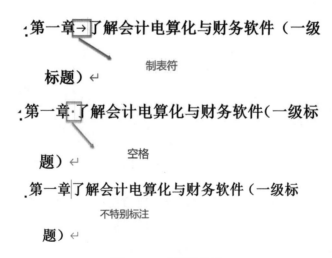

图 4.4.6　分隔符效果

　　用同样的方法设置二级标题。在"单击要修改的级别"中选择"2"，在对话框右侧"将级别链接到样式"位置选择"标题 2"，那么在"输入编号的格式"位置，我

们就会发现编号变为"一 .1"，这是第一章的第一小节，符合常理的编号格式应该为
"1.1"。如果我们在设置多级列表编号的时候，一级标题的编号格式用的是简体中文
"一、二、三、"，那么我们在设置二级标题和三级标题编号的时候，一定要在"定义新
多级列表"对话框右侧中间的位置，单击"正规形式编号"前面的复选框，那么二级
标题的编号就会变成我们熟知的"1.1"（见图 4.4.7）。

　　同样的方法，在"单击要修改的级别"中选择 3，把"将级别链接到样式"设置为
"标题 3"。

　　如果我们想让各个级别标题的缩进方式相同，那需要单击"设置所有级别"按
钮，在弹出的对话框中将各位置和缩进量都调整至"0 厘米"后，单击"确定"（见
图 4.4.8）。

　　将各位置和缩进量调整为 0 厘米的目的是让各个级别的标题没有缩进。

　　添加完自定义列表后，除了文档中各级标题前都添加了数字编号，导航窗格中的
各级标题前也会出现编号。而且每一级编号都是按照上一级编号顺延自动生成的，这
样就不会出现手动编号导致编号错误的问题。

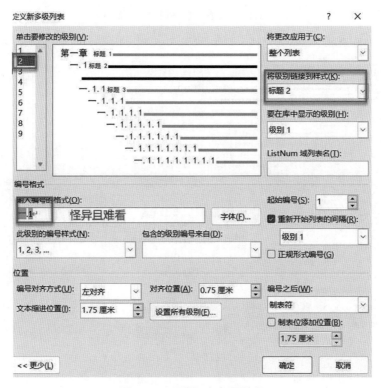

图 4.4.7　设置二级标题编号

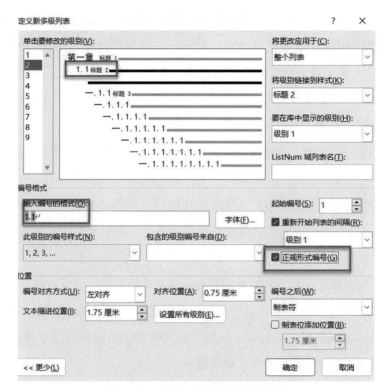

图 4.4.7　设置二级标题编号（续）

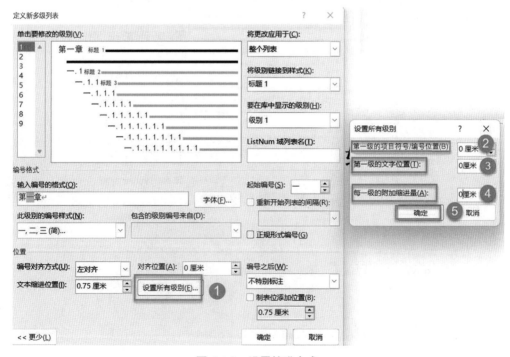

图 4.4.8　设置缩进方式

通过 Word 的多级列表功能给文档标题添加自动编号，可以保证编号数字的准确性，并且可避免因为编号错误导致用户对文档结构产生误解的情况。在我们需要删除、添加和调整标题顺序时，Word 会自动修改编号，我们不再需要花费大量的时间和精力去手动修改。

4.4.3　取消按回车后自动产生的编号

当在 Word 中输入"一、二、三……"或"1、2、3……"或"①、②、③……"或"壹、贰、叁……"或"甲、乙、丙……"等序列时，只要先输入前面的某一个或几个，只要按下回车键，就会自动生成下一个。有的时候我们需要这种编号，有的时候却不需要这种自作聪明的编号，因此我们得掌握消除自动编号的方法。下面我们来介绍两种消除自动编号的方法，分为临时性的和长期性的。

（1）临时性让 Word 取消自动编号功能

假设输入"①"并按下回车键后，Word 会自动在第二段段首给出后续编号"②"，如果想取消该编号，只需再次按下回车键（Enter 键，中间不要输入任何内容），Word 自动给出的后续编号"②"就会消失，非常方便。

另外，在没有输入任何内容之前按下退格键（Backspace）也可达到同样的目的。

（2）长期禁用 Word 的自动编号功能

上述方法只能临时性禁用 Word 的自动编号功能，如果要长期禁用 Word 的自动编号功能，那就要使用下面的办法。

①单击"文件"菜单，选择"开始"中的"更多"选项，单击"选项"按钮。

②在弹出的"Word 选项"对话框中选择"校对"，然后单击"自动更正选项"按钮（见图 4.4.9）。

③在弹出的"自动更正"对话框中，单击切换至"键入时自动套用格式"选项卡，并单击"键入时自动应用"功能下方的"自动项目符号列表"选项，取消勾选该复选框。

④最后单击"确定"按钮，这样就可以长期禁用 Word 的自动编号功能了（见图 4.4.10）。

当然，还有其他的简便办法，如果文档中有很多自动编号的时候，可以全选这些内容，然后切换到"开始"菜单，单击"段落"组的"编号"，在"编号库"中选择"无"，这样就可以直接取消序号了。

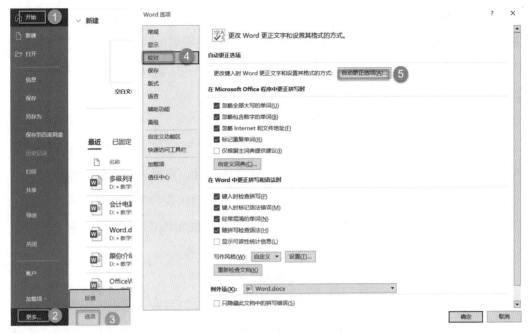

图 4.4.9　单击"自动更正选项"

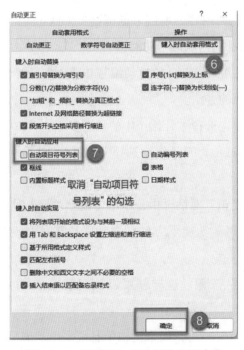

图 4.4.10　禁用 Word 的自动编号功能

4.5 生成目录的前提——页码

我们在看一篇学位论文或者准备买一本书的时候，首先肯定要看一下目录，以及每一个章节大约有多少页，也就是每一个章节的页码。那页码是怎么添加的呢？我们又该将页码添加到什么位置呢？靠左？居中？还是靠右？为什么目录的页码和正文的页码不同，而且不连续呢？想必大家的问题不止这些，下面我们来一一解答吧。

4.5.1 封面不要页眉页码

首先，我们先来看一下什么是页眉和页脚。页眉与页脚是文档中的精美细节，它们既可以是文本也可以是图形，为每一页增添了独特的色彩和风格。页眉，通常位于文档的顶部，是页面的重要信息源，它包含了标题、章节号码等重要元素。页脚则位于页面的底部，是页面的终点和基点，它包含了一些补充性信息，如页码、日期、版权声明等。

学位论文或图书的封面是没有页眉和页脚的，那我们该如何设置呢？

单击"插入"菜单页眉和页脚组中的"页眉"，在弹出的下拉列表中选择第一项"空白"，即可以插入页眉（见图 4.5.1）。

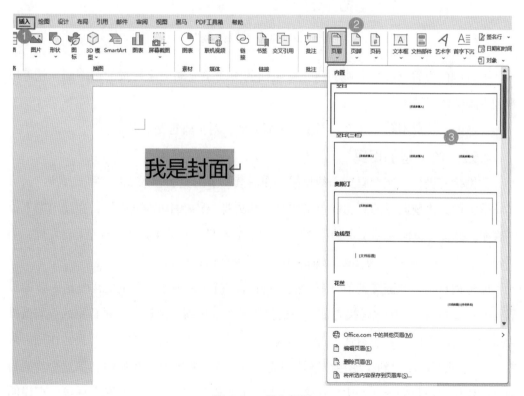

图 4.5.1　插入页眉

此时菜单栏中会出现"页眉和页脚"隐藏菜单，有关页眉和页脚的所有操作都在这个菜单中进行设置。针对封面不要页眉页码的情况，我们勾选"首页不同"选项（见图 4.5.2），然后在页眉位置不要输入任何内容即可。

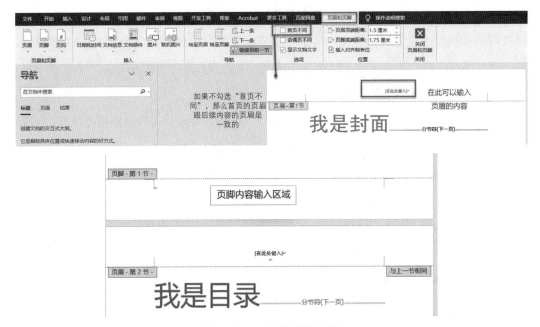

图 4.5.2　勾选"首页不同"

那页脚的设置又在哪儿呢？将正文页面的滚动条拖动到这一页的最下面，就可以看到页脚编辑区域。

勾选的"首页不同"选项，不仅对页眉有效，对页脚也是有效的。

4.5.2　统一型的页码

我们接着进行正文页眉页码的设置，在后续章节的页眉输入文字"我是页眉"，后续章节页面会出现同样的页眉。单击"页眉和页脚"菜单中的"页码"，在弹出的下拉列表中，选择"页面底端"中的第 2 项"普通数字 2"（见图 4.5.3）。那有人会发现，明明勾选了"首页不同"，为什么封面仍然有页眉和页脚呢？

罪魁祸首就是"链接到前一节"这个功能。"链接到前一节"的意思是后一节的页眉与前一节相同，页脚也是接着前一节的页码继续往后编。所以，如果首页的页眉页脚与后续章节的不同，除了勾选"首页不同"，同时要让"链接到前一节"失去作用。从图 4.5.3 中我们可以看到，现在"链接到前一节"这个功能有灰色底纹，那这个功能目前是起作用的还是失效状态呢？在 Word 中，如果某个功能的名称有灰色底纹，那说明这个功能目前是起作用的，要想让这个功能失效，做法也非常简单，只需要单击一下这个功能的名字，此时我们就会看到这个功能名称没有灰色底纹了，这个功能就失效了。

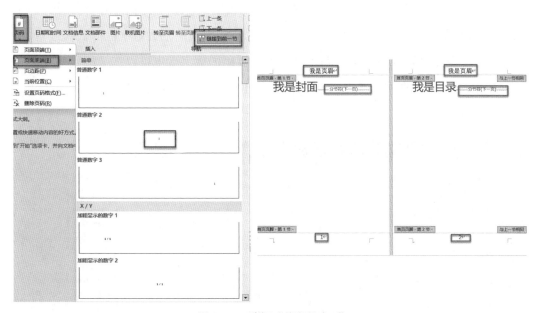

图 4.5.3 选择"普通数字 2"

现在，我们将鼠标定位在第二页的页眉位置，勾选"页眉和页脚"菜单选项组中的"首页不同"，然后单击"链接到前一节"，使此功能失效。现在我们就可以在页眉的位置输入"我是页眉"，然后在页脚的位置插入页脚了，效果如图 4.5.4 所示。

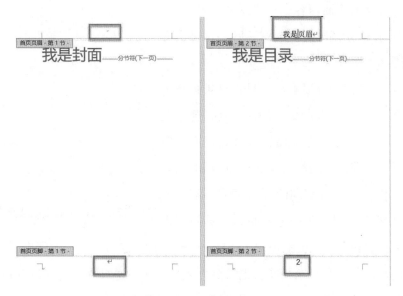

图 4.5.4 首页不同

此时，我们会看到封面已经没有页眉和页脚了，但是新的问题又来了，目录页的页码应该从数字 1 开始编码，为什么现在是数字 2 呢？这个问题又该如何解决呢？

单击"页眉和页脚"菜单的"页码"，在弹出的下拉列表中点击"设置页码格式"，在弹出的"页码格式"对话框中，勾选"起始页码"，后面数字栏中默认为 1（见图 4.5.5），当然也可以根据实际需要修改起始页码的数字。也可以在"编码格式"下拉列表中选择不同的页码格式，可以用阿拉伯数字，或用罗马数字，或用"一、二、三……"等。

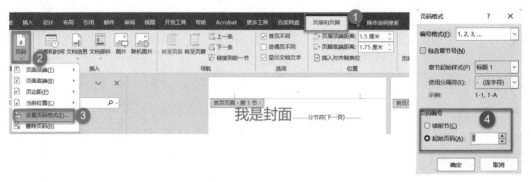

图 4.5.5　设置页码格式

所有设置完成后，我们再看一下目录页的页码是不是已经变成从数字 1 开始了（见图 4.5.6）。

那我们再来看一下正文部分的页眉页码有没有设置好。正文的页眉内容也是"我是页眉"，页码要求从目录开始编码直至文档最后。此时全文内容缩略图如图 4.5.7 所示。

从图 4.5.7 中我们可以看出，只有目录页有页眉内容和页脚，正文部分没有页眉页码。这是因为全文共分 3 节，分别为封面、目录和正文。通过前面的学习，我们已经知道 Word 中最小的独立单位是节，同一节中有相同的页眉页脚，不同节的页眉页脚可以不同，而且每节的第一页需要重

图 4.5.6　页码变成从数字 1 开始

新设置一遍页眉和页脚。也就是说，即使前一节（即目录节）已经设置好了页眉页脚，正文部分的页眉虽然和目录相同，也需要再重新输入一遍页眉的内容，页脚也需要重新插入一遍。按照上述方法输入页眉，插入页码，需要注意的是，这里要让"链接到

前一节"起作用，因为这里我们的页码要接着目录页页码继续往后，也可以不用该功能，使正文页码重新开始。同时，这里不能勾选"首页不同"，因为"首页不同"是针对每一节的首页进行设置，而不仅仅是全文的首页（见图 4.5.8）。

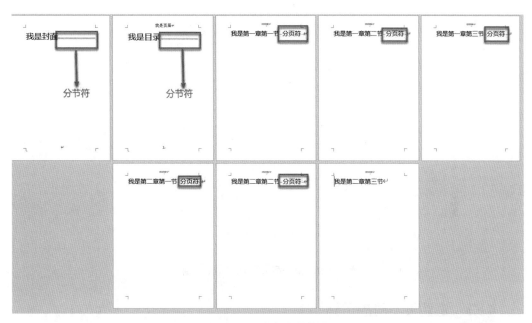

图 4.5.7　全文内容缩略

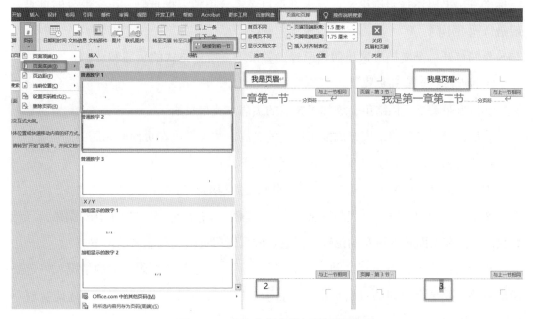

图 4.5.8　在正文部分插入页眉页脚

至此，统一型的页码已经设置完成，最终效果如图 4.5.9 所示。

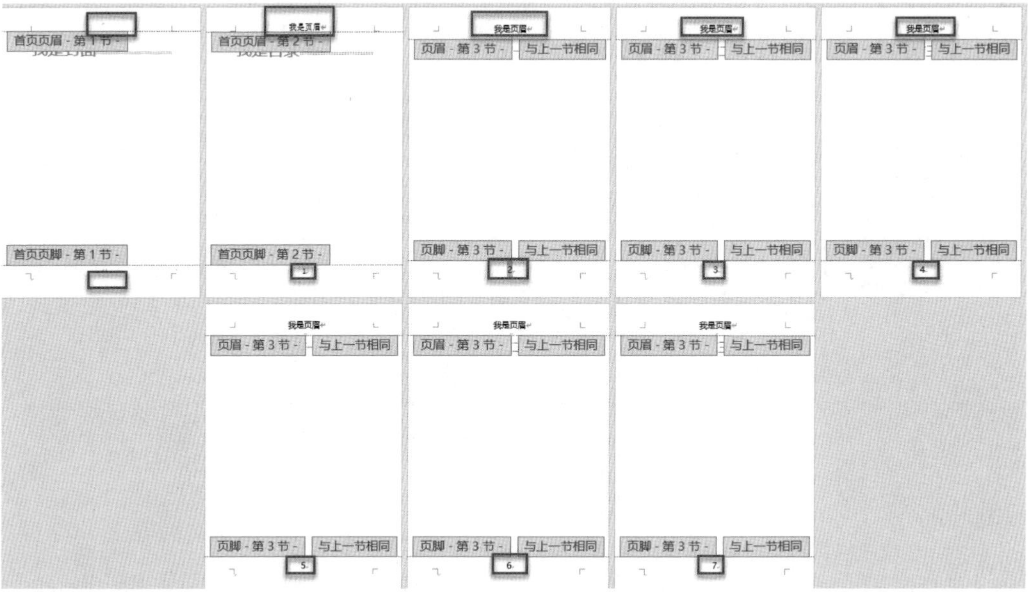

图 4.5.9 统一型的页码的最终效果

4.5.3 奇偶页不同的页码

前面我们讲到统一型的页码是最简单的一种页码编排方式，但在实际中，不管是招标文书、书稿还是学位论文，要求都是目录部分单独编排页码，正文部分的页码一般是奇偶页不同。

我们打开一个文档，这里假设已经设置了下文所述格式的页眉和页码。

①封面没有页眉和页脚。

②从目录页至文档结束，添加了统一的页眉"我是页眉"。

③从目录页至文档结束，添加了连续的页码，并且页码在页面底端居中的位置。

在此基础上，我们添加新的要求，具体如下。

①目录部分的页眉为"我是目录"，页码是大写的罗马数字。

②正文部分的页眉为"我是正文"，页码是阿拉伯数字，从数字 1 开始编码，且奇数页的页码在页面底端靠左的位置，偶数页的页码在页面底端靠右的位置。

我们在工作中如果遇到这种奇偶页页码不同，目录部分页码不同的情况，一定要厘清思路，要想有不同的页眉页脚，就必须对应要有不同的节，只有分节才能实现不同节的页眉和页脚个性化设置。

当然，这里我们已经提前分好节了，封面一节、目录一节、正文一节。具体可以看图 4.5.10 中的段落标记符。

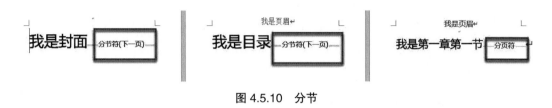

图 4.5.10　分节

分节符的作用是分节且分页，正文第一章第一节后面的段落标记的是分页符，这表明正文的所有内容都是一节，只能有相同的页眉和编码方式。

如果你的文档看不见分节符或者分页符这样的段落标记怎么办呢？我们只需要单击"开始"菜单"段落"组右上角的"显示 / 隐藏编辑标记"按钮即可（见图 4.5.11），这时我们就会看见分节符和分页符的存在。

图 4.5.11　显示 / 隐藏编辑标记

下面，我们正式开始添加奇偶页不同的页码。

①鼠标双击目录页的页码，菜单栏即可弹出"页眉和页脚"隐藏菜单。

②单击"页眉和页脚"菜单中的"页码"。

③在弹出的下拉列表中单击"设置页码格式"。

④在"页码格式"对话框中，单击"编码格式"右侧向下的箭头，在下拉列表中选择大写的罗马数字。

⑤"页码编号"选项中选择"起始页码"为 1。

⑥最后单击"确定"按钮。

这样目录页的页脚编码格式就修改成了大写的罗马数字，如图 4.5.12 所示。

从图 4.5.12 中可以看出，不但目录页的页码编码方式变成了大写的罗马数字，而且正文部分的页码格式也变成了大写的罗马数字，我们接着修改正文部分的页眉和页码。

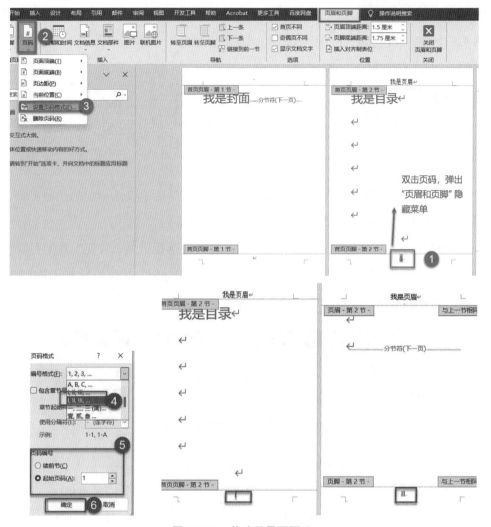

图 4.5.12　修改目录页页码

　　因为正文部分的页眉和页码与目录部分不同，也就是说，正文部分的页眉和页脚不能链接到目录，我们要让这两个部分（两节）断开链接，正文部分的页眉和页脚的修改方式步骤如下。

　　①鼠标双击正文第一页的页眉部分，单击"页眉和页脚"菜单导航组中的"链接到前一节"，使此功能没有灰色底纹，此时该功能不起作用，正文和目录断开链接，正文部分就可以设置属于自己的页眉和页脚了。

　　②取消勾选"首页不同"，同时勾选"奇偶页不同"，这样就能保证首页也会编码，并且正文部分的页码奇偶页不同（见图 4.5.13）。

　　③在正文第一页眉位置输入页眉内容"我是正文"。

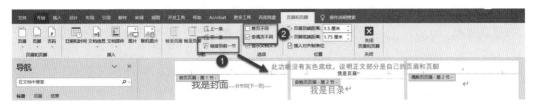

图 4.5.13　勾选"奇偶页不同"

④单击"页眉和页脚"菜单中的"页码"。

⑤在弹出的下拉列表中单击"设置页码格式"。

⑥在"页码格式"对话框中，单击"编码格式"右侧向
下的箭头，在下拉列表中选择大写的阿拉伯数字。

⑦"页码编号"选项中选择"起始页码"为 1（见
图 4.5.14）。

⑧最后单击"确定"按钮。

⑨接着，鼠标定在正文第一页的页脚，在"页眉和页
脚"隐藏菜单中单击"页码"，选择"页面底端"中的第一
种页脚形式，作为奇数页的页码，也就是奇数页页码靠左。

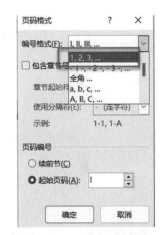

图 4.5.14　设置页码格式

⑩鼠标定在正文第二页的页脚，单击"页码"，选择"页面底端"中的第三种页脚
形式，作为偶数页的页码，也就是偶数页页码靠右（见图 4.5.15）。

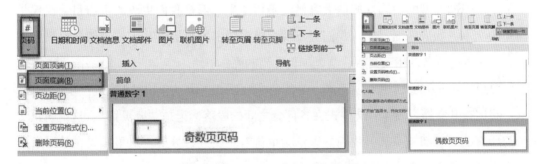

图 4.5.15　奇数页页码和偶数页页码

至此，目录页单独编码，正文部分页眉相同，奇数页页码在左侧，偶数页页码在
右侧全部设置完毕，效果如图 4.5.16 所示。

Word 最重要的功能毋庸置疑是长文档编辑，而长文档编辑中最难也是最重要的就
是不同页眉页脚的设置方法。这些设置方法要想熟能生巧，必须多加练习。页眉页脚
难题攻克后，长文档编辑中目录的生成才能准确无误。

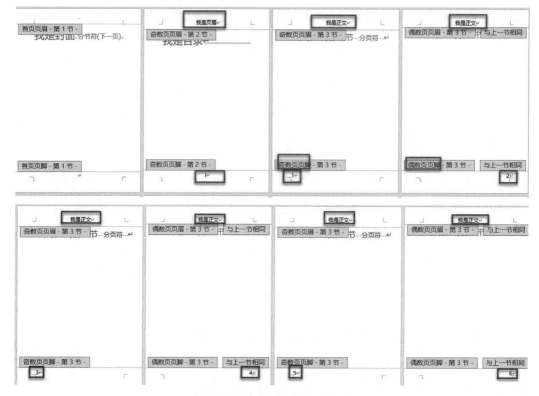

图 4.5.16　页眉页脚设置完成

4.5.4　页眉引用章的标题

生成不同类型的页码，相信大家已经不再陌生。但是我们生成的页眉目前仅仅是简单的文本，如果仔细观察，我们会发现，很多图书的页眉编写方式一般是一页为书名，另一页是章名，相互交替，这是如何办到的呢？

要想让每一章的页眉奇偶页不同，内容不同，必须先以章为单位对正文进行分节处理。

我们打开文档，图 4.5.17 中正文各部分之间的段落标记是"分页符"，这说明正文目前所有的内容都是一节，我们先以章为单位对正文进行分节。这里假设在第一章第三节和第二章第一节中间添加分节符。

①我们将鼠标定位在第二章的"第"字前面，单击"布局"菜单中的分隔符，选择"分节符"中的"下一页"，这样就会产生一个连续编码的分节符，这样第一章分成一节，第二章分成一节。

为什么我们要在第二章前面插入分节符，不在第一章的最后插入分节符呢？如果在第一章的最后插入分节符，容易导致产生空白页，并且在第二章的标题前面会产生空行，为后续编辑增加不必要的麻烦，所以我们选择在第二章的前面插入分节符。

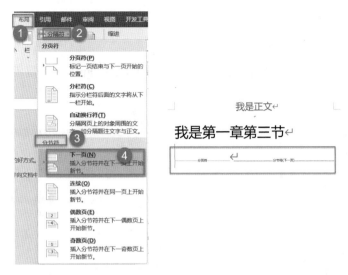

图 4.5.17　分页符

②双击正文第一页的页眉，在弹出的"页眉和页脚"菜单中勾选"奇偶页不同"。

③鼠标拖动选取正文第一页的页眉，点击"开始"菜单"段落"组中的"左对齐"按钮，达到正文奇数页页眉靠左的目的。如图 4.5.18 所示，我们可以看出所有奇数页的页眉已经是左对齐状态。

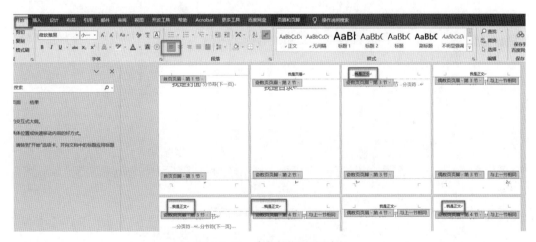

图 4.5.18　奇数页页眉左对齐

④此时我们看一下第二章第一页的页码，大家会发现第二章第一页的页码是数字1，并没有接着第一章进行编码。这是因为我们进行了分节处理，Word 默认每一节重新开始编码。但实际中，我们正文不管分多少节，页码肯定是要连续编码的。

这就需要手动修改一下每一节第一页的页码，双击第二章第一页的页码，单击

"页眉和页脚"菜单中的"页码",在下拉列表中单击"设置页码格式",在弹出的"页码格式"对话框中选择"续前节"。

在此要注意两点:一是"链接到前一节"功能要保持开启;二是不管正文分成几节,每一节的第一页都要双击页码,选择"续前节"(见图 4.5.19)。

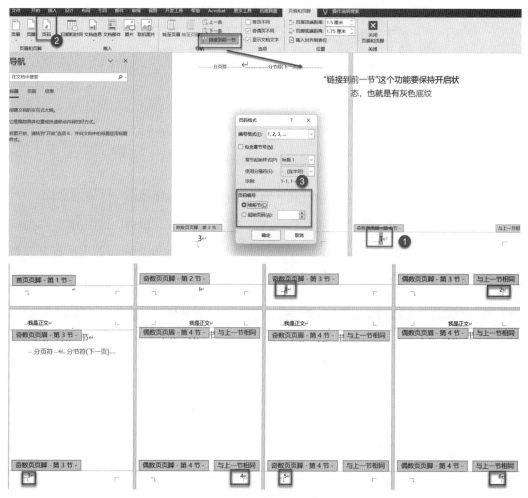

图 4.5.19　页码连续编码

我们再来看一下,修改的页码是否正确。

从图 4.5.19 中,我们可以看出,正文部分的页码已经修改正确,并且是奇数页在左,偶数页在右。

⑤最后进行正文偶数页页眉的添加,页眉显示当前章标题。

这种情况下,如果文档较短,就几页的话,手动添加偶数页页眉也可以。但我们在工作中遇到的长文档动辄几十页几百页，手动添加无疑是巨大的工作量，而且很不专业。

要想一次性添加偶数页的页眉，就要用到一个新的概念"域"。

我们在"邮件合并"功能部分也曾接触到"域"的概念。域就是引导 Word 在文档中自动插入文字、图形、页码或其他信息的一组代码，每个域都有一个唯一的名字。

我们拖动选取正文中偶数页页眉，单击"开始"菜单段落组中的"右对齐"，让正文偶数页的页眉右对齐。

⑥要想让页眉包含章标题，还必须把章标题的样式修改为"标题 1"。

为了让偶数页的页眉能够自动包含当前的章标题，我们需要确保章标题使用了特定样式，在此例中，我们需要将章标题样式修改为"标题 1"。首先，在文档正文中找到一个章标题（例如"我是第一章第一节"），然后按住鼠标左键拖动选中。接着，切换到"开始"菜单，在"编辑"组中单击"选择"，再弹出的列表中选择"选择格式类似的文本"，这样可以选中文档中所有格式相似的章标题。最后，单击"开始"菜单中"样式"组中的"标题 1"，将这些选中的章标题从"正文"样式更改为"标题 1"样式（见图 4.5.20）。这是非常关键的一步，我们在后续设置页眉引用章标题时，只有非正文样式（如"标题 1"）的标题才能被正确引用。

图 4.5.20　将章节标题设为"标题 1"

⑦单击"插入"菜单中的"文档部件"，在弹出的下拉列表中选择"域"（见图 4.5.21）。

图 4.5.21　选择"域"

⑧弹出"域"对话框后，在"域名"列表中选择"StyleRef"，在"域属性"的"样式名"中选择"标题 1"，最后单击"确定"按钮（见图 4.5.22）。

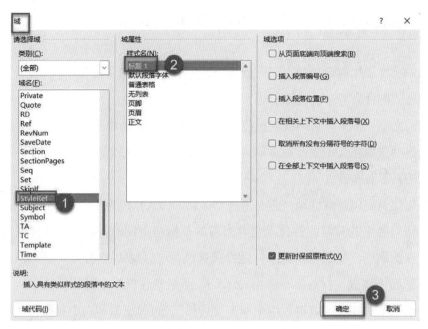

图 4.5.22　设置"域"对话框

⑨这样，"页眉引用章的标题"所有设置完成，效果如图 4.5.23 所示。

图 4.5.23　最终效果

当然，我们实际遇到的长文档编辑可能比这个示例要复杂得多，但是设置的原理及方法都是一样的，相信通过这一部分的学习，并且加上大家的重复练习，一定会攻克 Word 长文档编辑的难关。

4.6 快速生成目录

前面我们用导航窗格了解了文档的结构，对文档结构可以做到一目了然，心中有数，并且在导航窗格中还可以快速定位各个章节。但是当我们把文档发送给其他人阅读的时候，别人不一定会使用导航窗格观看文档结构，并且我们打印文档时，也不能将导航窗格打印出来体现文档结构。

那有没有办法把文档结构打印出来，使所有阅读者对文档一目了然，快速定位呢？答案就是目录。

在使用 Word 编写长篇文档时，我们经常会给内容生成一个目录，有了目录，无论是阅读还是查找内容，都非常方便。生成目录是 Word 的一项核心功能，是每个使用 Word 的人必须要掌握的一项技巧。目录可以显示各章节标题，使读者对文档结构一目了然，并且通过目录的页码，读者可以快速定位到章节的正文内容。

4.6.1　自动生成目录

我们先来看看如果手动生成目录的话，应该怎么做。

手动生成目录的具体步骤为：复制标题、查看页码、填写页码。目录生成后，如果我们有添加标题、删除标题的情况，又要手动修改目录，非常麻烦。

显然手动生成目录的方法不可取。那 Word 有自动生成目录的功能吗？当然有。用 Word 自动生成目录，可以大大减少重复劳动，节约时间成本。

在设置好标题样式和多级列表后，Word 就可以根据设置好的标题样式创建目录，并添加对应的页码。

我们以一个长文档素材为例，来看一下目录的生成。

将鼠标指针定位在文档的第二页，切换到"引用"菜单，左键单击"目录"，在弹出的下拉列表中选择"自定义目录"（见图 4.6.1）。

在弹出的"目录"对话框中，选择"目录"标签进行详细设置。

"显示页码""页码右对齐"一般默认勾选，这样做的好处是目录干净整洁，清晰明了，我们能从目录快速定位到章节所在的页码并进行内容查看。

"制表符前导符"对话框可以选择目录中标题内容和页码之间的链接符的样式。

"常规"部分，在"格式"右侧的列表中可以选择目录的格式，几种不同格式目录的外观如图 4.6.2 所示。

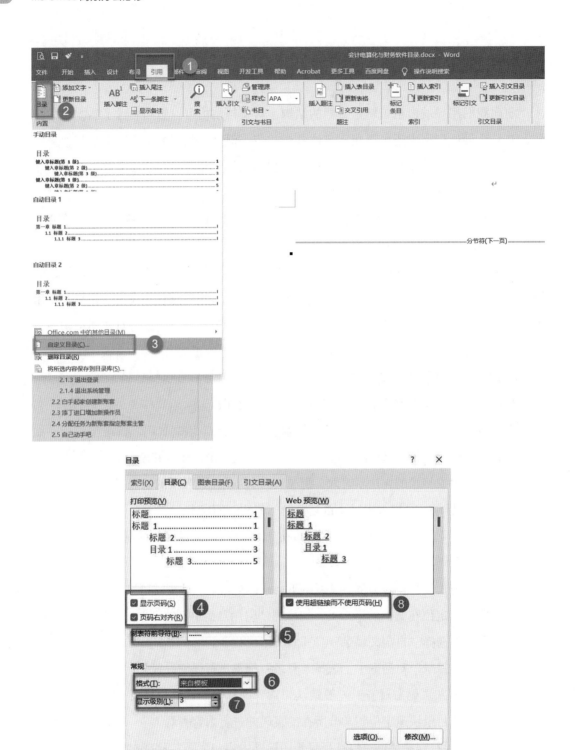

图 4.6.1　对目录标签进行详细设置

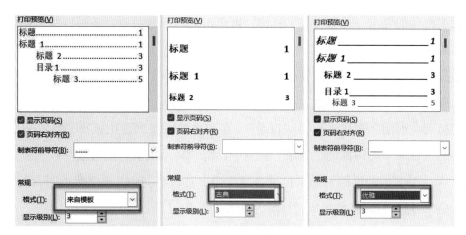

图 4.6.2 几种不同格式目录外观

生成的目录如图 4.6.3 所示。

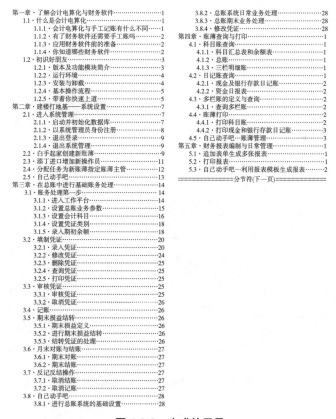

第一章·了解会计电算化与财务软件……………………1
1.1 什么是会计电算化……………………………1
1.1.1·会计电算化与手工记账有什么不同……1
1.1.2·有了财务软件还需要手工账吗……………2
1.1.3·应用财务软件前的准备………………………2
1.1.4·你知道哪些财务软件……………………………2
1.2·初识好朋友………………………………………3
1.2.1·版本及功能模块简介………………………3
1.2.2·运行环境………………………………………4
1.2.3·安装与卸载……………………………………4
1.2.4·基本操作流程…………………………………5
1.2.5·带着你快速上道………………………………5
第二章·建楼打地基——系统设置………………………7
2.1·进入系统管理……………………………………7
2.1.1·启动并初始化数据库…………………………7
2.1.2·以系统管理员身份注册………………………8
2.1.3·退出登录………………………………………9
2.1.4·退出系统管理…………………………………9
2.2·白手起家创建新账簿……………………………9
2.3·添丁进口增加新操作员………………………11
2.4·分配任务为新账簿指定账簿主管………………12
2.5·自己动手吧……………………………………13
第三章·在总账中进行基础账务处理……………………14
3.1·账务处理第一步……………………………14
3.1.1·进入工作平台…………………………………14
3.1.2·设置总账业务参数…………………………15
3.1.3·设置会计科目…………………………………16
3.1.4·设置凭证类别…………………………………18
3.1.5·录入期初余额…………………………………18
3.2·填制凭证………………………………………20
3.2.1·录入凭证………………………………………20
3.2.2·修改凭证………………………………………24
3.2.3·删除凭证………………………………………25
3.2.4·查询凭证………………………………………25
3.2.5·打印凭证………………………………………25
3.3·审核凭证………………………………………25
3.3.1·审核凭证………………………………………25
3.3.2·取消凭证………………………………………26
3.4·记账……………………………………………26
3.5·期末损益结转…………………………………26
3.5.1·期末损益定义…………………………………26
3.5.2·进行期末损益结转…………………………26
3.5.3·结转凭证的处理………………………………26
3.6·月末对账与结账………………………………27
3.6.1·期末对账………………………………………27
3.6.2·期末结账………………………………………27
3.7·反记反结操作…………………………………27
3.7.1·取消结账………………………………………27
3.7.2·取消记账………………………………………27
3.8·自己动手吧……………………………………28
3.8.1·进行总账系统的基础设置……………………28

3.8.2·总账系统日常业务处理………………………28
3.8.3·总账期末业务处理……………………………28
3.8.4·修改凭证………………………………………28
第四章·账簿查询与打印…………………………………1
4.1·科目账查询……………………………………1
4.1.1·科目汇总表和余额表…………………………1
4.1.2·总账……………………………………………1
4.1.3·三栏明细账……………………………………1
4.2·日记账查询……………………………………1
4.2.1·现金及银行存款日记账………………………2
4.2.2·资金日报表……………………………………2
4.3·多栏账的定义与查询…………………………2
4.3.1·查询多栏账……………………………………2
4.4·账簿打印………………………………………2
4.4.1·打印科目账……………………………………2
4.4.2·打印现金和银行存款日记账…………………3
4.5·自己动手吧…账簿管理………………………3
第五章·财务报表编制与日常管理………………………1
5.1·追加表单生成多张报表………………………1
5.2·打印报表………………………………………1
5.3·自己动手吧…利用报表模板生成报表………2
……………………分节符(下一页)……………………

图 4.6.3 生成的目录

从目录中我们可以看出，所有的标题都被写入了目录中，二级标题和三级标题也均有相应的缩进，且每个标题也都对应了页码。至此，Word 自动生成的目录已经完全符合发表打印的要求，并且按住 Ctrl 键，再单击标题的题目时，还可以快速定位到相关章节的正文内容。

但是有些场合目录并不需要包括全部标题，如果我们只想在目录中显示一级标题该怎么办呢？

切换到"引用"菜单，单击"目录"，在弹出的下拉列表中选择"自定义目录"，在弹出的"目录"对话框的"目录"标签中，将"显示级别"填写成"1"，最后单击"确定"。此时文档会返回到原来目录页，并弹出对话框询问"要替换此目录吗？"单击"全是"，随机目录将替换成新目录，效果如图 4.6.4 所示。

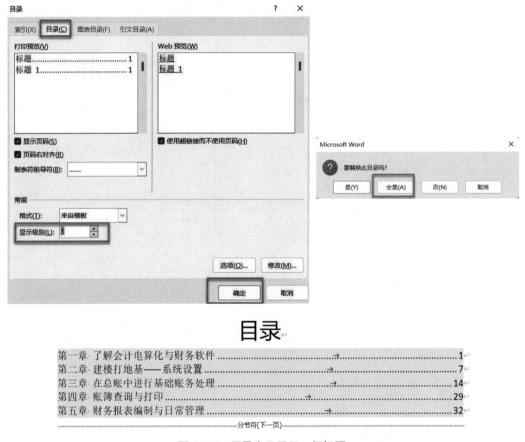

图 4.6.4　目录中只显示一级标题

细心的读者肯定会发现，为什么所有的目录标题都会有灰色的底纹？前面我们在多级列表的时候已经提到过，Word 中有灰色底纹的内容均是自动生成的，这也就说明了我们的目录是自动生成的。预览和打印目录的时候，灰色底纹都不会出现。

4.6.2　更新目录

我们都知道，长文档不可能是一次成型的，需要数十次甚至上百次的修改。那么我们到底应该什么时候生成目录呢？

如果我们的文档修改一次就生成一次目录，很有可能会因为文档内容修改次数过多，而导致目录没有及时更新，最后生成了错误的目录。为了防止这样的事情发生，我们通常会在文档全部完成定稿后，最后添加目录。

那如果后面的章节内容和页码还是发生了变化，我们还要重新生成目录吗？其实也没必要，我们只需要对目录进行更新即可。

如果仅仅是页码发生了变化，我们可以在目录上单击鼠标右键，在弹出的列表中选择"更新域"，在弹出的"更新目录"对话框中选择"只更新页码"即可（见图 4.6.5）。

图 4.6.5　更新页码

如果文档结构发生了改变，比如对标题进行了增加、删除或顺序调整等，需要选择"更新整个目录"。

4.6.3　将目录转换为普通文本

常规的目录是可以快速定位到章节内容的，如果我们将鼠标移动到第一章的标题上，会出现提示对话框"按住 Ctrl 并单击可访问链接"（见图 4.6.6），按住"Ctrl"键，鼠标会变成"小手"的样子，这说明我们的目录是自动生成的，是一种"域"，并不是文本。

有时候我们在对目录进行编辑的时候目录格式经常会发生变化，为了防止这种情况，我们可以将目录转化为文本，但这个方法的缺点就是无法进行目录更新，一定要注意这个问题。那 Word 如何将目录转换为文本？

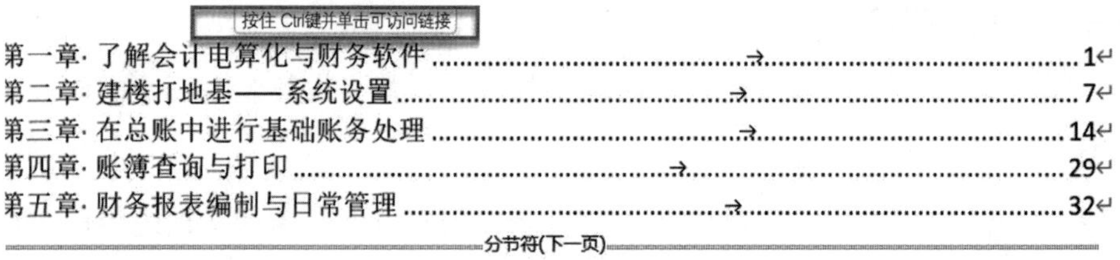

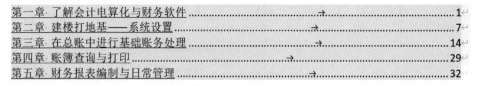

第一章·了解会计电算化与财务软件 ....→ 1↵
第二章·建楼打地基——系统设置 ....→ 7↵
第三章·在总账中进行基础账务处理 ....→ 14↵
第四章·账簿查询与打印 ....→ 29↵
第五章·财务报表编制与日常管理 ....→ 32↵

——————————————分节符(下一页)——————————————

图 4.6.6　出现提示对话框

首先，将目录全部选定，同时按"Ctrl+Shift+F9"组合键。

这样，目录就变成了链接的外观形式，但此时目录实际上已经是文本的形式（见图 4.6.7）。

第一章·了解会计电算化与财务软件 ....→ 1↵
第二章·建楼打地基——系统设置 ....→ 7↵
第三章·在总账中进行基础账务处理 ....→ 14↵
第四章·账簿查询与打印 ....→ 29↵
第五章·财务报表编制与日常管理 ....→ 32

图 4.6.7　将目录变成文本格式

保持在选中的状态下，按"Ctrl+D"组合键打开字体对话框，将颜色字体颜色改为"自动"，下划线改为"无"，单击"确定"（见图 4.6.8）。

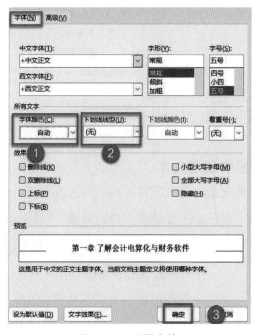

图 4.6.8　设置字体

这个时候目录就变成文本了，我们就可以对其进行编辑了（见图 4.6.9），需要注意的是，这个时候就不能使用更新目录的选项了。

第一章·了解会计电算化与财务软件 1
第二章·建楼打地基——系统设置 7
第三章·在总账中进行基础账务处理 14
第四章·账簿查询与打印 29
第五章·财务报表编制与日常管理 32

图 4.6.9　最后效果

4.7 文档的解释——脚注与尾注

想必写过论文的朋友对脚注与尾注并不陌生，脚注与尾注在论文中经常被使用，但即使是已经写过很多篇论文的人，有时候也分不清脚注、尾注和参考文献。在学习关于脚注和尾注的操作技巧前，我们有必要先对脚注、尾注、参考文献进行概念的解释。

4.7.1 脚注、尾注、参考文献是什么

学术论文在写作上有很多固定要求，脚注、尾注、参考文献是论文中应用比较多的 3 种内容固定格式。

脚注和尾注是文中注释的一种，主要是为了说明文中的某些问题，对文中名词进行补充说明，对论文中的专有名词、词义背景、特定内容进行解释或评议，注释一般包括注释标记及注释文本。参考文献是论文中对他人著作或成果的借鉴和参考，可以在文中对参考文献进行详细分析，对比或讨论参考文献的观点和结论，进而阐述自己研究的相关内容。参考文献一般是已经出版的学术论文、图书等内容，一般来说，个人内容和未发表内容不能作为参考文献。

4.7.2 脚注、尾注、参考文献的区别

①脚注一般位于页面底部，可以作为文档某处内容的注释；尾注一般位于文档的末尾，列出引文的出处等。

②可用脚注对文档内容进行注释说明，可用尾注说明引用的文献。

③脚注一般用来解释正文中某一个词句，其不便于在正文中解释，以免影响正文的连续性，从而在页脚上插入解释。脚注是引用的一种，它只出现在当页，不会出现

在此节的每一页。尾注一般用于说明这句话或者段落出自何处，常在全文尾部给予说明，与正文内容相差很远。

④需要在每页下方进行注释的就是脚注，在文档末尾注释的就是尾注。如果文章很长，设置引用时就用脚注进行注释，脚注用得多，尾注用得少。参考文献一般在文章的最后直接输入，不用设置成尾注，因为设置成尾注的时候，需要在文章中出现标识，所以一般不用。

⑤脚注、尾注和参考文献是论文的一部分，但由于学术论文有字数和查重等要求，注释和参考文献会对其产生不一样的影响。首先，无论是注释还是参考文献都算作论文字数，但在统计论文主体字数时，参考文献不算作论文字数，脚注和尾注算。在查重中，三者产生的影响较大，尾注和脚注如果在文中利用固定格式标注清楚，是不算做重复的，但参考文献如果是原文引用，就会提高重复率。因此在论文写作时，需要注意参考文献的引用方式，尽可能不要使用原句。

4.7.3 以脚注形式解释名词——添加脚注

从前面我们已经知道了脚注、尾注及参考文献的区别，如果我们要在文档中解释某个名词，又不想破坏原文档的结构时，就可以选择插入脚注的形式。

那插入脚注是手动插入吗？假设采用手动的方式插入脚注，在当前页面的底部添加文字解释，如果当前页面的文字有删除或者添加时，那么页面底部文字解释的位置肯定也会随着变化，这就需要每次手动将文字解释的位置向上或者向下调整，才能保证文字解释与文字在同一个页面，且文字解释的位置在文档的底部。听起来很麻烦，对不对？

其实 Word 也可以自动插入脚注。这里我们以《西北民族大学学校简介》素材为例。

该素材的第一句话是"西北民族大学坐落于'一带一路'重要节点城市兰州，是中华人民共和国成立后创建的第一所民族高等学府，隶属于国家民委，是国家民委与教育部、国家民委与甘肃省人民政府共建院校，是甘肃省确定的高水平大学建设单位。"

在这句话中，我们对"一带一路"的概念做出介绍。将"一带一路"的说明以脚注形式插入，并在第一页底部进行显示。

在"一带一路"后面单击鼠标左键使光标在此位置闪烁，这样光标就定位在插入点了，切换到"引用"菜单，单击"脚注"组的"插入脚注"，随后鼠标会自动跳转到当前页面的底部，并自动添加数字"1."，在数字后面输入"一带一路"的解释（见图 4.7.1）。

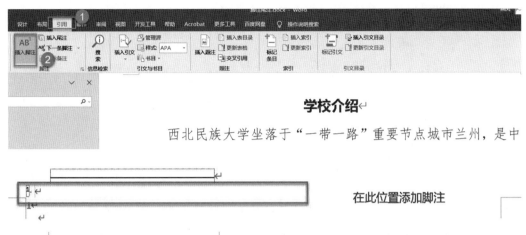

图 4.7.1　插入脚注

将鼠标指针放在插入点后，"一带一路"的解释会以浮动窗口的形式出现（见图 4.7.2），这样可以降低读者阅读文档时的困惑，增加阅读舒适度。

图 4.7.2　脚注以浮动窗口的形式出现

4.7.4　改变脚注的编号格式

Word 默认的脚注标号格式是普通的阿拉伯数字"1，2，3..."，为了使脚注在文档中更为突出，我们可以将脚注的编码格式改为"①，②，③ ..."。

同时，在已经添加了脚注的文档中，如何才能批量修改脚注的编号格式呢？

首先在正文中选定脚注序号"1"，切换到"引用"菜单，单击脚注组左下角的箭头符号，在弹出的"脚注和尾注"对话框中，左键单击"编号格式"右侧向下的箭头，在弹出的编号格式列表中，选择"①，②，③ ..."格式，在"编号"位置选择"连续"（如果想每小节内容重新编号，就选择"每节重新标号"；如果想每页重新编号，就选择"每页重新编号"），"将更改应用于"选择"整篇文档"，最后单击"应用"（见图 4.7.3）。

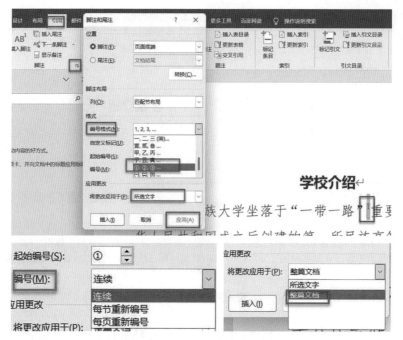

图 4.7.3　改变脚注的编号格式

此时文档中所有脚注的编号格式都会发生相应的改变，并且新增脚注时，编号格式也都采用"①，②，③ ..."的格式。

4.7.5　一键快速删除脚注

如果有多余的脚注，该如何删除呢？常规的操作是直接将鼠标定位在页面底端，然后选定脚注文字删除。此时虽然脚注文字内容已经删除，但是脚注所在位置行无法删除，且正文中插入脚注的位置，脚注编号仍然存在。

也就是说，从页面底端删除脚注内容无法从根本上删除脚注。如果要想真正删除脚注，既删除内容又删除文字，只需要将鼠标定位到需要删除的脚注在正文中的位置，在正文中选中需要删除的脚注的编号，直接删除即可，这样既删除了脚注的内容，又删除了脚注在正文中的编号。

4.7.6　影响美观的脚注横线

当文档中添加脚注后，细心的读者会发现，脚注的上方会有一条实心的横线（见图 4.7.4），打印出的文档会不太协调，尤其是当插入脚注的页面最下面是表格的时候，会有些影响阅读，因为表格本身也有很多线条。

如果想把这条横线删除，当你尝试双击鼠标或者按住鼠标左键拖动选取的时候，你会发现这条横线无法被选中。那原因是什么呢？

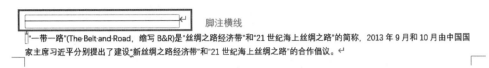

图 4.7.4　脚注上方的横线

我们编辑文档的时候，默认的视图方式是"页面视图"，而脚注上的横线是不能在"页面视图"被选中的，我们需要将视图方式切换到"草稿"视图。

切换到"视图"菜单，单击"视图"组中的"草稿"，进入草稿视图。然后切换到"引用"菜单，单击"脚注"组中的"显示备注"（见图 4.7.5）。

图 4.7.5　进入草稿视图

此时页面底端就会出现脚注备注窗格，在下拉列表中选择"脚注分隔符"，这时脚注的横线就会出现，左键快速双击此横线，横线被选中并有灰色底纹，然后单击键盘的 Delete 键，横线就会被全部删除。横线删除后需要再次切换到"视图"菜单，单击视图组中的"页面视图"。此时返回文档底部观察脚注，脚注上方的横线已经不存在了（见图 4.7.6）。

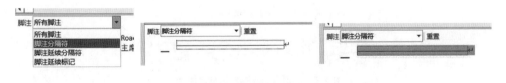

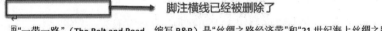

图 4.7.6　删除脚注上的横线

4.7.7　脚注编号的字体大小调整

我们观察到，页面底端脚注编号的字体字号似乎与脚注内容不一致，并且页面底端脚注编号好像跟脚注内容也不在同一行，编号比文字要靠上一些。这是因为页面底端的脚注编号是以文字上标的形式存在的，所以视觉上看着比页面文字要靠上一些。

为了能在页面底端让脚注编号和脚注内容视觉上统一，我们需要把脚注编号的字体字体与脚注内容统一，并且取消上标形式。

但是脚注编号跟脚注横线一样，无法通过正常方式选定，同样需要在草稿视图中才能修改。

切换到"视图"菜单，单击"视图"组中的"草稿"，然后切换到"引用"菜单，单击脚注组中的"显示备注"，在备注窗格中，选中所有文字，切换到"开始"菜单，单击字体组右下角的箭头，打开字体对话框，中文字体选择"微软雅黑"，西文字体选择"Arial"，不要勾选"上标"前的复选框，最后单击"确定"（见图 4.7.7）。

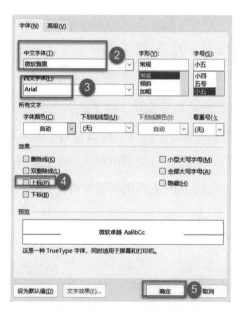

图 4.7.7　调整脚注编号的字体大小

字体调整结束后，再次切换到"视图"菜单，单击"页面视图"，此时文档底部的脚注编号及文字均已变成正常大小，而且文档中的脚注编号没有发生改变。

需要注意的是，这种方式只能修改已有的脚注，新插入的脚注需要重新修改。所以为了视觉上的统一，在文档全部完成后，我们再去除所有脚注编号的上标格式。

4.7.8　参考文献的引用——尾注

论文的撰写与发表有固定的格式与要求，一般对于参考文献的引用，都要求在原文中进行引用并标记编号，文章末尾按顺序列出参考文献。这就要用到 Word 自带的尾注功能。

我们来看图 4.7.8 中的素材，论文中引用了的参考文献都在正文中进行了标注，并且在文章的末尾按顺序罗列。

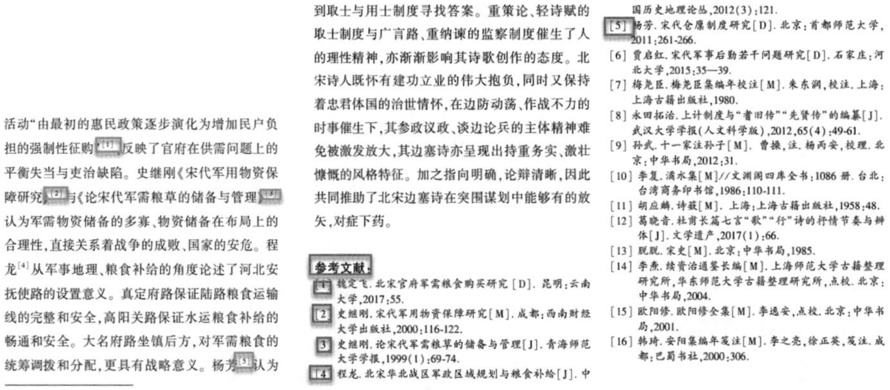

活动"由最初的惠民政策逐步演化为增加民户负担的强制性征购[11]反映了官府在供需问题上的平衡失当与吏治缺陷。史继刚《宋代军用物资保障研究》[2]与《论宋代军需粮草的储备与管理》[3]认为军需物资储备的多寡、物资储备在布局上的合理性，直接关系着战争的成败、国家的安危。程龙[4]从军事地理、粮食补给的角度论述了河北安抚使路的设置意义。真定府路保证陆路粮食运输线的完整和安全，高阳关路保证水运粮食补给的畅通和安全。大名府路坐镇后方，对军需粮食的统筹调拨和分配，更具有战略意义。杨芳[5]认为

到取士与用士制度寻找答案。重策论、轻诗赋的取士制度与广南路、重纳谏的监察制度催生了人的理性精神，亦渐渐影响其诗歌创作的态度。北宋诗人既怀有建功立业的伟大抱负，同时又保持着忠君体国的治世情怀，在边防动荡、作战不力的时事催生下，其参政议政、谈边论兵的主体精神难免被激发放大，其边塞诗亦呈现出尊重务实、激壮慷慨的风格特征。加之指向明确，论辩清晰，因此共同推助了北宋边塞诗在突围谋创中能够有的放矢，对症下药。

参考文献
[1] 魏定飞. 北宋官府军需粮食购买研究 [D]. 昆明：云南大学,2017:55.
[2] 史继刚. 宋代军用物资保障研究 [M]. 成都：西南财经大学出版社,2000:116-122.
[3] 史继刚. 论宋代军需粮草的储备与管理 [J]. 青海师范大学学报,1999(1):69-74.
[4] 程龙. 北宋华北边区军政区域规划与粮食补给 [J]. 中

国历史地理论丛,2012(3):121.
[5] 杨芳. 宋代仓廪制度研究 [D]. 北京：首都师范大学,2011:261-266.
[6] 贾启红. 宋代军事后勤若干问题研究 [D]. 石家庄：河北大学,2015:35—39.
[7] 梅尧臣. 梅尧臣集编年校注 [M]. 朱东润,校注. 上海：上海古籍出版社,1980.
[8] 水间拓治. 上计制度与"耆旧传""先贤传"的编纂 [J]. 武汉大学学报(人文科学版),2012,65(4):49-61.
[9] 孙武. 十一家注孙子 [M]. 曹操,注. 杨丙安,校理. 北京：中华书局,2012:31.
[10] 李昉. 滴水集 [M]//文渊阁四库全书：1086 册. 台北：台湾商务印书馆,1986:110-111.
[11] 胡应麟. 诗薮 [M]. 上海：上海古籍出版社,1958:48.
[12] 葛晓音. 杜甫长篇七言"歌""行"诗的抒情节奏与辨体 [J]. 文学遗产,2017(1):66.
[13] 眠眠. 宋史 [M]. 北京：中华书局,1985.
[14] 李焘. 续资治通鉴长编 [M]. 上海师范大学古籍整理研究所,华东师范大学古籍整理研究所,点校. 北京：中华书局,2004.
[15] 欧阳修. 欧阳修全集 [M]. 李逸安,点校. 北京：中华书局,2001.
[16] 韩琦. 安阳集编年笺注 [M]. 李之亮,徐正英,笺注. 成都：巴蜀书社,2000:306.

图 4.7.8　参考文献素材

如果参考文献的引用是手动输入编号，并在文末按顺序输入参考文献的话，势必会出现因为参考文献的添加、删除导致参考文献编号及内容必须同步改变，并且参考文献分布在文中多个地方，有可能造成编号混乱。

为了能让参考文献自动编号，内容自动更新，我们要用 Word 的尾注功能插入参考文献。

首先在需要插入尾注的位置单击鼠标左键进行定位，然后切换到"引用"菜单，单击"脚注"组中的"插入尾注"，接着光标会自动定位到文末需要插入尾注的位置，尾注填充窗口包含两部分，即编号和内容，此时编号为"i"，尾注默认用小写的罗马数字进行编码，在编码数字后面就可以输入尾注的内容，如图 4.7.9 所示。

4.7.9　尾注编号格式修改

从上面的例子我们知道，Word 中尾注编号默认是用"i""ii""iii"等罗马数字进行编码，而文献中的尾注及参考文献的编码通常都是"[1]""[2]""[3]"这种格式。

尾注的编码格式修改与脚注的编码格式修改方法一样。

切换到"引用"菜单，单击"脚注"组右下角的箭头，在弹出的"脚注和尾注"对话框中，我们看到目前默认选择的是"尾注"，单击"编号格式"右侧的向下的箭头，在弹出的列表中选择编码格式。但这个列表中并没有我们的目标格式"[1]""[2]""[3]"，这时我们可以先选择标准的阿拉伯数字编码格式，左键单击"应用"后，尾注的编码格式就由"i"变成了"1"（见图 4.7.10）。

图 4.7.9　插入尾注

图 4.7.10　修改尾注编码格式

后续工作就是如何把"1"变成"[1]"。由于这个编号在正文中和文档末尾均会出现，修改编码格式时必须保证正文和文档末尾的编码要保持一致，所以这次的修改我们采用替换的思路去做。

需要注意的是，如果要保证正文中的编码和文档末尾的编码同时变化，那么光标必须要定位在正文中编码的后面，注意不要选中编码。如果选中尾注编码进行替换，这样只会替换当前的编码，文末的编码格式将不会被替换。

切换到"开始"菜单，单击"编辑"组中的"替换"，在弹出的"查找和替换"对话框中，单击"更多"，选择"特殊格式"按钮，在弹出的列表中选择"尾注标记"，将鼠标定位在"替换为"右侧的文本框中，然后手动输入一对方括号"[ ]"，单击方括号中间的位置，使鼠标定位在方括号中间，接着单击"特殊格式"按钮，在弹出的列表中选择"查找内容"，最后单击"全部替换"（见图 4.7.11）。

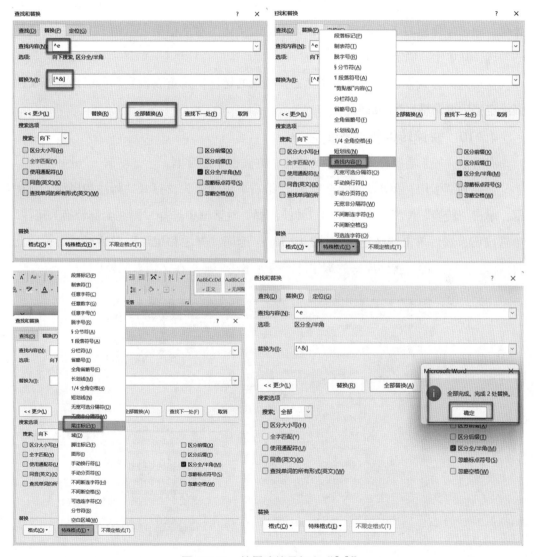

图 4.7.11 给尾注编号加上"[ ]"

随后会弹出一个对话框，显示"全部完成。完成 2 处替换。"再单击"确定"，我们会看到尾注的编号格式由"1"变成了"[1]"（见图 4.7.12）。

有的读者肯定会问，为什么是 2 处替换呢？因为这个素材只添加了 1 个尾注，1 个尾注对应着 2 个编号，1 个是正文中的编号，1 个是文末尾注内容的编号，所以是 2 处替换，也就是正文中的尾注编号和文末的尾注标号同时改变了。

学校介绍[1]

西北民族大学主页

图 4.7.12　修改后的效果

文档末尾的尾注编号是可以被选定的，最后选定文末全部尾注，切换到"开始"菜单，单击字体组右下角的箭头，在弹出的"字体"对话框中，取消"上标"复选框的勾选，并单击"确定"按钮。

使用这种方式修改尾注时要注意，新插入的尾注需要重新设置，所以最好等文档最终定稿后再调整尾注的编号。

4.7.10　快速转换脚注和尾注

有时候，如果需要将脚注转换为尾注，方法也非常简单。

切换到"引用"菜单，单击"脚注"组右下角的箭头，打开"脚注和尾注"对话框，单击"转换"按钮，在打开的"转换注释"对话框中选择"脚注全部转换为尾注"单选按钮，然后单击"确定"（见图 4.7.13），返回"脚注和尾注"对话框后，关闭此对话框。此时，即可看到原来的脚注已转换为尾注，显示在文档末尾处。

图 4.7.13　将脚注转换为尾注

4.8　图形和表格的标题注释——图题注、表题注

通常论文等长文档中，会为每一张图片和每一个表格添加说明性的文字，用来告诉解读文档的人这张图或者表格是做什么的。这些解释性的文字就称为题注。

题注就是给图片、表格、图表、公式等内容添加的名称和编号。使用题注功能可以保证长文档中图片、表格或图表等内容能够顺序地自动编号。如果移动、插入或删除带题注的项目时，Word 可以自动更新题注的编号。而且一旦某一内容带有题注，还可以对其进行交叉引用。

交叉引用是对 Word 文档中其他位置的内容的引用，例如，可为标题、脚注、书签、题注、编号段落等创建交叉引用。创建交叉引用之后，可以改变交叉引用的引用内容。例如，可将引用的内容从页码改为段落编号。简单来说，就是我们在阅读文档时看到"如图 2–3 所示""如表 4–5 所示"等，这里的"图 2–3"就是交叉引用，"图"是题注的类型，"2–3"指的是第 2 章的第 3 个表，这些数字都是自动生成的。一旦图、表等的编号发生变化，交叉引用的中的序号也会随之变化，不用再手动修改了。

4.8.1　为图片插入图题注

打开一个文档素材，我们先来看一下该文档有多少张图片。切换到"视图"菜单，左键勾选"显示"组中"导航窗格"，单击导航窗格中的放大镜右侧的向下箭头，在弹出的搜索列表中，单击"图形"，随后搜索结果就会出现。我们从导航窗格的搜索结果中可以看出，本文档总共有 18 张图片，并且图片所在的标题都有黄色底纹，我们只要单击黄色底纹，就可以快速定位到图片的位置（见图 4.8.1）。

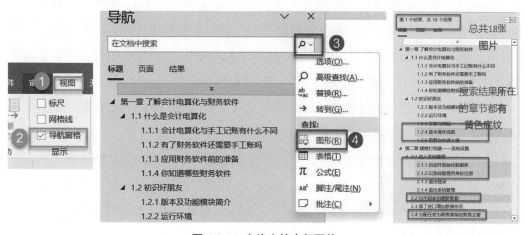

图 4.8.1　查找文档全部图片

我们单击第一张图片所在的位置"1.2.4 基本操作流程",这样图片就很方便地被找到了。通常情况下,图的题注在图形下方。首先,在第一张图下方题注的前面单击鼠标左键进行定位,然后切换到"引用"菜单,单击"插入题注",随后会弹出"题注"对话框,如图 4.8.2 所示。

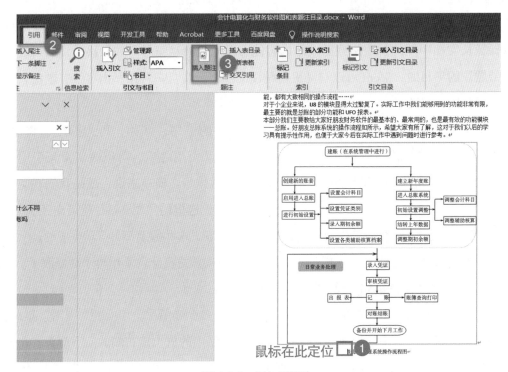

图 4.8.2　插入图题注

我们对"题注"对话框进行详细讲解。"题注"下面的编辑框是当前表格题注的名称及在文中的编号,"标签"下拉列表中有三种类型:Figure、表格、公式(见图 4.8.3),这时 Word 自带的题注标签,是不能被删除的。我们要特别注意一下,题注标签名称"表格"和"表"是两种类型,也就是一种题注的名称是"表格",另外一种题注的名称是"表",当然标签名称"图形"和"图"也是两种类型。

如果我们想把插入的题注的标签名称定义为"图",而 Word 自带的题注标签又没有这种类型,那我们应该怎么办呢?

这时,我们只需要单击"题注"对话框右下位置的"新建标签",在弹出的"新建标签"对话框中输入"图",然后单击"确定"。返回"题注"对话框,"标签"列表中已经出现了我们新建的标签"图",并且在"题注"编辑框中,图的题注名称及序号已经变为"图 1"(见图 4.8.4)。

图 4.8.3　"题注"对话框

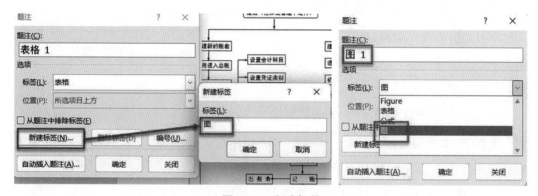

图 4.8.4　新建标签

　　我们给图添加题注时，题注的编号一般会包括章的序号，也就是一级标题的序号，然后在本章中，图按照出现的顺序编号，比如"图 2-1"，就是第 2 章的第 1 个图。为了实现这种编码效果，我们需要在"题注"对话框中，单击右下的"编号"按钮，在弹出的"题注编号"对话框中，"格式"选择"1，2，3..."，左键勾选"包含章节号"前面的复选框，"章节起始样式"选择"标题 1"，"使用分隔符"选择"–（连字符）"，最后单击"确定"。这时，第一张图的题注就变成了"图 一 –1"（见图 4.8.5 ）。

　　有的读者肯定会问题注为什么不是"图 1-1"呢？这时因为"–"连字符左侧的数字是引用的一级标题的编码方式，由于素材文档一级标题编码用的是"一、二、三 ..."这种格式，所以本素材中图题注连字符左侧的数字才是简体中文的编码格式。

　　那后面其他图的题注也要重复上述所有步骤吗？当然不是。

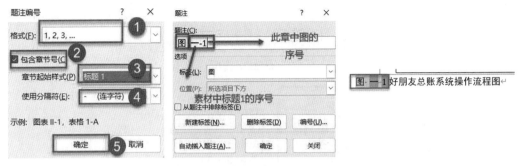

图 4.8.5　给题注编号加上章序号

切换到导航窗格，单击搜索框右侧向下的箭头（见图 4.8.6），就可以定位到第 2 张图片所在的标题，并且文档会快速跳转到第二张图片，并在导航窗格搜索栏下方显示搜索结果"第 2 个结果，共 18 个结果"（见图 4.8.7）。

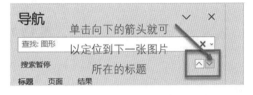

图 4.8.6　单击向下箭头

在第 2 个图题注名称前方单击鼠标左键，光标在此闪烁定位，然后切换到"引用"菜单，单击"插入题注"，我们会发现，弹出的"题注"对话框中，"题注"下方的名称栏中，图题注的编号已经自动生成，并且从题注编号我们能很清晰地知道这个图是第二章的第 1 幅图，这时直接单击"确定"即可（见图 4.8.8）。

当然，还有更快捷的方式，当鼠标定位在题注名称前方时，可以直接按键盘上的 F4 键（台式机）或"Fn+F4"组合键，这个快捷键是"重复上一步操作"，如果上一步的操作就是插入图题注，那不需要再用鼠标单击菜单插入图题注，直接按快捷键就可以插入图题注，这样效率会更高一些。

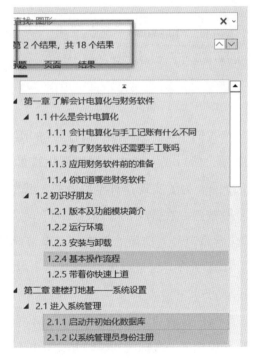

图 4.8.7　搜索结果

图 4.8.8　插入第 2 个图题注

4.8.2　图题注交叉引用

通俗地讲，交叉引用就是"如图 2–3 所示"这种方式，而这里的"图 2–3"就是引用了相应图题注的内容。在新增图或删除图后，图的题注编号肯定要发生变化，如果我们用"插入题注"的方式插入的图题注，那么题注的编号便会随着图的数量自动变化。那在正文中用交叉引用后，我们无须关心增加图还是删除图，交叉引用的内容也会随着题注内容的变化而变化，省时省力。

在文档中"如所示"中的"如"字后面单击鼠标左键定位，切换到"引用"菜单，单击"题注"功能组中的"交叉引用"，弹出"交叉引用"对话框后，在"引用类型"列表中选择"图"，"引用内容"列表中选择"仅标签和编号"，"引用哪一个题注"中选择第一个，这里注意，引用哪个题注就需要左键选择哪个题注，这一步需要手动选择，最后单击"插入"，返回原文看效果（见图 4.8.9）。

4.8.3　生成图目录

当所有图题注都插入完成后，就可以生成图目录了。由于"图题注"也是一种样式，我们通常的做法是将"图题注"设置为"宋体""小五号""居中显示"。

切换到"开始"菜单，单击"样式"选择框右侧向下的箭头，出现更多"样式"后，将鼠标移动到"题注"样式上，单击鼠标右键，在弹出的快捷菜单中选择"修改"按钮，弹出"修改样式"对话框后，选择字体为"宋体"，字号为"小五"号，接着单击右下角"格式"，弹出格式列表后，单击"段落"按钮，在弹出的"段落"对话框中

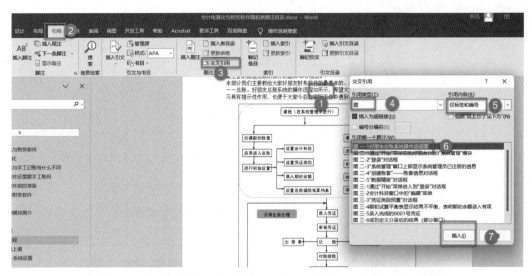

本部分我们主要教给大家好朋友财务软件最基本的、最常用的，也是最有效的功能模块——总账。好朋友总账系统的操作流程如图—1所示，希望大家有所了解，这对我们以后的学习具有提示性作用，也便于大家今后在实际工作中遇到问题时进行参考。

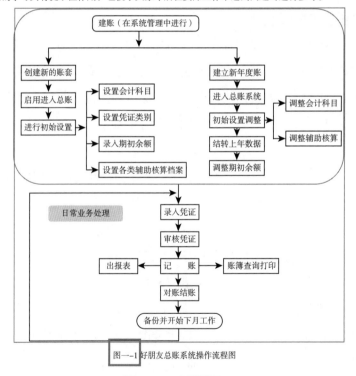

图一—1 好朋友总账系统操作流程图

图 4.8.9　交叉引用

的"对齐方式"中选择"居中"，然后单击"确定"按钮返回"修改样式"对话框，接着继续单击"确定"按钮，这样所有题注的样式都会被修改为"宋体""小五号""居中对齐"，效果如图 4.8.10 所示。

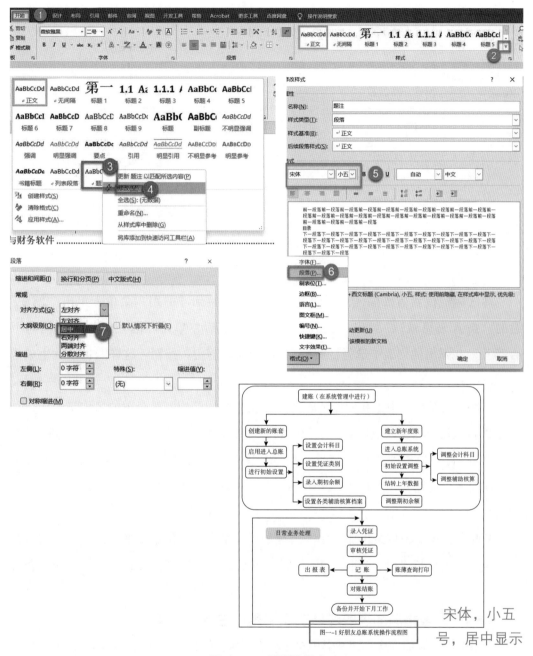

图 4.8.10　图题注居中

　　"题注"样式修改完毕后,在导航窗格中单击第一个导航标题,当光标定位在第一个标题内容时,切换到"布局"菜单,单击"分隔符"向下的箭头,弹出"分隔符"列表后,选择"分节符"中的"下一页"(见图 4.8.11)。这样就会在第一章正文内容的前一页产生一个空白页,我们用这个空白页生成文档的图目录。

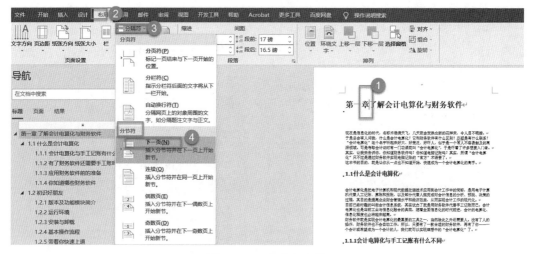

图 4.8.11　生成空白页

将鼠标定位到需要插入图目录的空白页，切换到"引用"菜单，单击"题注"组的"插入表目录"，弹出"图表目录"对话框后，单击"题注标签"右侧向下的箭头，在弹出的列表中选择"图"，然后单击"确定"按钮，这样图目录就生成了（见图 4.8.12）。

从生成的图目录中，我们能清晰地知道文档的图结构，每个图的名称是什么，是第几章的第几个图，以及所在的页码，这样我们就能快速查找到图在正文中的位置。但是 Word 自动生成的图目录是没有标题"图目录"三个字的，我们可以在第一个图名称前方手动输入"图目录"三个字，并适当调整字体字号，最后选择居中对齐的方式。

至此，完整的图目录生成完毕。后续如果正文中的图发生了增减，我们只需要在图目录上单击鼠标右键，选择"更新域"，然后选择"只更新页码"或"更新整个目录"即可。

4.8.4　为表格添加表题注、交叉引用、生成表目录

表格题注的添加方式、交叉引用及生成表目录的操作跟图片是一样的，只不过是在最开始"新建标签"时，标签名称填写为"表"即可（见图 4.8.13）。这里注意表的题注是在表的上方。

其他操作步骤可以参照图题注插入的方法、交叉引用及目录生成方式，这里不再赘述。

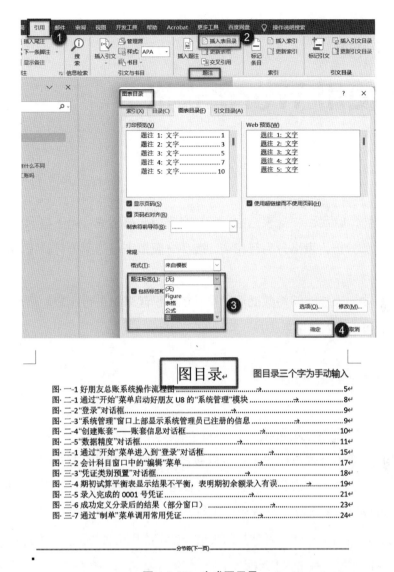

图 4.8.12　生成图目录

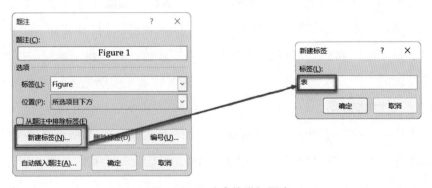

图 4.8.13　为表格增加题注

第 5 章

高效使用 Word 表格

在 Microsoft Office 中，表格由一行或多行单元格组成，用于显示数字和其他项以便快速引用和分析。表格分为行和列，表头一般指表格的第一行，指明表格每一列的内容和意义。

在 Word 中，表格能够将数据清晰直观地组织起来，进行比较、运算和分析，并且单元格中还可以输入文字或图片，实现图文混排。

5.1 创建表格的方式

5.1.1 通过拖动插入表格

如果插入的表格行列数比较少，可以通过拖动鼠标左键的形式快速插入表格。选择"插入"菜单，单击"表格"，在"插入表格"部分的小格子上，按住鼠标左键进行拖动，就可以快速插入固定行数和列数的表格，但是，这种方式只能插入最多 8 行、10 列的表格，超过这个行数或者列数的表格，就不能用这种方式插入表格。

5.1.2 利用插入表格对话框

针对超过 8 行或 10 列的表格，我们就要用"表格"功能中的"插入表格"来完成。选择"插入"菜单，单击"表格"，选择"插入表格"，打开"插入表格"对话框。在对话框中的"列数""行数"位置输入具体数值，在"自动调整"操作部分，选择表格宽度的 3 种方式，单击"确定"后，即可插入一个新的表格（见图 5.1.1）。

5.1.3 文本转表格

现实生活中，我们可能会遇到这样的情况的，已经有一些类似表格的文字存在，如果插入新的表格，再把文字填入相应的单元格，可能会非常费时费力，那有没有一个更为快速高效的办法，能把这些文字一下全部变成表格的形式呢？答案是肯定的，

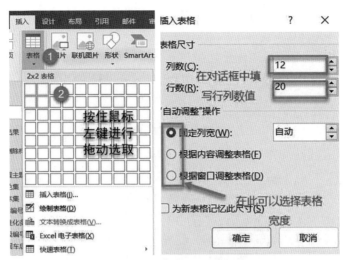

图 5.1.1　创建表格的 2 种方式

这就用到了我们表格中的"文字转表格"功能。那让我们用一个具体的实例来说明如何完成这个神奇的操作吧。

这里以会议议程为例，会议的议程等常以表格的形式呈现，但是在策划阶段，会议议程的呈现形式可能仅仅是文字，如图 5.1.2 所示。

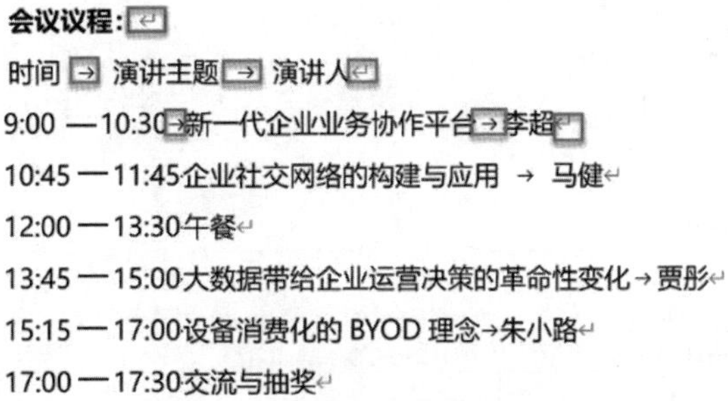

会议议程:

时间 　演讲主题 　演讲人
9:00 —10:30 新一代企业业务协作平台 李超
10:45 —11:45 企业社交网络的构建与应用 → 马健
12:00 —13:30 午餐
13:45 —15:00 大数据带给企业运营决策的革命性变化→ 贾彤
15:15 —17:00 设备消费化的 BYOD 理念→朱小路
17:00 —17:30 交流与抽奖

图 5.1.2　文字形式的会议议程

图 5.1.2 中，用矩形圈出的部分，我们称为"分隔符"，这种已经排版为类似表格形式的文字，关键字之间的分隔符必须是标准分隔符，要想能顺利正确地将此文字转换为表格，其标准分隔符如图 5.1.3 所示。

针对刚才的会议议程，左键拖动选取需要转换为表格的所有文本，选择"插入"菜单，单击"表格"向下的箭头，选择"文本转换成表格"，弹出"将文字转换成表格"对话框后，"行数""列数"会根据标准的文字分隔符自动填充，最后单击"确定"后，文字即可快速转换成表格形式，这样我们就可以轻松对表格的外观进行进一步设置，而无须费时费力进行内容填写，转换后的表格如图 5.1.4 所示。

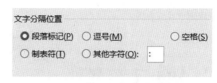

图 5.1.3 标准分隔符

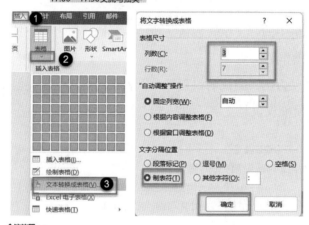

图 5.1.4 文本转换成表格

5.1.4 绘制表格

如果标准的表格不是我们所需要的形式，还可以利用"绘制表格"功能绘制出个性化表格。选择"插入"菜单，单击"表格"，选择"绘制表格"功能后，鼠标指针就会变成一支画笔，我们便可以像在纸上画图一样，制作出个性化的表格。

5.1.5　Excel 表格

众所周知，Excel 是一款非常强大的电子表格处理软件。有时根据工作需要，我们会把 Excel 表格嵌入 Word 文档中，同时可以建立一个链接，这样 Excel 表格的数据发生变化时，我们就无须再同步修改 Word 文档中表格里的数据了，Word 文档中表格的数据会自动随 Excel 表格中数据的变化而变化，这样就最大限度地保证了数据的一致性。我们选择"插入"菜单，单击文本组中"对象"按钮下的"对象"，打开"对象"对话框，选择"由文件创建"页面，单击"浏览"选择需要插入的 Excel 表格，并勾选"浏览"下方的"链接到文件"，这样就可以保证 Word 文档中插入的表格中的数据，能够跟随 Excel 表格中数据的变化而变化（见图 5.1.5）。

图 5.1.5　插入 Excel 表格

5.1.6　快速表格

此外，我们还可以利用 Word 表格中的"快速表格"功能，创建带有格式的表格。选择"插入"菜单，单击"表格"中的"快速表格"，在右侧弹出的列表中，选择需要的模板，单击鼠标左键就可以快速创建出相应表格（见图 5.1.6）。

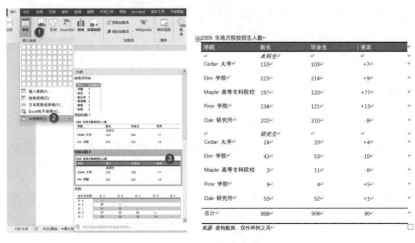

图 5.1.6　快速表格

123

5.2 表格边框设置与页面边框

表格创建好后，为了使表格更加美观，我们需要对表格边框、填充色等进行设置。单击表格的任意单元格，比如内容为"Word"的单元格，这时"Word"文字后面就会出现闪烁的光标，同时表格左上角会出现一个四向的十字图标，选择此图标，可以全部选定表格，菜单栏也会出现两个隐藏的菜单"表设计"和"布局"，"表设计"用来设计表格的外观，而"布局"菜单可以对表格的内部结构进行调整，比如"拆分单元格""插入行""删除行"等（见图 5.2.1）。

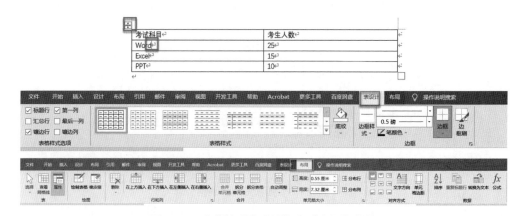

图 5.2.1 隐藏的"表设计"和"布局"菜单

表格边框的设计可以分为整个表格内外边框的设计，或针对某一单元格设置边框。单击表格左上角的图标，表格即可被选中，然后单击"表设计"菜单中的"边框"，在弹出的下拉列表中选择"边框和底纹"，弹出"边框和底纹"对话框，在"边框"页面，可以对表格的边框进行设计（见图 5.2.2）。

在"设置"部分选择"自定义"，在"样式"列表中选择双实线，"颜色"列表中选择标准蓝色，"宽度"选择 1.5 磅，最后在需要应用这种线型的边框（外边框）位置单击鼠标左键。

随后，更换"样式"为虚线，"颜色"为标准红色，"宽度"仍为 1.5 磅，然后在内框的位置单击鼠标左键，最后单击"确定"按钮，这样表格边框就设置完成，效果如图 5.2.3 所示。

在"边框和底纹"对话框中选择第二个标签"页面边框"，可以美化文档页面的边框。页面边框的"样式"除了常规的虚线、实线，还可以设置更个性化的"艺术型"，

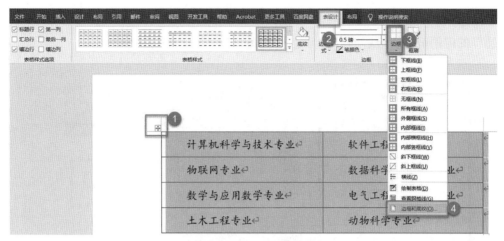

图 5.2.2　选择"边框和底纹"

图 5.2.3　设置边框及边框效果

并且可以设置"艺术型"边框的"宽度"，在"应用于"下拉列表中，可以选择此种页面边框的应用范围，最后单击"确定"（见图 5.2.4）。

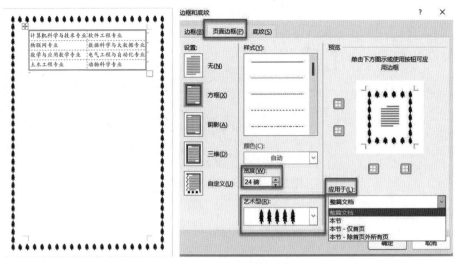

图 5.2.4　页面边框

5.3　拆分表格：上下拆分、左右拆分

Word 表格最主要的设计还是在"布局"菜单，在这个菜单中，可以对表格的内部结构进行详细设置。如果一个表格对我们要汇报的内容来说过于庞大（行数和列数太多），可以通过拆分表格功能将表格进行拆分。

5.3.1　上下拆分

图 5.3.1 是一张成绩单，我们将从"3 班"这个位置将表格拆分为上下两个，具体的操作步骤如下。

学号	姓名	班级	语文	数学	英语
120104	杜学江	1 班	102.00	116.00	113.00
120203	陈万地	2 班	93.00	99.00	92.00
120206	李北大	2 班	100.50	103.00	104.00
120204	刘康锋	2 班	95.50	92.00	96.00
120305	包宏伟	3 班	91.50	89.00	94.00
120301	符合	3 班	99.00	98.00	101.00
120306	吉祥	3 班	101.00	94.00	99.00
120302	李娜娜	3 班	78.00	95.00	94.00

图 5.3.1　成绩单

单击想要拆分成第二个表格所在行的任意一个单元格，也就是 3 班第一行的任一单元格，使光标置于该行。

选择"布局"菜单，在"合并"组中单击"拆分表格"，即可将表格拆分成上下两个表格（见图 5.3.2）。按"Ctrl+Shift+Enter"组合键，也可将表格拆分成两个。

这种拆分方式只能将表格上下拆分。

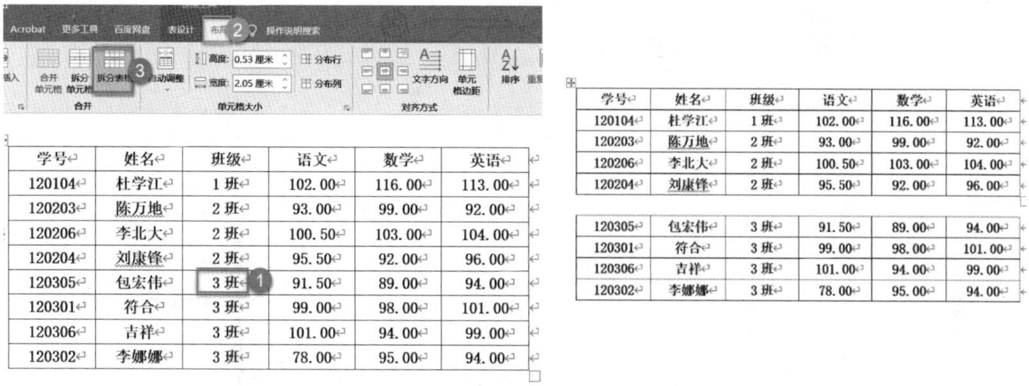

图 5.3.2　上下拆分表格

5.3.2　左右拆分

（1）隐藏边框法

左右拆分表格比上下拆分要复杂一些，我们可以通过插入列，然后设置列的边框达到视觉上将表格左右拆分的效果。

在需要进行左右拆分的列的任一单元格单击鼠标左键（这里在"数学"单元格单击鼠标左键），将鼠标定位在该列，然后单击鼠标右键，选择"插入"功能中的"在左侧插入列"，这样"语文"和"数学"之间产生了一个空白列（见图 5.3.3）。

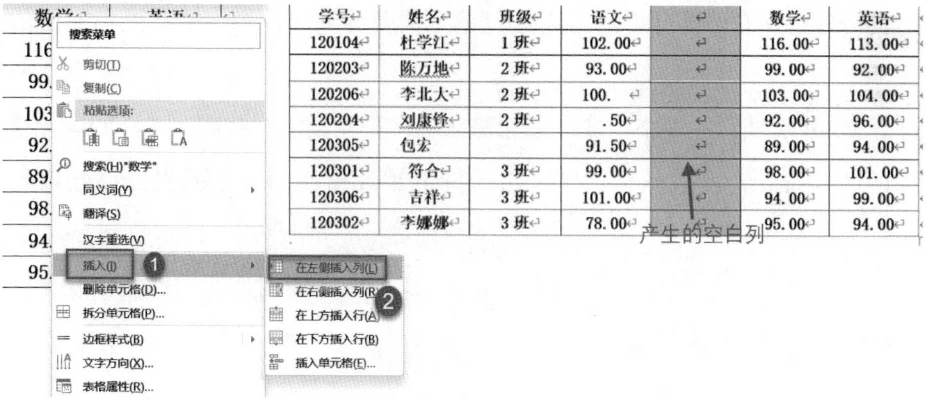

图 5.3.3　插入列

在空白列被选中的状态下，选择"表设计"菜单中的"边框和底纹"功能（具体操作见"上下拆分"节），在弹出的"边框和底纹"对话框中，选择"边框"页面，在"预览"窗口中，分别左键点击上框线、内框线和下框线，这样上框线、内框线和下框线就变成了无线条状态，最后单击"确定"，这样就从视觉上将表格拆分为了左右两个表格，效果如图 5.3.4 所示。

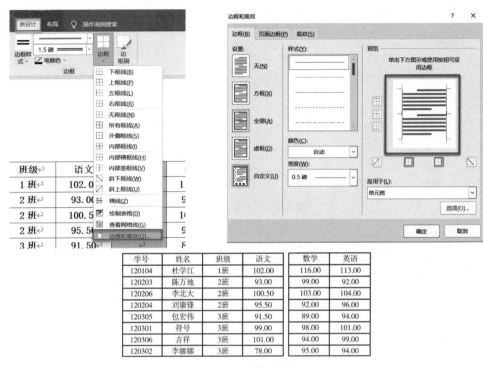

图 5.3.4　隐藏边框法

（2）拖动单元格法

把表格分成左右两部分，还可以通过选定需要分列的内容，拖动鼠标左键的方法实现。

打开 Word 文档，在表格中选中单元格区域，按住鼠标左键拖动选择的单元格到表格下方的回车符处，释放鼠标，即可将选择的单元格作为单独的表格拆分出来（见图 5.3.5）。

鼠标单击表格左上角的按钮，按住 Ctrl 键拖动该文档到其他位置，释放鼠标，则可以复制整个工作表和工作表中的数据。

学号	姓名	班级	语文
120104	杜学江	1 班	102.00
120203	陈万地	2 班	93.00
120206	李北大	2 班	100.50
120204	刘康锋	2 班	95.50
120305	包宏伟	3 班	91.50
120301	符合	3 班	99.00
120306	吉祥	3 班	101.00
120302	李娜娜	3 班	78.00

在选定状态下按住鼠标左键进行拖动

学号	姓名	班级	语文
120104	杜学江	1 班	102.00
120203	陈万地	2 班	93.00
120206	李北大	2 班	100.50
120204	刘康锋	2 班	95.50
120305	包宏伟	3 班	91.50
120301	符合	3 班	99.00
120306	吉祥	3 班	101.00
120302	李娜娜	3 班	78.00

拖动到合适位置后松开鼠标左键

图 5.3.5　拖动单元格法

5.4 表格跨页重复表头

我们在写论文或者汇报工作的时候，经常需要在 Word 文档中插入一些表格，但有时候表格数据内容太多，或者说表格的行数太多的时候，表格可能会出现在两个页面上，这样第二个页面的表格就没有表头，那大家在看第二页表格内容时，要不断把内容翻到前一页查看相应列的标题是什么，这就给内容的阅读增加了麻烦。为了解决这样问题，我们可以使用 Word 表格中的"重复标题行"功能。

先选定表格的表头，接着选择出现的隐藏菜单"布局"，然后单击"数据"组中的"重复标题行"即可（见图 5.4.1）。

图 5.4.1　重复表头

有时我们会遇到即使设置了"重复标题行"，但表格在下一个页面上仍然没有标题行的情况，产生这个问题的原因是表格的环绕方式没有设置。

在表格上单击鼠标右键，弹出快捷菜单后，选择"表格属性"，在弹出的"表格属性"对话框中，将"表格"页面的"文字环绕"设置为"无"，这样就可以解决表格设置了"重复标题行"，但下一个页面表头不显示的问题（见图 5.4.2）。

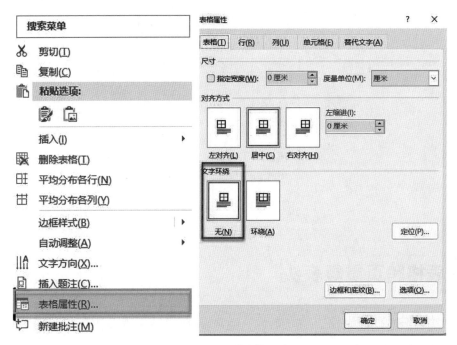

图 5.4.2　设置表格属性

5.5　表格更美观——套用表格样式

做做表格应该是我们工作中最平常不过的事情了。学术报告，表格必不可少；项目计划书、商业策划书，也缺不了表格。

然而，多数人对 Word 表格的认知只停留在一个简单地插入表格上，且做出来的表格都是黑色边框、白底黑字的样式，始终认为 Word 做出来的表格并不美观。

如何才能使文档中的表格更专业、更漂亮，怎么能快速美化文档中的表格呢？今天这里教大家一招，使用 Word 预置的表格样式就能快速对 Word 表格进行美化，改变表格外观。

单击任一单元格选中表格，选择"表设计"菜单中的"表格样式"，在弹出的样式列表中，选择需要的 Word 预置样式即可（见图 5.5.1）。

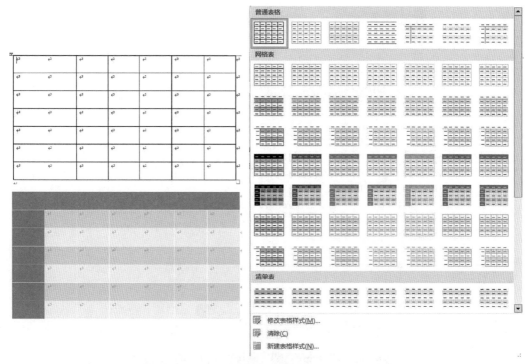

图 5.5.1　表格样式

5.6 处理表格中的数据

5.6.1　表格中数据排序

表格绘制好后，Word 表格中的数据也是可以排序的。

这里以考试成绩为例，选定整个表格，切换到"布局"菜单，选择"数据"组的"排序"功能，在弹出的"排序"对话框中，"主要关键字"选择"语文"，"类型"选择"数字"，最后单击"确定"即可（见图 5.6.1）。

5.6.2　表格中数据计算

Excel 表格的数据处理功能非常强大，在后续章节中我们将详细讲解。在 Word 文档中插入的表格也可以像 Excel 表格一样进行数据处理，但是，Word 文档的表格数据处理，以及所用公式的灵活性有限。比如在求和公式中只能使用 LEFT、ABOVE 等表示位置关系的参数，来对公式所在单元格的左侧连续单元格或上方连续单元格进行求和运算，而不能像 Excel 一样进行区域的自由选取。

图 5.6.1 数据排序

下面以求和公式为例详细讲解 Word 表格中公式的使用方法。

定位到需要计算的 Word 表格，在需要填写公式的单元格单击鼠标左键进行定位，选择"布局"菜单，单击"数据"组中的"公式"，在弹出的"公式"对话框中，"公式"下方的编辑会出现目前的求和公式"SUM"，以及"SUM"函数的参数"LEFT"

（见图 5.6.2）。Word 公式的参数必须要放在英文状态下的小括号中，同时，在"公式"对话框左下角的"粘贴函数"中可以选择粘贴函数的类型，在"编号格式"下拉列表中可以选择计算结果显示的数字格式。

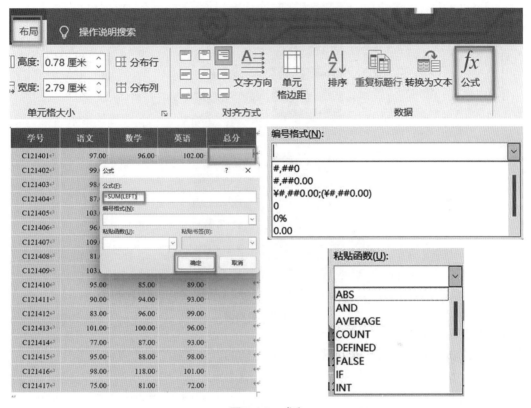

图 5.6.2　求和

这里使用的学生成绩单中数据比较多，如果一行一行的插入公式，显然不符合高效办公的要求，那在 Word 中有没有公式批量填充的方法呢？答案是肯定的。

首先，选中已经填写了公式的单元格，复制此单元格（可以单击鼠标右键选择"复制"，也可以用"Ctrl+C"组合键）。

然后按住鼠标左键拖动选取需要填写公式的剩余单元格，进行数据粘贴。

但是，大家一定会发现一个问题，剩余单元格的计算结果跟第一个单元格是一样的，并且这些数值都有灰色底纹，显然这个结果是不正确的，这是为什么？

这是因为，在 Word 中，公式是以"域"的形式存在的，此时，我们只需要选定粘贴了公式的单元格，然后按 F9（笔记本电脑按"Fn+F9"组合键），这样域就可以自动更新，计算结果也就正确了（见图 5.6.3）。

总分	总分
295	295
295	294
295	271
295	258
295	297
295	273
295	325
295	240
295	317
295	269
295	277
295	278
295	297
295	257
295	281
295	317
295	228

图 5.6.3　更新域

其他公式的插入计算方式与求和公式是一样的，这里就不再重复讲解了。

第 6 章

Excel 零基础必修——基本操作

想必办公人员或学生对 Excel 并不陌生。Excel 是 MS Office 办公软件的一员大将，它作为一款简单易学、功能强大的数据处理软件，被广泛应用于各个行业各个岗位，如行政、人事、财务、生产、营销等，它是目前应用最广泛的数据处理软件之一。

人在职场，Excel 已经成了必备技能，学好 Excel 工作效率会大大提升。工欲善其事，必先利其器。要想学好 Excel，首先要清楚 Excel 能做什么。

Excel 是电子表格软件，最重要的功能是存储数据，并对数据进行统计与分析。Excel 具体应用场景主要有以下几个方面。

（1）表单制作

建立或填写表单是我们日常工作、学习中经常遇到的事情。利用 Excel，我们可以轻松制作出专业、美观、易于阅读的各类表单。

（2）完成复杂的运算

在 Excel 中，用户不但可以自己编辑公式，还可以使用系统提供的大量函数进行复杂的运算，也可以使用 Excel 的分类汇总功能，快速完成对数据的分类汇总操作。

（3）数据可视化图表

读图时代，图表传递的信息更直观、生动。Excel 提供了多种类型的图表，用户只需几个简单的操作，就可以制作出精美的图表。

（4）数据管理

现在是数据爆炸时代，一个公司每天会产生海量的业务数据，例如销售、货物进出、人事变动等数据，这些数据必须加以处理，才能知道每个时间段的销售金额、库存量、工资等变化。要对这些数据进行有效的处理就离不开数据库系统，Excel 就是一个小型数据库系统。

（5）决策指示

Excel 的单变量求解、双变量求解等功能，可以根据一定的公式和结果，倒推出变量。例如我们可以假设材料成本价格上涨一倍，那么全年的成本费用会增加多少、全年的利润减少多少。

对于大部分职场人士和学生来说，学习 Excel 的目的非常简单，就是用 Excel 解决实际的问题，提高办公效率。相信通过对本书中 Excel 相关知识的学习，可以使 Excel 成为大家工作中的办公利器，真正解决大家的工作问题。

要想用 Excel 解决实际的工作问题，把 Excel 用活，那基础必须打牢，本章先讲解一些 Excel 基础操作。

6.1 工作簿、工作表基础操作

学习 Excel，首先要把工作簿和工作表两个概念区分清楚。

工作簿：我们打开或创建一个工作簿，相当于打开或创建一本书，默认情况下，工作簿使用 xlsx 为文件扩展名，每个工作簿由若干工作表组成。说通俗一点，工作簿实际上就是新建的 Excel 文件，1 个工作簿默认由 3 个工作表构成。

工作表：我们把工作簿比作书本，那么工作表就是这本书中一页一页的纸。工作表是一种二维表，就是一张表格。每一表格都有一个缺省名，比如 Sheet1、Sheet2，当然你也可以改名，双击表名即可。

工作表中由竖线分隔出来的叫列，每列都有一个列标，用大写的字母表示的，一张工作表中最多有 16,384 列，即 16K。每列列宽最大 255 个字符。

工作表中由横线分隔出来的叫行，每行都有一个行标，由数字表示。一张工作表中最多有 1,048,576 行，即 1M。每行行高最大 409 点。

单元格：单元格可以看作我们书中一个一个的字。工作表中的数据都存在单元格中，每个单元格最多存 32,767 个字符。每个单元格都有自己的行号和列号，即单元格的行标与列标，行号与列号共同组成单元格的地址，例如（A,1）表示单元格在第 A 列，第 1 行。

6.1.1　新建工作簿

工作簿的新建、删除、重命名等操作实际上就是文件的新建、删除、重命名等，操作方法已经在 Word 部分详细讲解，在此我们只略讲几种新建工作簿的方法。

（1）使用快捷键

在 Excel 软件中，我们可以使用"Ctrl + N"组合键来新建一个工作簿。

（2）使用菜单栏

在 Excel 软件中，我们可以单击菜单栏中的"文件"选项，然后选择"新建"来新建一个工作簿。

（3）使用快速访问工具栏

在 Excel 软件中，我们可以使用快速访问工具栏中的"新建"按钮来新建一个工作簿。

（4）使用鼠标右键

使用鼠标右键也可以新建工作簿，单击鼠标右键，弹出快捷菜单后，选择"新建"→"Microsoft Excel 工作表"即可（见图 6.1.1）。

图 6.1.1　新建工作簿

6.1.2　新建、删除工作表

工作表只能存在于工作簿中，要新建工作表，必须要有工作簿存在。这个工作簿可以是新建的，也可以在已有的工作簿中再新建工作表。

（1）通过鼠标右键新建、删除工作表

打开已有的工作簿，出现的是可以编辑的工作表，工作表的默认名称为 Sheet1，在 Sheet1 名称上单击鼠标右键，就可以插入（新建）、删除、移动工作表。

（2）通过"新建"按钮

在 Sheet1 的右边，我们会看到有个"+"号，这个按钮是新建工作表按钮，单击此按钮也可以新建工作，单击一次新建一个工作表（见图 6.1.2）。

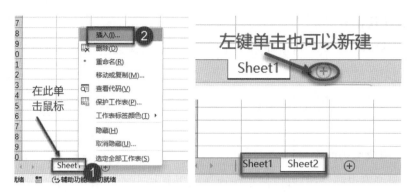

图 6.1.2　新建工作表

新建的工作表默认从左到右依次排列，并且命名是 Sheet 后阿拉伯数字依次递增，所以第二个工作表的名称就变成了 Sheet2。

（3）批量添加工作表

工作表也可以批量添加，按住 Shift 键，同时按下 F11 键，可批量添加工作表。

（4）删除工作表

删除工作表很简单，选中工作表，右击选择删除即可，注意删除工作表这个动作是不可撤销的，要是误删了，损失是非常惨重的，所以我们的工作簿要定期进行备份。

6.1.3　移动、复制工作表

选中某个工作表，按住 Ctrl 键，按住鼠标左键不放，进行移动就是复制；不按住 Ctrl 键，仅按鼠标左键移动是调整位置。

6.1.4　重命名工作表

重命名工作表可以通过以下两种方式完成。

①快速双击工作表名称，当工作表名称有灰色底纹并且光标在此闪烁时，就可以输入新的工作表名称了。

②在工作表名称上单击鼠标右键，选择重命名，也可以重命名工作表。

6.1.5　隐藏工作表

当一个工作簿中的工作表过多时，容易让人眼花缭乱，这时我们可以把一些不常用的工作表进行隐藏，如果仅仅是隐藏数量很少的工作表，我们可以在需要隐藏的工作表的名称位置单击鼠标右键，弹出快捷菜单后，选择"隐藏"即可（见图 6.1.3）。

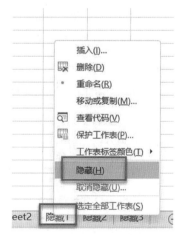

图 6.1.3　隐藏工作表

但如果要批量隐藏多个工作表该如何做呢？比如图 6.1.3 中，有 3 个工作表需要隐藏，分别为隐藏 1、隐藏 2、隐藏 3，如果按照常规做法，一个工作表点一次隐藏，费时又费力。

我们可以按住 Ctrl 键，左键依次单击选择需要隐藏的工作表，所有需要隐藏的工作表选择完毕后，在需要隐藏的工作表的任意名称位置单击鼠标右键，选择"隐藏"，这样就可以实现批量隐藏的目的（见图 6.1.4）。

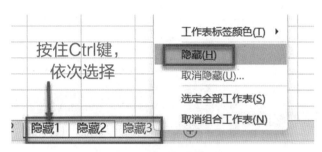

图 6.1.4　批量隐藏工作表

6.1.6　显示隐藏的工作表

隐藏工作表是为了工作表简洁明了，如果要修改被隐藏的工作表中的内容，就需要让隐藏的工作表显示出来，方法也很简单。只需要在显示的工作表名称上单击鼠标右键，在弹出的菜单中选择"取消隐藏"，这时如果只隐藏了一个工作表，那这个工作表就会立刻显示出来，如果隐藏了多个工作表，就会弹出"取消隐藏"对话框，在这个对话框中，选择要显示的工作表，然后单击确定即可（见图 6.1.5）。

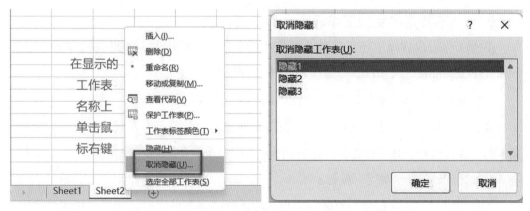

图 6.1.5　显示隐藏的工作表

6.1.7　让重要的工作表更醒目——工作表标签颜色

一个工作簿中的工作表往往有重要程度高低的区分，为了让重要的工作表更加醒目，我们可以通过改变工作表标签的颜色来达到目的。

在工作表名称上单击鼠标右键，弹出菜单后选择"工作表标签颜色"，然后选择"标准色"红色即可（见图 6.1.6）。

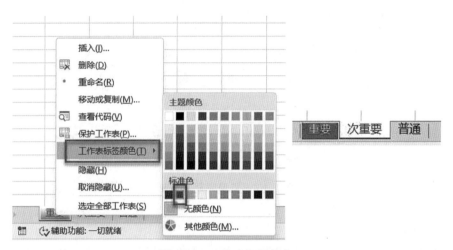

图 6.1.6　工作表标签颜色

有人会有疑问，我们不是选择的标准色红色吗，为什么标签的颜色看着像浅红色呢？这是因为目前工作表处于活动状态，也就是可编辑状态，当我们用鼠标单击其他工作表后，该工作表标签颜色就会变成红色。这样我们一眼就可以看出重要的工作表是哪个。

6.1.8　不要修改我的工作表——保护工作表

不管工作表内容简单还是复杂，都是我们辛苦工作的成果。如果我们并不希望工作表整体或局部被他人修改，就需要对工作进行相应的保护。

①切换到"审阅"菜单，单击"保护工作表"按钮。

②弹出"保护工作表"对话框后，在对话框中的"取消工作表保护时使用的密码"文本框中设置密码，在"允许此工作表的所有用户进行"列表框中根据需要勾选用户权限，设置完成后单击"确定"按钮。

③在弹出的"确认密码"对话框中再次输入刚才设置的密码，如果不想设置密码，此位置就不需要输入任何内容，最后单击"确定"按钮（见图 6.1.7）。

图 6.1.7　保护工作表

④至此，我们就完成了保护工作表的操作。如果修改数据，就会弹出提示框，提醒用户该工作表处于受保护的状态（见图 6.1.8）。

图 6.1.8　保护提醒

如果要取消工作表保护，可单击"审阅"菜单中的"撤消工作表保护"按钮，在弹出的"撤消工作表保护"对话框中输入密码，单击"确定"按钮即可。

6.2 表格的基本操作

前面已经讲了工作簿、工作表的基础操作，下面我们说一下工作表内容具体元素的基本操作。

工作表中可操作的最小单位是单元格，一个单元格就是一行和一列交叉位置的格子。一个工作表由多个单元格构成。对单元格进行各种编辑操作前，必须先对单元格或者单元格区域进行选择。任何时候都是"先选定后操作"，我们不能对空气进行操作。

默认情况下，我们打开一个 Excel 工作簿时，活动工作表中，单元格 A1 自动处于选中状态，此时单元格 A1 四周显示为绿色。

6.2.1　选择单元格

这里我们以学生名单为例，打开"学生名单"表格，单击"姓名"单元格，这时姓名单元格的边框会变成绿色，说明此单元格目前处于选中状态。当前单元格的地址会显示在名称框中，公式编辑栏显示选中的单元格内容。

如果在名称栏中输入目标单元格的地址，比如 E1 后按回车（Enter）键，则 E 列和第 1 行交叉位置的单元格就会被选中（见图 6.2.1）。

图 6.2.1　选择单元格

6.2.2　选择单元格区域

什么是单元格区域？简单来说，就是由多个单元格组成的区域。根据组成单元格区域的单元格的连续情况，可以分为连续单元格区域和不连续单元格区域。

（1）连续单元格区域的选取

连续单元格区域的特点是单元格相互连续、紧密相连，连续单元格区域可以呈现为规则的矩形。这种区域可以通过 3 种方式进行选取。

①在名称框中直接输入连续区域左上角和右下角的地址，中间用冒号":"连接，比如 E1:G5，表示的就是包含 E1 单元格到 G5 单元的连续区域，共 15 个单元格（见图 6.2.2）。

②连续单元格区域的选取还可以通过拖动鼠标左键的方式进行选取，单击 B1 单元格，然后按住鼠标左键进行拖动，直到 E8 单元格，松开鼠标左键，这时 B1 到 E8 之间的连续单元格区域就被选中了。

③单击 B1 单元格，然后按住 Shift 键，再单击 D5 单元格，这样 B1 到 D5 单元格

图 6.2.2　选取连续单元格

之间的连续单元格区域也会被选定。

具体使用哪种方式进行选取，要看实际情况，特别是在要选择的连续区域特别多时，拖动选取的方式就会显得不那么高效了。

（2）不连续单元格区域的选取

不连续单元格区域是指不相邻的单元格或者单元格区域。不连续单元格区域的地址最明显的特点是单元格地址或者单元格区域地址之间是用逗号“,”隔开的，注意这个“,”一定是英文状态的逗号，连续区域地址之间的冒号“:”也是英文状态下的冒号。例如“A1:B3,E5:F8,G10”就是一个不连续区域的单元格地址，表示不连续的单元格地址为 A1:B3、E5:F8 的两个连续区域和 G10 单元格（见图 6.2.3）。

图 6.2.3　不连续单元格的选取

除了在名称框中输入不连续的地址选取不连续单元格区域的方法，还可以在选择第一个单元格区域或者单元格后，按住 Ctrl 键不放，再选择其他的单元格区域或者单元格，直至最后一个单元格区域或者单元格被选中后，松开 Ctrl 键，这样也可以选择不连续的单元格区域。

（3）全选工作表

选择整个工作表可以通过下面两种方式实现。

①通过快捷键选取

按住"Ctrl+A"组合键就可以选择整个工作表。

②工作表左上角有一个灰色的倒三角，这是工作表全选按钮，单击此按钮，也可以全选整个工作表（见图 6.2.4）。

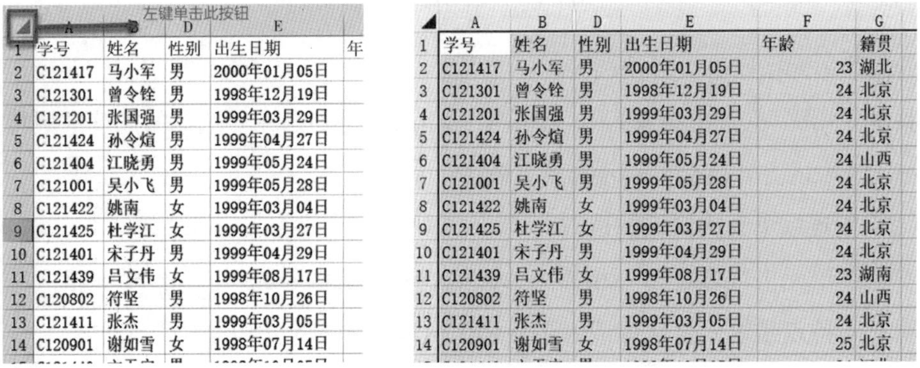

图 6.2.4 全选工作表

6.2.3 行、列的插入、删除、移动

在实际工作中，我们的工作表不可能一次成形，需要不断地调整，这就包括了行、列的调整，也就是行、列的插入、删除、移动。

（1）插入行、列

在工作表中，如果插入新行，则当前行往下移动，插入新列，则当前列往后移动。在需要插入新行或新列的位置，单击鼠标右键，在弹出的快捷菜单中选择"插入"命令，即可插入新行或新列。

（2）删除行、列

如果工作表中有多余的行或列也可以进行删除，删除的方法有以下 3 种。

①选择要删除的行或列，单击鼠标右键，在弹出的快捷菜单中单击"删除"命令，即可删除多余的行或列。

②选定要删除的行或列，单击"开始"菜单"单元格"组中的"删除"按钮，在弹出的下拉菜单中选择删除行或列（见图 6.2.5）。

③选定要删除的行或者列中的某个单元格，单击"开始"菜单"单元格"组中的"删除"，在弹出的下拉菜单中选择"删除单元格"，随后会弹出"删除文档"对话框。按需要

图 6.2.5　删除行或列方法二

删除单元格或整行整列（见图 6.2.6）。

6.2.4　行高、列宽设置

在工作表中，当单元格的行的高
度或者列的宽度不足时，会导致数据
显示不完整，严重影响数据的阅读，
这时就需要调整行高或者列宽的数
值。调整行高或者列宽的数值有 3 种
方式。

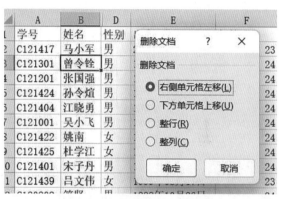

图 6.2.6　删除行或列方法三

（1）手动调整行高或列宽

如果我们仅仅是想让数据显示完整，不需要考虑行高列宽的精确数值，就可以选
择手动调整的方式。将鼠标指针放在需要调整行高的两个行号之间，这时鼠标指针会
变成实心十字，并且是上下双向箭头，按住鼠标左键向上拖动就可以使鼠标上方的行
高变窄，按住鼠标左键向下拖动就可以使鼠标上方的行高变宽。列宽的调整也是类似
的。将鼠标放在需要调整列宽的两列之间，这时鼠标就会变成实心十字，并且左右是
双向箭头，按住鼠标左键往左拖动就可以使鼠标左边的列宽变窄，按住鼠标左键往右
拖动就可以使鼠标左边的列变宽。

（2）精确调整行高或者列宽

虽然我们可以用拖动鼠标的方式调整行高或列宽，但这种方式并不专业，精确度
也不高。如果要精确调整行高或列宽，就需要调用行高或列宽命令。

依旧以学生名单为例，从图 6.2.7 中可以看到原始页面 E 列的出生日期显示不完整。

我们将鼠标指针放在列标 E 的位置，这时鼠标指针会变成一个向下的实心黑色箭
头，单击鼠标左键选中 E 列，单击"开始"菜单"单元格"组中的"格式"，在弹出的
下拉列表中选择"列宽"，弹出"列宽"对话框中，在"列宽"位置输入具体数值，最
后单击确定，列宽就调整好了。

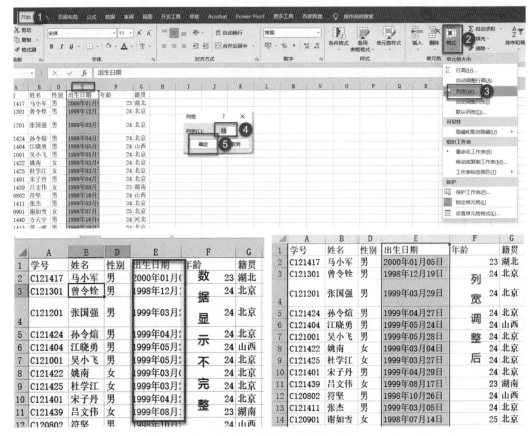

图 6.2.7　精确调整行高或者列宽

（3）自动调整行高或列宽

设置列宽或行高的基本原则是让单元格里的文字、数字等能全部呈现在单元格中，并且没有多余的空隙。使用手动拖动单元格边界线的方式或者精确设置行高与列宽的方式，都不能做到恰到好处。那如何才能恰到好处呢？这就需要用到 Excel 行高列宽的自动调整功能。

比如我们仍然要调整学生名单中的 E 列，只需将鼠标指针定位在 E 列和 F 列中间的间隙处，然后双击鼠标左键，Excel 就会根据 E 列的内容自动调整列宽。

这种方法只能调整一列的宽度，如果工作表中有多列内容都需要进行自动调整，难道要双击每列来实现自动调整列宽吗？我们可以选择多列后，再双击两列之间的间隙处，这样选中的列都可以自动调整宽度。

第 7 章
制作清晰专业的表格

我们在阅读表格的时候，要先看看表格包含了哪些元素，数据是什么数据，文字是什么类型的文字，也就是表结构是什么。如果表结构比较混乱，那么读者就要花大量的时间和精力去理解每个元素代表什么，制作表格的人想通过表格讲述什么，这会让读表人头疼不已。

什么样的表格不会让我们头疼？什么样的表格才是清晰专业的表格呢？表格要一目了然才能吸引读者的目光，读者才有读下去的兴趣。要使表格一目了然，我们可以从表格布局、表格样式及提高文字的可读性三个方面进行设置。

7.1 赏心悦目的表格布局

想高效处理、分析数据，其前提是工作表结构清晰、格式统一、数据规范。但在实际工作中，大部分人不知道如何设计漂亮的 Excel 表格，做出来的表格常是黑白分明，线条简单，数据量大的表格，读者也不易阅读。本节我们就来学习快速美化工作表，做出赏心悦目的表格的方法。

7.1.1　除标题外，使用相同的字号

Excel 表格一般由标题和表格数据构成，表格数据可以包括文本型数据、日期型数据、数值型数字等。标题必须醒目，让看到表格的人一眼就能知道表格要表达的主要意思是什么，标题的醒目一般是通过设置比表格数据大的字号来实现的。

虽然我们在工作中并没有具体要求表格中的字体和字号是什么，但按照实际经验来看，字号一般设置为 10~12 号，字号小于 10 号会导致文字太小看不清楚，字号大于 12 则会导致一页中显示的数据太少，读者必须来回翻页才能清楚数据内容，增加阅读的困难，破坏了阅读的完整性。

需要注意的事，表格中同一列的数据必须保持字号一致，不能有大有小，这样就会使整个表格中的数据难以理解，数字也会不容易对比，看起来也不美观（见图 7.1.1）。

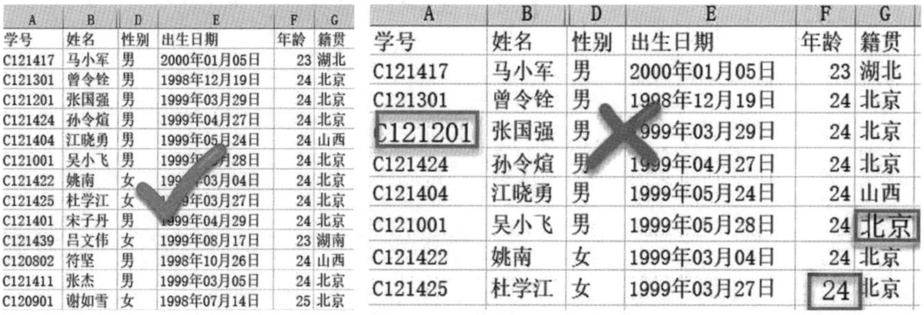

A	B	D	E	F	G
学号	姓名	性别	出生日期	年龄	籍贯
C121417	马小军	男	2000年01月05日	23	湖北
C121301	曾令铨	男	1998年12月19日	24	北京
C121201	张国强	男	1999年03月29日	24	北京
C121424	孙令煊	男	1999年04月27日	24	北京
C121404	江晓勇	男	1999年05月24日	24	山西
C121001	吴小飞	男	1999年05月28日	24	北京
C121422	姚南	女	1999年03月04日	24	北京
C121425	杜学江	女	1999年03月27日	24	北京
C121401	宋子丹	男	1999年04月29日	24	北京
C121439	吕文伟	女	1999年08月17日	23	湖南
C120802	符坚	男	1998年10月26日	24	山西
C121411	张杰	男	1999年03月05日	24	北京
C120901	谢如雪	女	1998年07月14日	25	北京

A	B	D	E	F	G
学号	姓名	性别	出生日期	年龄	籍贯
C121417	马小军	男	2000年01月05日	23	湖北
C121301	曾令铨	男	1998年12月19日	24	北京
C121201	张国强	男	1999年03月29日	24	北京
C121424	孙令煊	男	1999年04月27日	24	北京
C121404	江晓勇	男	1999年05月24日	24	山西
C121001	吴小飞	男	1999年05月28日	24	北京
C121422	姚南	女	1999年03月04日	24	北京
C121425	杜学江	女	1999年03月27日	24	北京

图 7.1.1　表格中同一列的数据字号保持一致

有人会说“我增加字号是为了起强调作用，突出显示这部分内容”，如果需要强调某些数据，并不需要通过调整字号的方式实现，Excel 有自带的突出显示方法，后面我们会讲到。

7.1.2　表格中的数字列、文字列如何排列

表格中的数据类型多种多样，但是如果有文字列，又有数字列，特别是数字列较多时，可能会导致在解读数字的时候多个数字相互影响，相互混淆。

为了使我们的表格清晰明了，可以调整列的位置以达到降低数字间相互混淆的可能性。一般表格中的序号列、姓名列在最前面，不能调整，而性别列、婚姻状况列等可以放在身份证号、出生日期等数字列的中间，使表格清晰明了。

7.1.3　标题的跨列居中

为了让读者一目了然知道表格要表达的主题，做表的人一般会给表格一个醒目的标题，而且标题一般相对于表格内容居中显示，这样表格看着才赏心悦目。那标题怎么才能居中显示呢，一般有 2 种方法：合并单元格并居中显示、跨列居中。我们看一下这 2 种方法都是怎么操作的。

（1）合并单元格并居中显示

按住左键不放拖动选取连续单元格区域，我们的表头（序号、姓名、学号）有几列就选几列，然后单击“开始”菜单对齐方式组中的“合并后居中”，标题行就相对表格内容居中显示了。但需要注意，这个合并单元格的方式，合并时只能保留左上角的值（见图 7.1.2）。

图 7.1.2　合并单元格并居中显示

（2）跨列居中

跨列居中功能也可以让标题行相对于表格内容居中显示，但这个居中显示方式并不需要合并单元格。按住左键不放拖动选取连续单元格区域，表头（序号、姓名、学号）有几列就选几列，然后单击鼠标右键，在快捷菜单中选择"设置单元格格式"，或者按"Ctrl+1"组合键，弹出"设置单元格格式"对话框后，选择"对齐"标签，单击"水平对齐"下面向下的箭头，选择"跨列居中"，最后单击"确定"按钮即可（见图 7.1.3）。

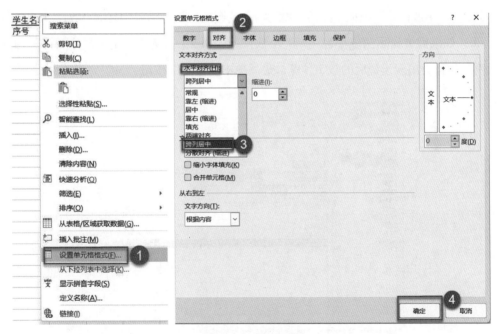

图 7.1.3　跨列居中

既然这两种方式都能达到标题行居中显示的目的，那到底应该选择哪种方式更利于我们高效办公呢？如果通过合并单元格并居中的方法，当我们想调整合并单元格所处列的前后位置时，会发现系统提示存在合并单元格，而不能调整，用跨列居中就可以避免这样的问题，而且跨列居中不会改变单元格值的位置。

7.2 可读性强的表格内容

表格中的数据类型多种多样，合理设置数据的显示格式，可以大大提高表格内容的可读性。

7.2.1 用千位分隔符显示的数字

Excel功能之所以强大，就在于其可以处理分析数据，快速得出我们想要的结果，那数字必然是我们的主要操作对象，这些数字可能是金额、数量、单价等。如果数据比较大，我们在读数据的时候就要一个一个地计算位数。

如果数字超过1000，我们可以给数字添加千位分隔符，这样就可以一目了然地让读者知道数字的量级了。

对于"551347"这个数，单击选择这个数字所在的单元格，按"Ctrl+1"组合键，弹出"设置单元格格式"对话框，单击"数字"标签中的"数值"按钮，左侧弹出的详细设置列表中，"小数位数"根据实际情况填写需要的数值，如果不需要显示小数，"小数位数"填写0；如果需要显示两位小数，则"小数位数"填2；勾选"使用千位分隔符"，此时"示例"位置会出现设置后的数字预览，最后单击"确定"按钮，设置完毕（见图7.2.1）。

图7.2.1 设置千位分隔符

如果要给一列数字都添加"千位分隔符"，选定这一列的有效数据是关键，我们可以单击需要添加"千位分隔符"这一列的第一个数字,同时按住"Ctrl+Shift+↓"组合键快速选中该列数据,然后再用上述方式设置"千位分隔符"即可。

7.2.2 设置 Excel 的默认字体,摆脱每次修改字体的麻烦

设置合理的字体不但可以让数据看起来更优美,还可以让数字内容更容易被理解。Excel 中的默认字体一般会根据系统的变化而改变,如果从 Word 中复制粘贴数据到 Excel 中,字体也会被一并复制过来。那我们如何将其修改成统一的字体呢?

按"Ctrl + 1"组合键,从"设置单元格格式"对话框中的"字体"标签中可以看出,Excel 不能像 Word 那样,把中文字体和西文字体同时设置成不同的字体(见图 7.2.2)。通常的做法是先按"Ctrl+A"组合键全部选定表格数据,设定相应中文字体后,再把数字列选定,将字体改为西文字体。

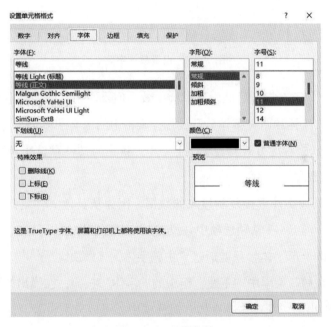

图 7.2.2 设置字体

但是这种方法不灵活,每次都要不停地修改。Excel 提供了一种可以设置默认字体的功能。

单击"文件"菜单,选择"更多"选项中的"选项"按钮,在弹出的"Excel 选项"对话框中,单击"常规"标签,在"使用此字体作为默认字体"位置设置字体为"微软雅黑"(可根据实际选择相应的中文字体),同时还可以设置默认的"字号"大小(见图 7.2.3)。

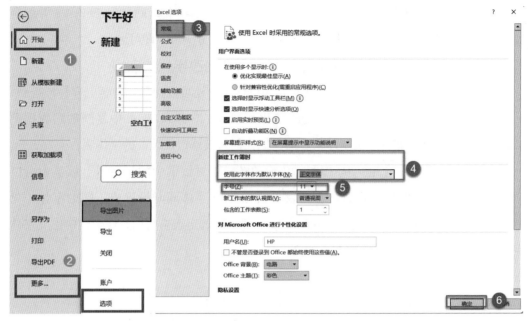

图 7.2.3　设置默认字体

将 Excel 关闭，重新打开后此设置就会生效。但是使用默认字体也会有 3 个问题。

①不支持中文字体和西文字体分开设置，表格中的西文字体仍需要手动设置。

②如果单击鼠标右键方式新建 Excel 文件，新建的文件默认字体仍然是"正文字体"，不是"微软雅黑"。

③不支持从其他文件直接复制过来的数据。因为从其他文件复制过来的数据已经包含了字体信息，而 Excel 粘贴选项中并没有 Word 粘贴中的"无格式文本粘贴"。

要想快速修改全部字体，只能通过"主题字体"来解决。

单击"页面布局"菜单中"主题"组中的"字体"按钮，在弹出的列表中选择"自定义字体"。在弹出的"新建主题字体"对话框中，可以分别设置"标题字体（中文）""正文字体（中文）"，在"名称"栏中输入自定义主题字体的名称，最后单击"保存"按钮（见图 7.2.4）。西文的标题字体和西文的正文字体设置后无法生效，所以无须设置。

7.2.3　5 位以上的数字用"万"表示

前面我们已经讲过了数字千位分隔符的使用方法，可以使读者清晰地知道数字的量级。但当数字位数超过 5 位时，那数值必然已经过"万"，对读表的人来说，他更关心这个数值具体有多少"万"，不在乎"万"后面的数字。为了让数字显示为多少"万"，我们就需要把数字的计量单位改为"万"，那应该如何表示呢？

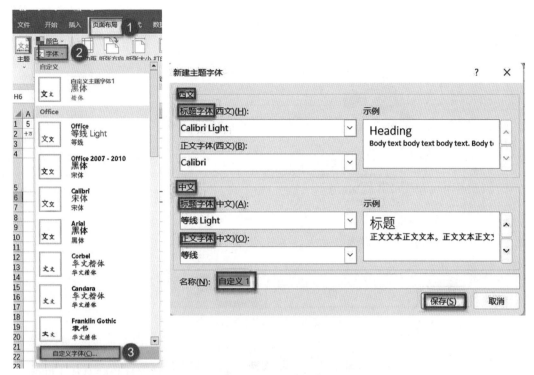

图 7.2.4　自定义字体

要达到这样的效果，就要用到"自定义的数字格式"。在单元格中输入数据，左键单击此单元格选中单元格，按"Ctrl+1"组合键，弹出"设置单元格格式"对话框后，在"数字"标签下单击"自定义"按钮，在右侧"类型"编辑框中输入"0!.0,万"，"示例"位置就会出现应用此格式后的数据预览，最后单击"确定"。如图 7.2.5 所示，这样数值"123456"就变成了"12 万"。大家觉得哪种方式更加直观呢？

一定要注意，类型编辑框中出现的各种符号"!""，"等都是英文状态的符号，如果写成了中文的符号，Excel 会报错。

"自定义数据类型"是不是很方便？后面我们会介绍更多的"自定义"方式。

7.2.4　非数字、数字对齐方式设置

大家在做 Excel 表格的时候，最常用的对齐方式想必是所有数据均居中显示，这种对齐方式看起来很美观，但实际真的如此么？

数据一般分为 3 种类型：中文、英文和数字。如果把这些数据都居中显示，那效果会怎么样呢？

如果我们把中文和英文左对齐，数字选择右对齐，再看一下效果，数据会不会变得更加易读了呢（见图 7.2.6）？

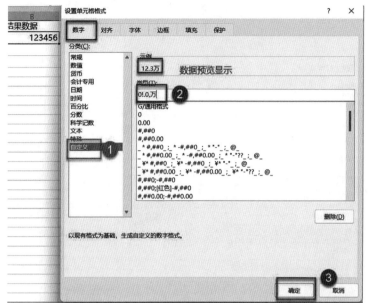

图 7.2.5　用"万"表示数据

中文名称	英文名称	销售数量
玩具车	Toy vehicles	12800
奥特曼玩具	Ultraman Toys	145
乐高积木	LEGO building blocks	31802

中文名称	英文名称	销售数量
玩具车	Toy vehicles	12,800
奥特曼玩具	Ultraman Toys	145
乐高积木	LEGO building blocks	31,802

图 7.2.6　数据对齐方式

对比图 7.2.6，显然重新设置对齐方式后，表格数据更清晰了。这种设置是依据我们的阅读习惯。中文和英文的阅读顺序都是从左到右的，如果将这些数据左对齐，我们就可以方便地从同一位置开始从左到右进行阅读，不用不断地找寻每个数据的起始位置。

而数字的阅读顺序是从右往左的，如果将数字右对齐，用户对数字的解读会更快，并能很快看出数字的大小。

数字右对齐，非数字左对齐的另外一个理由是这样做可以产生视觉上的"直线"，即使表格边框不存在，也不会造成数据误读。

最后一种情况是当这一列中的数据长短一致，比如"合格""男""女"等，为了美观，我们就可以选择居中对齐。

7.3 专业且一目了然的表格外观

要想用户能耐心阅读我们做的表格，那漂亮且专业的表格外观是必备的条件。在Word 中我们已经学会了利用样式制作外观统一的文档，样式其实是一个"容器"，这个"容器"是字体、字号、段落等设置的集合。在 Excel 中也是有这样的"容器"存在，即"套用表格格式"。

7.3.1　套用表格格式

Excel 内置了大量的表格格式，这些格式中预设了字形、字体颜色、边框和底纹的属性，套用格式后，既可以美化工作表，又可以大大提高工作效率。套用表格格式后，工作表转化为 Excel "官方认证"的表格格式，再向表格中添加行和列时，新加入的行或列会自动套用现在的表格格式。

单击"开始"菜单中的"套用表格格式"，在弹出的列表中，选择喜欢且合适的格式，随后会弹出对话框"创建表"。在"创建表"对话框中勾选"表包含标题"，并用单击向上的黑色箭头选取数据区域，这时就可以用鼠标左键拖动选取工作表中的数据区域，区域选择结束后，再次单击向下的蓝色箭头，返回"创建表"对话框后，单击"确定"按钮，最后在弹出的"Microsoft Excel"对话中选择"是"按钮，这样原工作表就应用了选定的表样式（见图 7.3.1）。

7.3.2　重点数据突出显示

我们在前面"除标题外，使用相同的字号"一节给大家留了一个悬念，就是不通过调整字号，怎么让重点内容突出显示？对于明确需要突出的重点数据，可以通过 3种方式进行突出：加粗字体、加粗的外框线、深底白字。

比如，我们要把表中"张国强"这一行数据突出显示，3 种突出设置的效果如图 7.3.2 所示。

以上 3 种方式都可以让指定数据突出显示，让读者能一目了然地就能看到哪些是重点数据。3 种方式的具体操作如下。

加粗：按住鼠标左键不放，拖动选取需要突出显示的数据，单击"开始"菜单"字体"组中的"加粗"按钮即可。

粗外框线：先选定需要突出显示的数据，单击"开始"菜单"字体"组中的"边框"按钮，弹出下拉列表后选择"粗外框线"。

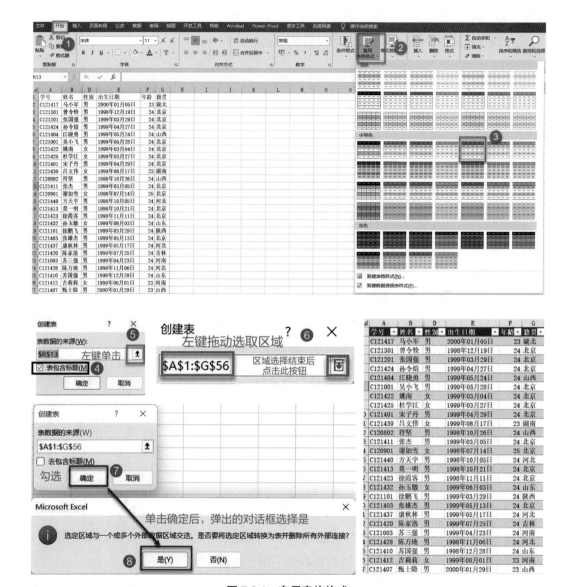

图 7.3.1　套用表格格式

　　深底白字：选定数据后，先单击"开始"菜单"字体"组中的"填充颜色"按钮，从弹出的颜色对话框中选择一个深颜色，然后继续单击"字体颜色"按钮，在弹出的对话框中选择"白色"。

7.3.3　使用条件格式，突出重点数据

　　上述突出显示的做法只能对明确数据有效，而在实际工作中，更多的情况是有条件的突出显示，比如对成绩为"优秀"的人突出显示，这种情况我们总不能一条数据一条数据地找，这显然是不合理的，有没有更高效地处理方式呢？

学号	姓名	身份证号码	性别	出生日期		年龄	籍贯
C121417	马小军	110101200001051054	男	2000年01月05日		23	湖北
C121301	曾令铨	110102199812191513	男	1998年12月19日	加粗显示	24	北京
C121201	**张国强**	**110102199903292713**	**男**	**1999年03月29日**		**24**	**北京**
C121424	孙令煊	110102199904271532	男	1999年04月27日		24	北京
C121404	江晓勇	110102199905240451	男	1999年05月24日		24	山西

学号	姓名	身份证号码	性别	出生日期		年龄	籍贯
C121417	马小军	110101200001051054	男	2000年01月05日		23	湖北
C121301	曾令铨	110102199812191513	男	1998年12月19日	粗外框	24	北京
C121201	张国强	110102199903292713	男	1999年03月29日		24	北京
C121424	孙令煊	110102199904271532	男	1999年04月27日		24	北京
C121404	江晓勇	110102199905240451	男	1999年05月24日		24	山西

学号	姓名	身份证号码	性别	出生日期		年龄	籍贯
C121417	马小军	110101200001051054	男	2000年01月05日		23	湖北
C121301	曾令铨	110102199812191513	男	1998年12月19日	深底白字	24	北京
C121201	张国强	110102199903292713	男	1999年03月29日		24	北京
C121424	孙令煊	110102199904271532	男	1999年04月27日		24	北京
C121404	江晓勇	110102199905240451	男	1999年05月24日		24	山西

图 7.3.2　3 种突出设置的效果

Excel 的条件格式功能可以帮助我们将重要数据突出显示，也可以辅助识别数据大小、数据走向等。

在实际工作中，用户在编辑数据时，如果表格中存在一些异常数据，就可以通过 Excel 的条件格式功能将其突出显示出来。比如对成绩不及格的学生要重点关注等。

假设我们现在需要把成绩小于 60 的成绩突出显示。选定成绩列的第一个成绩，然后按"Ctrl+Shift+↓"组合键选定整列数据，单击"开始"菜单的"条件格式"，然后选择"突出显示单元格规则"，在弹出的菜单中选择"小于"（见图 7.3.3）。

图 7.3.3　突出显示单元格规则

弹出"小于"对话框，在"为小于以下值的单元格设置格式"下方的文本框中输入 60，从"设置为"下拉列表中选择"浅红填充色深红色文本"（见图 7.3.4）。

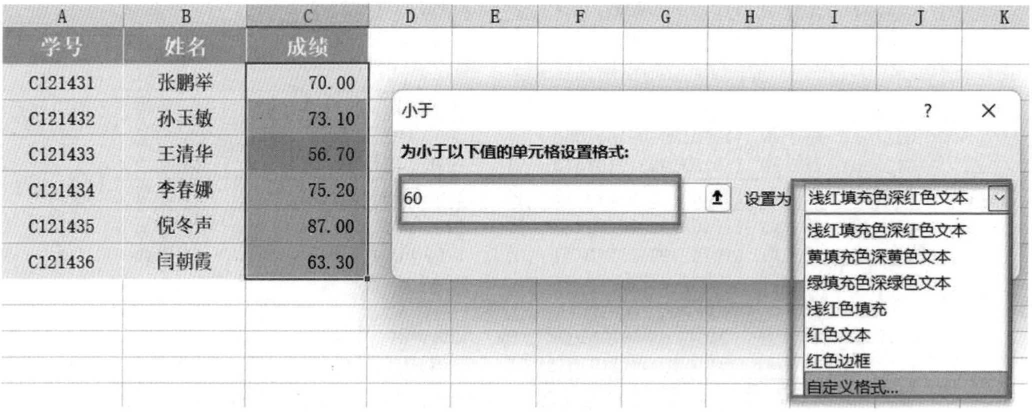

图 7.3.4　设置单元格格式

当然，也可以选择"自定义格式"，单击"自定义格式"，这时会弹出"设置单元格格式"对话框，首先切换到"填充"标签，选择标准色"深蓝"，然后切换到"字体"标签，字体颜色选择"白色"，最后单击"确定"（见图 7.3.5）。

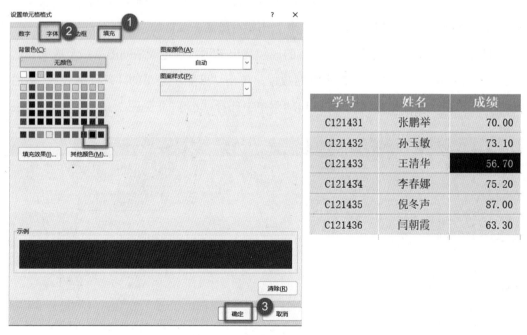

图 7.3.5　自定义单元格格式

如果需要去除条件格式，直接对数据进行操作是不起作用的，这时需要使用"条件格式"中的"清除规则"功能（见图 7.3.6）。

图 7.3.6　清除规则

第 8 章
数据的快速处理

要想做一个一目了然的表格，首先必须保证表格中的数据是可靠的，也就是数据的正确性和完整性，只有数据完整正确，你做的表格才是可信的。如果基础数据都是错的，即使表格样式精致，也没有什么用。本章将介绍我们在不使用公式和函数功能的前提下，如何确保数据完整准确的方法。

8.1 各种数据的输入方法

Excel 中的数据类型包括数值、货币、会计专用、日期、时间、百分比、分数、科学计数、文本、特殊和自定义等。在 Excel 中输入比较常规的文本、日期、数值等时，系统会自动识别输入数据的类型。但对一些特殊的数值及指定格式的日期、时间等，在输入之前，我们需要先设置单元格格式，来规定数据的格式。

8.1.1　常规数据输入

要在单元格中输入数据，只需要双击此单元格，输入需要的内容后，按 Enter 键，即可完成对文本内容的输入。

8.1.2　身份证号码的输入

如果我们用常规方法输入身份证号码，会发生什么？大家可以试一下，在单元格中输入身份证号码，并按回车键后，身份证号码变成了科学记数法的形式，并且实际数值也发生了变化，身份证号码的最后三位都变成了 0，这显然是一个错误数据（见图 8.1.1）。

我们在输入身份证号码时，不能把身份证号码当成"常规"型数据或"数值"型数据，身份证号码是文本型数据。选择需要输入身份证号码的列，按"Ctrl+1"组合键，弹出"设置单元格"对话框后，单击"数字"标签，在"分类"列表中选择"文本"，单击"确定"，这样就可以输入正确的身份证号码了（见图 8.1.2）。

图 8.1.1　身份证号码文本发生变化

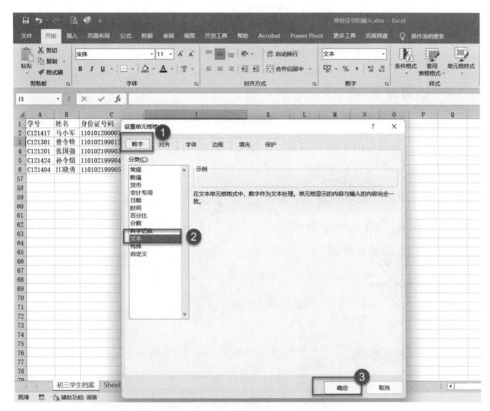

图 8.1.2　将单元格格式改为文本型

8.1.3　输入以"0"开头的序号

文本型数据是指被当作文本存储的数据。在日常工作中，产品编号、员工编号等都可以设置为文本型数据。如果这些编号是以"0"开头的，直接输入数据后，编号前面的"0"会消失。此时应先将单元格设置成文本型，然后再输入编号，这样就可以正常显示了。

当我们设置单元格格式为文本型，然后输入数字后，单元格的左上角会出现一个绿色小三角，单击这个绿色小三角，可以根据实际情况将文本型数据转换为数字（见图 8.1.3），转换后的这些数据就可以参与数值计算了。这种情况主要出现在我们从其他软件或者从网上直接粘贴过来的数字，如果需要这些数据参与计算，就必须把文本型数据转换成数字。

图 8.1.3　文本型数据转换为数字

8.1.4　设置单元格的货币形式

在工作表中输入数据时，有时会要求输入的数据符合某种要求，例如不仅要求数值保留几位小数，还要在数值前添加货币符号，这时就需要用户将数字格式设置为货币型数据。

左键选择需要设置货币型数据的单元格，按"Ctrl+1"组合键，弹出"设置单元格"对话框后，单击"数字"标签，在"分类"列表中选择"货币"，然后在"货币符号（国家 / 地区）"位置选择需要的货币符号，然后单击"确定"按钮（见图 8.1.4），这里注意数字不能是文本格式。

图 8.1.4　设置货币形式

"会计专用"型数据设置方式与"货币"型的设置方式是一样的，因为货币型数据和会计型数据其本质上都是数值，只是在一般数值的基础上增加了一些特殊格式而已，比如货币符号、千位分隔符等。

会计专用型数据与货币型数据相似，只是在显示上略有不同，货币型数据的币种符号与数字是连在一起并靠右显示的，会计专用型数据的币种符号是靠左显示，数字靠右显示（见图 8.1.5）。

常规	数值	货币型	会计专用
123456	123,456.00	¥123,456.00	¥　　123,456.00

图 8.1.5　不同格式的数据

8.1.5　生日日期格式的设置

日期型数据虽然也是数字，但 Excel 把它们当作特殊的数值，并规定了严格的输入格式。在表格中输入日期或者时间时，需要设定特定的格式，而且日期型数据也是可以参与计算的。日期的显示形式取决于相应的单元格被设置的数字格式。如果输入日期时用斜线"/"或短线"–"来分隔日期中的年、月、日部分，则 Excel 可以辨认出输入的数据是日期，单元格的格式就会由"常规"数据格式变为"日期"。从公式编辑栏我们可以看到不管我们是用汉字的"年、月、日"分隔日期，还是短线"–"来分隔，Excel 都自动把这两个判定为日期型数据（见图 8.1.6）。

图 8.1.6　自动判定日期型数据

但是我们如果用其他分隔符来分隔数字，比如"."，Excel 就会将其看作文本数据，如图 8.1.7 所示。

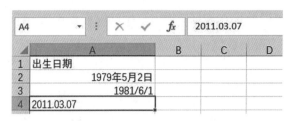

图 8.1.7　自动识别为文本数据

日期型格式的数据设置具体步骤如下。

先选定单元格区域，按"Ctrl+1"组合键，弹出"设置单元格"对话框后，单击"数字"标签，在"分类"列表中选择"日期"，在右侧的"类型"列表中选择一种时间格式，最后单击"确定"按钮即可（见图 8.1.8）。

图 8.1.8　设置日期格式

8.1.6　Excel 常用自定义格式参数

①"G/ 通用格式"。

以常规的数字显示，相当于"分类"列表中的"常规"选项。

②"0"：数字占位符。

如果单元格的数字位数大于占位符位数，则显示实际数字；如果小于占位符的位数，则用 0 补足。

例：格式参数为 "00000"，输入 "1,234,567" 显示为 "1,234,567"；输入 "123" 显示为 "00123"。

格式参数为 "00.000"，输入 "100.14" 显示为 "100.140"；输入 "1.1" 显示为 "01.100"。

③ "#"：数字占位符。

只显示有意义的零而不显示无意义的零。小数点后位数如大于 "#" 的数量，则按 "#" 的位数四舍五入。

例：格式参数为 "###.##"，输入 "12.1" 显示为 "12.10"；输入 "12.1263" 显示为 "12.13"。

④ "?"：数字占位符。

在小数点两边为无意义的零添加空格，可以在特定需要下以小数点对齐。

例：格式参数为 "0.???"，输入 "10.5" 显示为 "10.5　"；输入 "15.25" 显示为 "15.25　"。可在一列数据中使数字按小数点对齐。

⑤ "%"：百分比。

例：格式参数为 "#%"，输入 "0.1" 显示为 "10%"。

⑥ ","：千位分隔符。

数字使用千位分隔符。在格式参数中加上 "," 后面留空，则可以把原来的数字缩小 1,000 倍。

例：格式参数为 "#,###"，输入 "10,000" 显示为 "10,000"。

格式参数为 "#,"，输入 "10,000" 显示为 "10"。

格式参数为 "#,,"，输入 "1,000,000" 显示为 "1"。

财务中常用的以万元显示金额的格式参数是 "0!.0,万元"。

⑦ "*"：重复下一次字符，直到充满列宽。

例：格式参数为 "@*-"，输入 "ABC" 显示为 "ABC--------"。

我们还可以用这个格式参数实现仿真密码保护，设置格式参数为 "**;**;**;**"，输入 123 显示为 "************"。

⑧ "@"：文本占位符，如果只使用单个 @，作用是引用原始文本。

要在输入数据之后自动添加文本，可使用自定义格式 "@ 文本内容"；要在输入数字数据之前自动添加文本，可使用自定义格式 "文本内容 @"。如果使用多个 @，则可以重复文本。

例：格式参数为"集团 @ 部"，输入"财务"，则显示为"集团财务部"。

格式参数为"@@@"，输入"财务"，则显示为"财务财务财务"。

⑨［条件］：可以对单元格内容判断后再设置格式。

条件格式化只能使用三个条件，其中两个条件是明确的，另一个是"所有的其他"，条件要放到方括号中。

例：格式参数为"[>60] 优秀；[>10] 合格；0"。显示结果是单元格数值大于 10 显示"合格"，大于 60 显示"优秀"，其他则显示为单元格的数值。

⑩时间和日期代码。

常用日期和时间代码如下。

"YYYY"或"YY"：按 4 位（1900~9999）或 2 位（00~99）显示年。

"MM"或"M"：以两位（01~12）或一位（1~12）表示月。

"DD"或"D"：以两位（01~31）或一位（1~31）来表示天。

例：格式参数为"YYYY-MM-DD"，输入 2014 年 1 月 10 日显示为"2014-01-10"。

格式参数为"YY-M-D"，输入 2014 年 10 月 10 日显示为"14-1-10"。

"aaaa"：日期显示为星期。

"H"或"HH"：以一位（0~23）或两位（01~23）显示小时。

"M"或"MM"：以一位（0~59）或两位（01~59）显示分钟。注意该格式表示分钟时要与表示小时或表示秒的格式配合使用，否则会默认按日期中的月份代码执行。

"S"或"SS"：以一位（0~59）或两位（01~59）显示秒。

例：格式参数为"HH:MM:SS"，输入"23:1:15"显示为"23:01:15"。

[H] 或 [M] 或 [SS]：显示大于 24 小时的小时或显示大于 60 的分或秒。

其他日期格式的显示方法如下。

"e"：显示四位年份。

"mmm"：显示英文月份的简称。

"mmmm"：显示英文月份的全称。

"ddd"：显示英文星期几的简称。

"dddd"：显示英文星期几的全称。

8.2　数据完整性处理

8.2.1　删除空白行或者空白列

我们常常会遇到这样的情况：表格经过多次修改后，会多出一些空白行或者空白列，为了不影响表格的完整性和可阅读性，我们需要将这些空白行或者空白列删除。如果一行一行删除，费时费力不说，还容易不小心删除有效数据。

那 Excel 有没有可以批量选择空白行并且删除的方法呢？答案是肯定的，我们可以一次性删除所有的空白行。

①全选工作表（可按"Ctrl+A"组合键），先选定后操作，否则操作无效。

②单击"开始"菜单中的"查找和选择"按钮。

③在弹出的下拉列表中选择"定位条件"功能。

④在弹出的"定位条件"对话框中，勾选"空值"单选框。

⑤单击"确定"按钮（见图 8.2.1）。

图 8.2.1　定位条件

⑥这样，工作表中的所有空值就都被选中了，并有灰色底纹显著标记。

⑦在任一空白位置单击鼠标右键，在弹出的快捷菜单中选择"删除"功能，在弹出的"删除文档"对话框中选择"整行"，最后单击"确定"按钮，这样多余的空白行就被删除了（见图 8.2.2）。

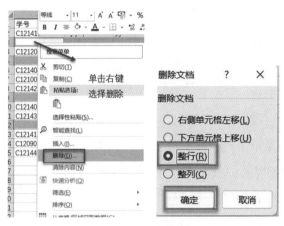

图 8.2.2　删除空白行

8.2.2　删除表格中的重复数据

我们在记录数据时，重复记录的情况在所难免，那怎样检查并删除数据中的重复值，从而得到有唯一值的记录呢？

常用的方法有两种：删除重复值和高级筛选法。

在图 8.2.3 所示的销售明细表中，有两条记录是重复的，我们以此为例，讲解如何删除重复数据。

订单编号	日期	书店名称	图书名称	图书编号	图书作者	销量（本）
BY-08001	2012年1月2日	鼎盛书店	《Office商务办公好帮手》		孟天祥	12
BY-08002	2012年1月4日	博达书店	《Excel办公高手应用案例》		陈祥通	5
BY-08003	2012年1月4日	博达书店	《Word办公高手应用案例》		王天宇	41
BY-08004	2012年1月5日	博达书店	《PowerPoint办公高手应用案例》		方文成	21
BY-08005	2012年1月6日	鼎盛书店	《OneNote万用电子笔记本》		钱顺卓	32
BY-08006	2012年1月9日	鼎盛书店	《Outlook电子邮件应用技巧》		王崇江	3
BY-08007	2012年1月9日	博达书店	《Office商务办公好帮手》		黎浩然	1
BY-08004	2012年1月5日	博达书店	《PowerPoint办公高手应用案例》		方文成	21
BY-08006	2012年1月9日	鼎盛书店	《Outlook电子邮件应用技巧》		王崇江	3
BY-08008	2012年1月10日	鼎盛书店	《SharePoint Server安装、部署与开发》		刘露露	3
BY-08009	2012年1月10日	博达书店	《Excel办公高手应用案例》		陈祥通	43
BY-08010	2012年1月11日	隆华书店	《SharePoint Server安装、部署与开发》		徐志晨	22

图 8.2.3　数据示例

（1）删除重复值

选定工作表中的所有数据，单击"数据"菜单"数据工具"组中的"删除重复值"，弹出"删除重复值"对话框，用户可以根据需要选择要删除重复值的列，此处需要删除的是重复记录，所以选中所有列。

单击"确定"按钮，弹出"Microsoft Excel"提示框，提示用户删除情况。单击"确定"按钮，返回工作表，即可看到数据区域中的重复记录已经被删除（见图 8.2.4）。

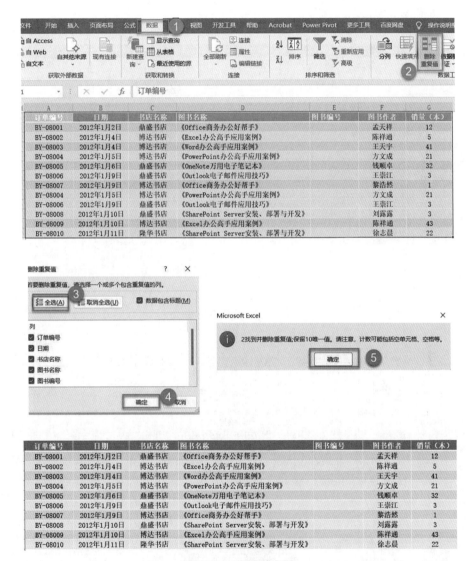

图 8.2.4　删除重复值

（2）高级筛选法

使用删除重复值的方法删除重复记录后，新的表格就会替换原表格。如果用户想要保留原记录，可以使用高级筛选法，具体操作步骤如下。

选定需要操作的连续单元格区域，单击"数据"菜单排序和筛选组中的"高级"，在弹出的"高级筛选"对话框中，"方式"位置选择"将筛选结果复制到其他位置"，勾选"选择不重复的记录"，单击"复制到"后面的箭头选择将不重复的记录复制到什么位置，最后单击"确定"按钮，不重复的记录就存放在了"复制到"的区域中（见图 8.2.5 和图 8.2.6）。

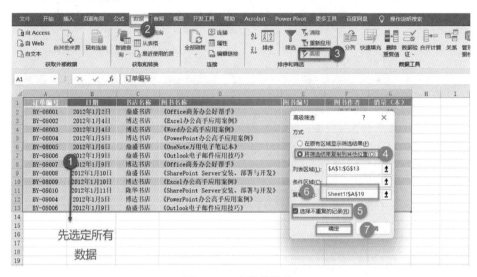

图 8.2.5　高级筛选法

	A	B	C	D	E	F	G
1	订单编号	日期	书店名称	图书名称	图书编号	图书作者	销量（本）
2	BY-08001	2012年1月2日	鼎盛书店	《Office商务办公好帮手》		孟天祥	12
3	BY-08002	2012年1月4日	博达书店	《Excel办公高手应用案例》		陈祥通	5
4	BY-08003	2012年1月4日	博达书店	《Word办公高手应用案例》		王天宇	41
5	BY-08004	2012年1月5日	博达书店	《PowerPoint办公高手应用案例》		方文成	21
6	BY-08005	2012年1月6日	鼎盛书店	《OneNote万用电子笔记本》		钱顺卓	32
7	BY-08006	2012年1月9日	鼎盛书店	《Outlook电子邮件应用技巧》		王崇江	3
8	BY-08007	2012年1月9日	博达书店	《Office商务办公好帮手》		黎浩然	1
9	BY-08008	2012年1月10日	鼎盛书店	《SharePoint Server安装、部署与开发》		刘露露	3
10	BY-08009	2012年1月10日	博达书店	《Excel办公高手应用案例》		陈祥通	43
11	BY-08010	2012年1月11日	隆华书店	《SharePoint Server安装、部署与开发》		徐志晨	22
12	BY-08004	2012年1月5日	博达书店	《PowerPoint办公高手应用案例》		方文成	21
13	BY-08006	2012年1月9日	鼎盛书店	《Outlook电子邮件应用技巧》		王崇江	3
14							
15							
16							
17							
18							
19	订单编号	日期	书店名称	图书名称	图书编号	图书作者	销量（本）
20	BY-08001	2012年1月2日	鼎盛书店	《Office商务办公好帮手》		孟天祥	12
21	BY-08002	2012年1月4日	博达书店	《Excel办公高手应用案例》		陈祥通	5
22	BY-08003	2012年1月4日	博达书店	《Word办公高手应用案例》		王天宇	41
23	BY-08004	2012年1月5日	博达书店	《PowerPoint办公高手应用案例》		方文成	21
24	BY-08005	2012年1月6日	鼎盛书店	《OneNote万用电子笔记本》		钱顺卓	32
25	BY-08006	2012年1月9日	鼎盛书店	《Outlook电子邮件应用技巧》		王崇江	3
26	BY-08007	2012年1月9日	鼎盛书店	《Office商务办公好帮手》		黎浩然	1
27	BY-08008	2012年1月10日	鼎盛书店	《SharePoint Server安装、部署与开发》		刘露露	3
28	BY-08009	2012年1月10日	博达书店	《Excel办公高手应用案例》		陈祥通	43
29	BY-08010	2012年1月11日	隆华书店	《SharePoint Server安装、部署与开发》		徐志晨	22

图 8.2.6　最终效果

8.2.3　数据清洗——删除有纰漏的数据

在进行数据采集时，姓名中间一般是不加空格的，但有些人会在自己的名字之间加空格，为了保持数据的统一性，在进行数据分析时一般会把多余的空格去除掉。

如果表格数据量小，空格数量少的话，完全可以采取手动删除的方式。但是 Excel 处理的数据量一般比较大，这就又涉及批量处理的问题，在 Word 中，我们涉及批量问题时用"替换"的思路去做，在 Excel 中原理也是相同的，我们同样用"替换"的思路去解决这个问题。

这里以"图书作者"列为例，选中该列，单击"开始"菜单的"查找和选择"按钮，在弹出的下拉列表中选择"替换"。弹出"查找和替换"对话框后，在"替换"标签的"查找内容"输入框中输入空格，鼠标左键单击"替换为"输入框，但在此输入框中不输入任何内容，这代表着将空格替换为无，然后单击"全部替换"按钮，替换完毕后，单击"关闭"按钮（图 8.2.7）。

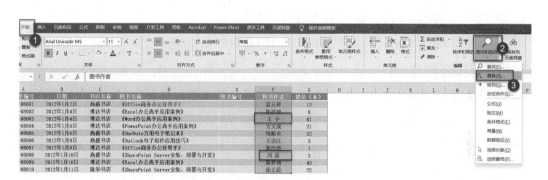

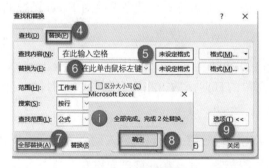

图 8.2.7　数据清洗

查看替换后的表格数据，我们会发现"图书作者"列中有空格的地方已经被替换，所有的姓名中间均没有空格了。

我们在做"替换"操作时，一定要明确替换的对象是某列中的数据还是表格的全部数据。如果在没有选定任何区域的情况下单击"全部替换"，Excel 执行的是对整个工作表的空格进行替换。如果事先选定了区域，单击"全部替换"后，仅是对选定区域中的空格进行替换。为了避免替换不应该被替换的数据，一定要先选定替换区域，再执行替换操作。

8.3 转化原有数据——数据分列

为了使数据更加清晰明了，我们前面已经讲过如何用"万"作数据单位，比如"12.3 万"，那我们如何把单位单独设置为一列呢？如果是手动修改，可以在标题行指明单位为"（万）"，然后在数据中把"12.3 万"的"万"字删除，不过，手动操作的问题仍然是不高效的。Excel 自带的"分列"功能能快速达成该目的，"分列"功能还能完成许多需要通过函数才能完成的功能。

8.3.1 文本型格式日期转换成日期格式

日期型格式的数据是可以参加计算的，但是有些数据看似是日期格式，实际是文本型日期，这种格式的日期是不能参加计算的。在实际工作中，采集数据时难免会出现这样的失误，比如一个员工的入职日期，如果是文本型，那我们就无法用公式计算他的工龄，这种情况就要用到 Excel 的分列功能。

我们打开一个表格，将 A 列设为"入职日期（文本型）"，这是员工办理入职手续的日期，如果要计算这个员工的工龄，就必须用现在的年份数值减去入职当年的年份数值，这里提前说明几个函数的名称，后续章节会对 Excel 函数的用法进行详细讲解。

YEAR( )：提取目标数据的年份数值。

TODAY( )：提取系统时间。

这两个函数是最简单的日期函数，在用日期函数的时候，公式的参数必须是日期格式才行。

那如果在 A 列是文本格式的情况下，用公式计算工龄会出现什么情况呢？

这时会出现公式结果错误，并且在计算单元格左上角会出现一个"感叹号"，提示引用的数据有误（见图 8.3.1）。

我们把引用的计算单元格改为"日期型"数据后，再看一下结果是否正确。

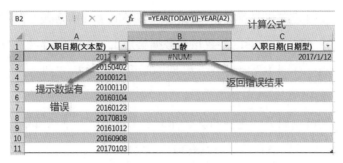

图 8.3.1　引用数据有误

选中"入职日期（文本型）"A2:A11 连续单元格区域，单击"数据"菜单中的"分列"按钮。

弹出"文本分列向导"对话框，在第 1 步和第 2 步中直接单击"下一步"（见图 8.3.2）。

在第 3 步中选择"日期"单选按钮，并单击"完成"按钮。

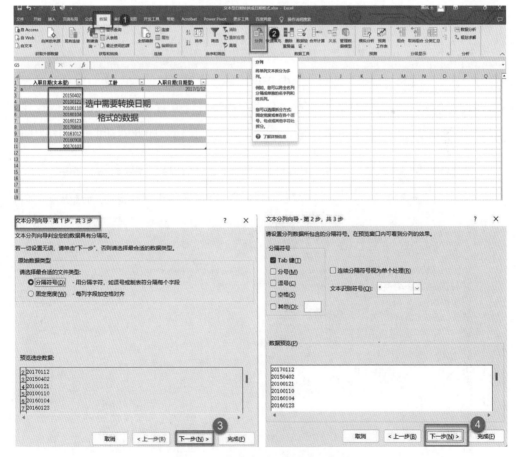

图 8.3.2　将文本型日期改为日期型

此时"入职日期（文本型）"列的数据就被转换成了日期格式，但因为我们把月份或者日期前的"0"删掉了，所以导致该列数据长短不一，我们遵循"数字右对齐，非数字左对齐，长短一样居中"的原则，日期的阅读习惯是从左到右，所以我们可以设置日期格式左对齐。

现在，我们就可以用公式把所有人的工龄计算出来了，但新的问题又出现了，计算出的工龄结果也是日期格式，并不是普通的数字格式（见图 8.3.3）。

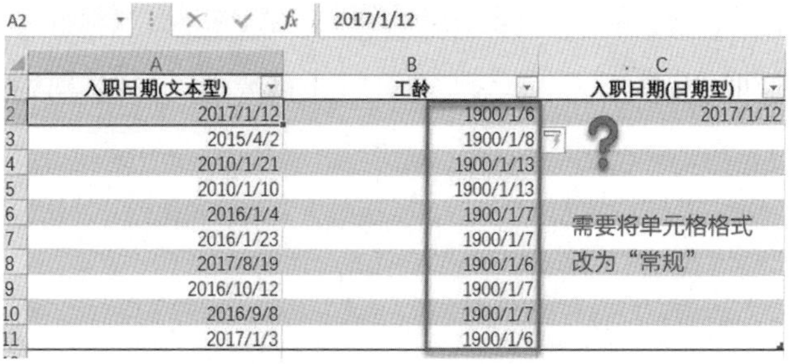

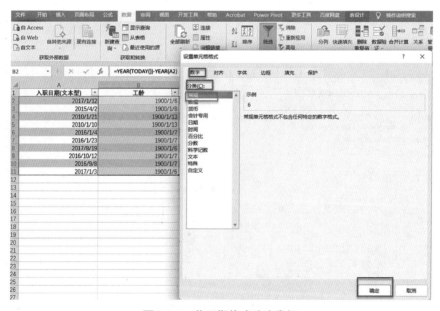

图 8.3.3　结果为日期格式

导致这个问题的原因就是"工龄"列的单元格格式不对，只需要将此列数据的单元格格式由"日期"改为"常规"即可。选中 B2:B11 的连续单元格区域，按"Ctrl+1"组合键弹出"设置单元格格式"对话框，在"分类"中选择"常规"，在"示例"位置我们可以看到计算结果已经显示正确，最后单击"确定"按钮关闭此对话框（见图 8.3.4）。

图 8.3.4　将日期格式改为常规

最终结果如图 8.3.5 所示。

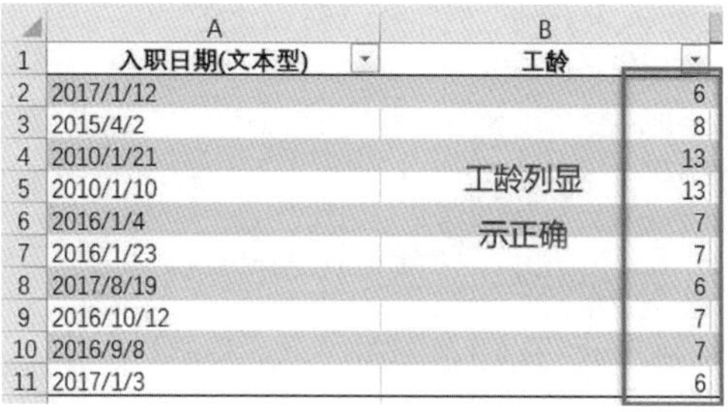

图 8.3.5 正确显示

8.3.2 不用函数提取数据

对数据进行提取操作在工作中是非常常见的,比如用员工的身份证号码提取生日信息,或者提取产品编号中的特殊字符来判断产品生产的批次等。

对于这类需求,通常的做法是用函数来完成,后续章节将讲解用文本函数和日期函数快速解决这些问题。

图 8.3.6 所示是用公式提取出学生的出生日期。

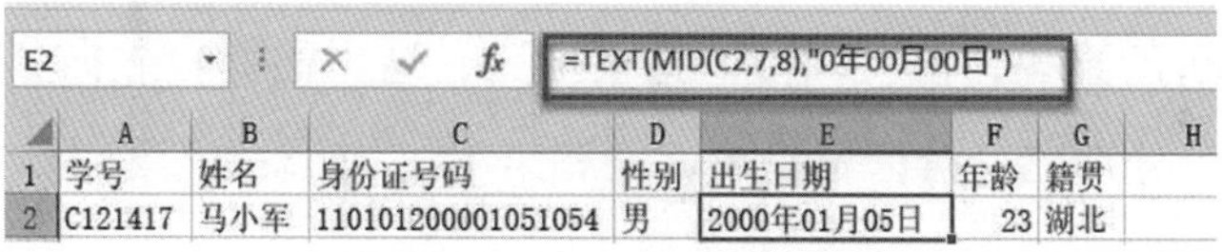

图 8.3.6 提取出生日期的函数

一提到函数,有些人就觉得头疼,有没有不用函数也能提取信息的方法呢?Excel 的分列功能就可以胜任这项工作。

我们以用身份证号码提取出生日期为例,新建一列"出生日期(分列)",用来显示每个学生的出生日期。身份证号码从第 7 位开始连续 8 位表示出生日期信息,所以我们将身份证号码分成三部分,前 6 位是第一部分,第 7 位到第 14 位是第二部分,第 15 位到第 18 位是最后一部分。分列的时候,分列出的数据会覆盖原来的数据,而且新生成的列也会覆盖后面的数据,这样我们就需要新插入三列。

新列插入完成后,将身份证号码复制到"出生日期(分列)",这样分列的时候就不会覆盖原有数据了,也不会覆盖后面的数据。

选中要分列的"出生日期"分列,单击"数据"菜单中的"分列"。在弹出的对话框中,第 1 步选中"固定宽度"按钮,因为出生日期是中间的 8 位,宽度是固定的,然后单击"下一步"按钮（见图 8.3.7）。

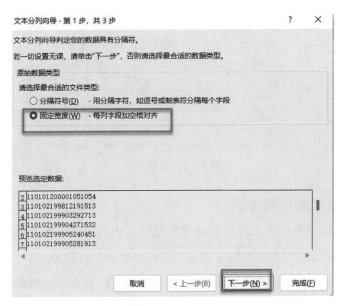

图 8.3.7　选择固定宽度

在第 2 步的数据预览中，需要我们单击鼠标左键添加分割线的位置，这时窗口中会出现一根带箭头的直线，该直线可以直接拖曳，这里需要将数据分成 3 列，就需要添加两条分割线，分别在身份证号码第 6 位和第 14 后面添加分割线，继续单击"下一步"按钮（见图 8.3.8）。

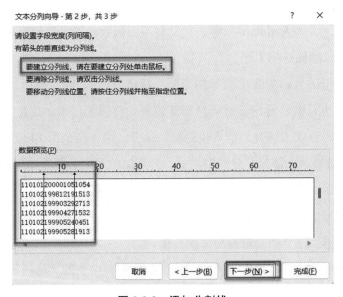

图 8.3.8　添加分割线

在第 3 步中，左键单击分割出来的出生日期这一列，然后勾选"列数据格式"中的"日期"，最后单击"完成"按钮（见图 8.3.9）。

图 8.3.9　将出生日期的数据格式勾选为日期格式

至此，身份证号码就被分成了三部分，删除多余的两列，在出生日期单元格第一行输入"出生日期"，根据实际需要设置日期格式显示方式就可以了（见图 8.3.10）。

	A	B	C	D	E	F	G	H		I	J	K
	学号	姓名	身份证号码	性别	出生日期（分列）					出生日期	年龄	籍贯
	C121417	马小军	110101200001051054	男	110101	2000/1/5	1054			2000年01月05日	23	湖北
	C121301	曾令蛟	110102199812191513	男	110102	1998/12/19	1513			1998年12月19日	24	北京
	C121201	张国强	110102199903292713	男	110102	1999/3/29	2713	分列后的数		1999年03月29日	24	北京
	C121424	孙令嫔	110102199904271532	男	110102	1999/4/27	1532			1999年04月27日	24	北京
	C121404	江晓勇	110102199905240451	男	110102	1999/5/24	451	据，删除多余		1999年05月24日	24	山西
	C121001	吴小飞	110102199905281913	男	110102	1999/5/28	1913			1999年05月28日	24	北京
	C121422	姚南	110103199903040920	女	110103	1999/3/4	920	的E列和G		1999年03月04日	24	北京
	C121425	杜学江	110103199903270623	女	110103	1999/3/27	623			1999年03月27日	24	北京
	C121401	宋子丹	110103199904290936	男	110103	1999/4/29	936	列，并在F列		1999年04月29日	24	北京
	C121439	昌文伟	110103199908171548	女	110103	1999/8/17	1548			1999年08月17日	23	湖南
	C120802	符坚	110104199810261737	男	110104	1998/10/26	1737	标题位置的		1998年10月26日	24	山西
	C121411	张杰	110104199903051216	男	110104	1999/3/5	1216			1999年03月05日	24	北京
	C120901	谢如雪	110105199807142140	女	110105	1998/7/14	2140	单元格输入		1998年07月14日	25	北京
	C121440	方天宇	110105199810054517	男	110105	1998/10/5	4517			1998年10月05日	24	河北
	C121413	莫一明	110105199810212519	男	110105	1998/10/21	2519	"出生日期"		1998年10月21日	24	北京
	C121423	徐霞客	110105199811111135	男	110105	1998/11/11	1135			1998年11月11日	24	北京
	C121432	孙玉敏	110105199906036123	女	110105	1999/6/3	6123			1999年06月03日	24	山东
	C121101	徐鹏飞	110106199903293913	男	110106	1999/3/29	3913			1999年03月29日	24	陕西
	C121403	张雄杰	110106199905133052	男	110106	1999/5/13	3052			1999年05月13日	24	北京
	C121437	康秋林	110106199905174819	男	110106	1999/5/17	4819			1999年05月17日	24	河北
	C121420	陈家洛	110106199907250970	男	110106	1999/7/25	970			1999年07月25日	24	吉林
	C121003	苏三强	110107199904230930	男	110107	1999/4/23	930			1999年04月23日	24	河南

图 8.3.10　分割完成，删除多余的列

8.3.3　报表中单位的提取

经常跟报表打交道的人对单位肯定不陌生，一般情况下，单位会用"（）"括起来

的，因此我们可以使用 Excel 的分列功能，将"（"作为分隔符号，将单位提取出来。

我们以图 8.3.11 为例，在 D 列前插入一列，然后选中 B 列中需要提取单位的数据区域，单击"数据"菜单中的"分列"按钮。在弹出的对话框中，默认选择"分隔符号"单选按钮（也就是第 1 步不需要进行任何设置），单击"下一步"按钮，在第 2 步的"分隔符号"中勾选"其他"，并在后面的输入框中输入"（"，这里注意输入的括号是全角的括号，也就是中文状态下输入的括号，然后单击"下一步"（见图 8.3.12）。

在第 3 步中直接单击"完成"按钮即可。

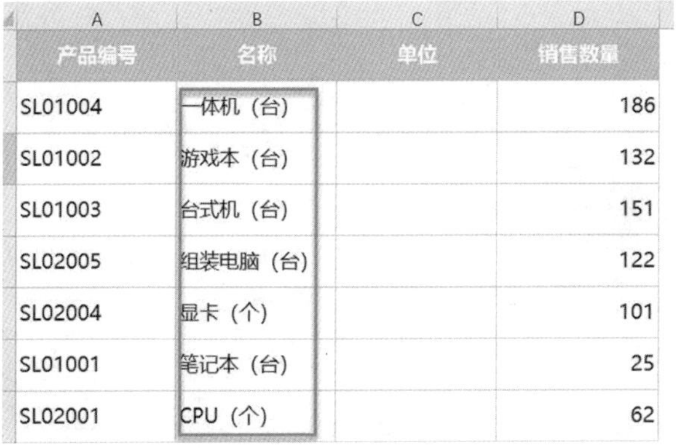

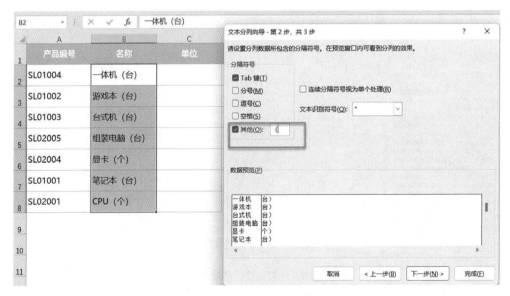

图 8.3.11　表格中的单位

图 8.3.12　设置分隔符

此时会弹出对话框询问"此处已有数据，是否替换它？"这里的"此处"是指 B

列，分列出来的单位是填写在 C 列，单击“确定”，就可以将单位提取出来了（见图 8.3.13）。虽然提取的单位已经没有“(”，但是仍然有“)”，如何去除呢？

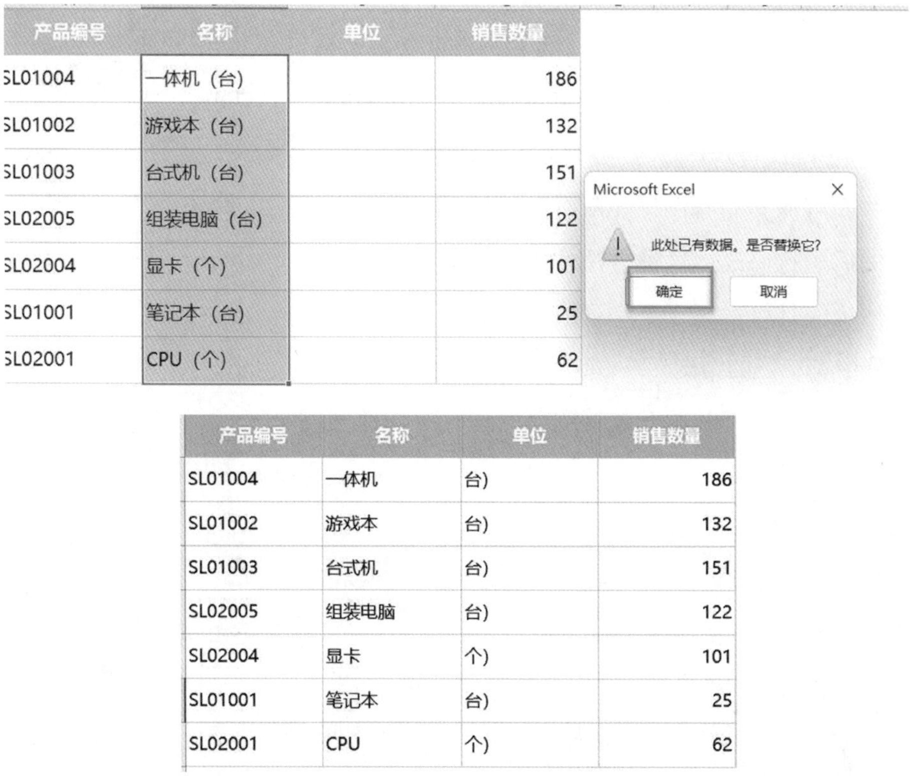

产品编号	名称	单位	销售数量
SL01004	一体机（台）		186
SL01002	游戏本（台）		132
SL01003	台式机（台）		151
SL02005	组装电脑（台）		122
SL02004	显卡（个）		101
SL01001	笔记本（台）		25
SL02001	CPU（个）		62

产品编号	名称	单位	销售数量
SL01004	一体机	台)	186
SL01002	游戏本	台)	132
SL01003	台式机	台)	151
SL02005	组装电脑	台)	122
SL02004	显卡	个)	101
SL01001	笔记本	台)	25
SL02001	CPU	个)	62

图 8.3.13　提取出单位

最快的方式是选中 C 列区域，使用替换功能，将“)”去除。

也可利用之前的思路，在分列的时候，用分割线直接将原有数据分成三部分。

在工作中，通常有 3 种情况可以用“分列”功能，分别是根据“分隔符号”分列数据、根据“固定宽度”分列数据，以及将文本日期转换成日期格式。

8.4 单元格数据的批量修改

在 Word 中我们已经了解了“替换”功能，涉及批量修改的问题，都可以用替换完成。有了它，我们可以在单位时间内更高效地完成工作。那么 Excel 中的批量修改操作也可以让我们从繁杂的数据分析工作中找到快乐吗？Excel 的批量操作除了常规的“替换”，还有通过定位并填充、自动填充等。

8.4.1 定位并填充空单元格

我们在做问卷调查等数据采集时，由于某些原因，填写问卷的人有时候会跳过一些内容不填写，这就导致了采集的数据中会出现空值。但在进行后续的数据分析、数据可视化时，第一步就是对数据进行清洗，将所有的空值单元格进行内容填充。

有些人可能会先排序，让所有的空值单元格集中在一起，然后进行修改。这种方法的弊端是会打乱原有数据的排序，而且仅适用于某一列或者做表的人清晰地知道哪些列中有空值的情况。

如何能够在不打乱原有数据顺序的情况下快速对空值单元格进行填充呢？

从图 8.4.1 所示的表格中我们可以看到每列都有空值，现在我们就要把这些空值都填充为数字 0，并且将字体颜色设置为红色，字体为倾斜。

首先选定整个数据区域（不是选定整个表格），单击

	A	B	C
1	语文	数学	英语
2	80	80	80
3	81	81	81
4	82	82	
5		83	98
6	84	84	84
7	85		85
8	86	86	86
9	87	87	87
10		44	100
11	89	89	89
12	90	90	90
13	91	91	91
14	92		92
15	93	93	93
16	94	94	94
17		27	56
18	96	96	96
19	97	97	97
20	98	98	
21	99	99	99
22	100	100	100
23		84	45
24	102	102	102
25	103	103	103
26	104	104	104
27	105	105	
28	106	106	106

图 8.4.1 表格中的空值

"开始"菜单"查找和选择"，在弹出的下拉列表中选择"定位条件"（见图 8.4.2）。

选定所有数据
区域

图 8.4.2 选择"定位条件"

弹出"定位条件"对话框后，选中"空值"，然后单击"确定"按钮（见图 8.4.3）。

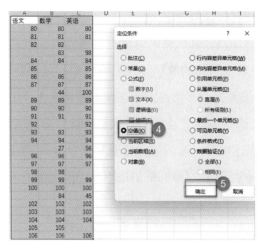

图 8.4.3　选择"空值"

此时，数据区域中的不连续的空值单元格均被选中。这时不需要单击任意单元格，直接输入数字 0，该数字会在第一个空值单元格中显示，输入 0 后，按"Ctrl+Enter"组合键（先按 Ctrl 键，再按 Enter 键，这是批量填充快捷键），这时所有的空值单元格都会被填充上数字 0。最后单击"开始"菜单"字体"组的"倾斜""字体颜色"按钮使数字 0 字体颜色为红色、字体倾斜即可（见图 8.4.4）。

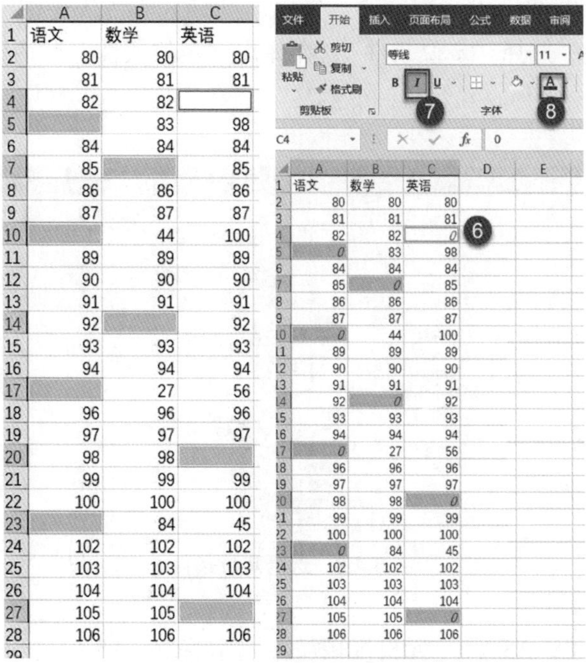

图 8.4.4　填充好的表格

8.4.2 填补拆分后的空白单元格

工作中，有不少人在做 Excel 表格时习惯合并单元格，但是单元格合并后会导致后续无法排序，为了避免后续工作的麻烦，我们一定要尽量避免合并单元格，但对合并的单元格进行拆分后，必然又会多出许多不连续的空格。

对于拆分后空单元格的填补，最常见的就是给拆分后的空单元格填充数据。比如图 8.4.5 中，在产品数据区域这一列的单元格通常是合并的，将这些单元格拆分后，产生了很多空单元格，如何给这些空单元格快速填充相应正确的内容呢？

	A	B	C	D	E	F	G	H
1	区域	产品		区域	产品		区域	产品
2		衬衣		兰州	衬衣		兰州	衬衣
3	兰州	裤子			裤子		兰州	裤子
4		公文包			公文包		兰州	公文包
5		鞋子	⇨	潍坊	鞋子	⇨	潍坊	鞋子
6	潍坊	袜子			袜子		潍坊	袜子
7		皮带			皮带		潍坊	皮带
8		外套		吴忠	外套		吴忠	外套
9	吴忠	裙子			裙子		吴忠	裙子
10		裤子			裤子		吴忠	裤子

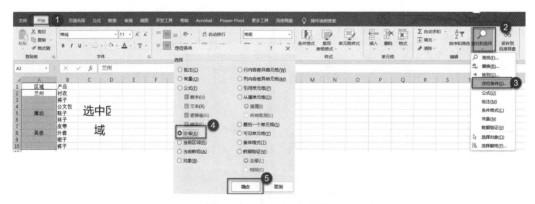

图 8.4.5　产品数据示例

此时可以采用不连续空单元格批量填充数据的方法。

选择需要操作的连续单元格区域，单击“开始”菜单中的“查找和选择”按钮，在弹出的下拉列表中选择“定位条件”，在弹出“定位条件”对话框后，单击“空值”按钮，最后单击“确定”按钮（见图 8.4.6）。

图 8.4.6　选择定位条件

现在问题出现了，A3:A4 单元格区域需要填充兰州，A6:A7 单元格区域需要填充潍坊，A9:A10 单元格需要填充吴忠，这些空单元格需要输入不一样的数据。但是通过观察这些空单元格我们会发现，需要填入的内容与它们上一个单元格的内容相同。

根据这个规律，找到第一个空单元格即 A3，它的上一个单元格是 A2，在 A3 单元格中输入"=A2"，然后按"Ctrl+Enter"组合键，这样所有的空单元格都填入了对应的内容（见图 8.4.7）。

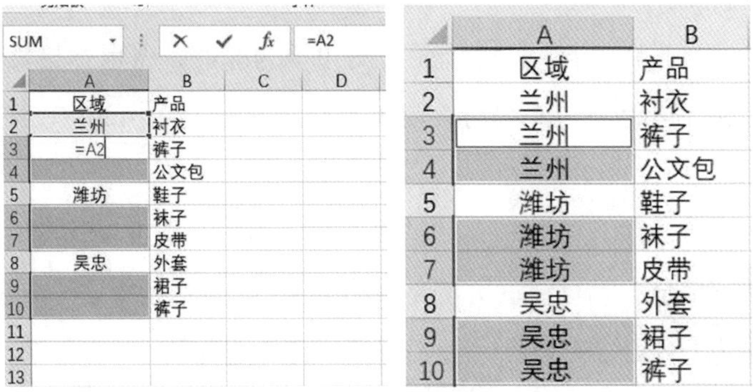

图 8.4.7　填充内容

通过这种方式完成单元格的填充后，我们会发现 A4 单元格显示的内容是"=A3"（见图 8.4.8），而不是文本内容"兰州"。

这样不利于后期的数据操作，需要将 A 列填充的公式转换成文本内容，可以选择 A2:A10 连续单元格区域，按"Ctrl+C"组合键进行复制，然后单击鼠标右键，在弹出的快捷菜单中选择"值"按钮，此时所有单元格的值就会变成文本数据了（见图 8.4.9）。

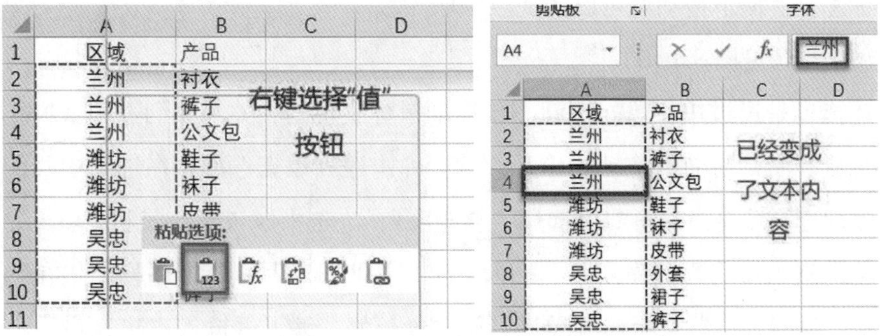

图 8.4.8　显示公式

图 8.4.9　将公式变成文本数据

8.4.3 自动填充复制数据

除了不连续单元格内容的批量填充，工作中对单元格的批量修改常用的另外一种方法是"自动填充"。自动填充可以复制数据（公式）、填充序列、填充日期。

假设 A 列为专业名称列，A1 单元格已经输入专业名词"软件工程"，需要将 A2:A20 单元格填充同样的专业名词，具体做法如下。

左键单击选中 A1 单元格，这时单元格的边框为绿色，将鼠标指针移动到 A1 右下角，当鼠标指针变成黑色的"**+**"时，向下拖动鼠标，直到 A20 单元格松开鼠标，就可以完成数据的复制。

这种复制数据的方法有个弊端，就是数据行较多时，拖曳鼠标的时间也会非常长，另外一种可以瞬间完成自动填充的方法是双击"**+**"。但是使用这种方法的前提是填充数据这一列的左边一列必须有数据，否则双击鼠标不起作用。

8.4.4 通过拖曳填充序列

Excel 表格的最左侧一列一般会是序号，我们有两种方法可以快速填充序号：公式和拖曳。当然我们通过拖曳不仅可以填充序号，也可以快速填充时间序列，用公式填充序号将在后续的公式章节详解。

假设 A 列"序号 1"这一列需要填充序列"1，2，3……"。我们在 A2 单元格输入数字 1，A3 单元格输入数字 2，选中 A2:A3 单元格后，将鼠标指针移动到 A3 单元格的右下角，当鼠标指针变成黑色的"**+**"时，单击鼠标左键后向下拖动就可以实现数字序列的自动增加（见图 8.4.10）。

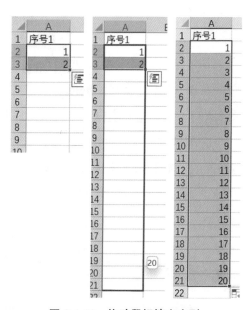

图 8.4.10 拖动鼠标填充序列

上述拖曳是通过按住鼠标左键不放拖动鼠标实现的，如果我们选中 A2:A3 单元格后，单击鼠标右键后向下拖动并松开，就会弹出序列填充选项，在选项中我们可以选择相应序列进行填充。这里如果选择"填充序列"，选中区域即会按顺序填充完整。如果在弹出的选项中选择"序列"，在弹出的"序列"对话框中，"序列产生在"位置选择"行"，"类型"位置选择"等差序列"，"步长值"编辑框输入"3"，最后单击"确定"按钮，我们会发现步长为 3 的等差序列瞬间就填充好了（见图 8.4.11）。

图 8.4.11　填充序列和等差序列填充

　　通过拖曳鼠标左键还可以完成时间序列的填充。选中需要填充的时间序列单元格，按住鼠标左键不放拖动后松开，常规的时间序列就可以填充完毕了。那如果在序列中不是以"天"为单位填充时间序列，只需要填充"工作日"，又如何做到呢？

　　以图 8.4.12 为例，左键单击选中 E2 单元格，将鼠标指针移动到 E2 单元格右下角，使鼠标指标变成"╋"，然后按住鼠标右键向下拖动至目标位置，松开鼠标右键，在弹出的快捷菜单中选择"填充工作日"，"时间序列（工作日）"序列瞬间就填充好了。

图 8.4.12　填充工作日

8.5 使用数据验证采集数据

前面提到过，用 Excel 进行数据分析前，必须保证数据的完整性和正确性，这就要求我们在采集数据时就要做到这两点，以免影响后续的数据清洗。而我们在采集数据时，可以通过设置数据有效性，限制数据的输入。

什么是数据有效性？数据有效性是对单元格或单元格区域输入的数据从内容到数量上的限制。对于符合条件的数据，允许输入；对于不符合条件的数据，禁止输入。这样就可以依靠系统检查数据的有效性，避免录入错误的数据。

在 Excel 中进行数据有效性的设置，可以节约很多输入数据的时间，也可以提高输入的准确性。

8.5.1　只允许输入规定的数据（整数、小数、文本长度、日期、时间等）

我们的身份证号码都是 18 位的，当采集员工数据的时候，最容易出错的就是身份证号，身份证号码位数一旦出错，会给后续的操作带来很多麻烦。

以图 8.5.1 为例，左键单击 B2 单元格，单击"数据"菜单中"数据验证"下拉列表中的"数据验证"，在弹出的"数据验证"对话框中，在"设置"页面中的"允许"下拉列表中选择"文本长度"，"数据"下拉列表中选择"等于"，"长度"编辑框中输入"18"，然后切换到"输入信息"页面，在"输入信息"编辑框中输入"身份证号码 18 位"，这样用户在输入数据时，就会有提示信息，可以最大限度保证数据的正确性。

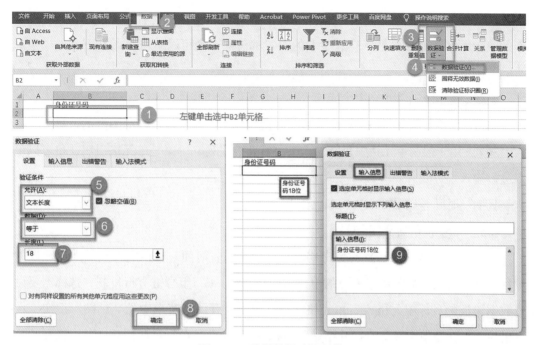

图 8.5.1 设置数据验证条件

接着单击"出错警告"，在"样式"下拉列表中选择"停止"，"错误信息"编辑框中输入"请输入正确的身份证号码位数（18 位）"。采集数据时，如果输入的身份证号码位数有错误，就会弹出"出错警告"对话框，单击"重试"后，就可以重新输入正确的身份证号码（见图 8.5.2）。

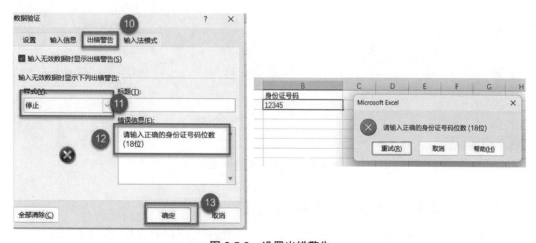

图 8.5.2 设置出错警告

数据验证允许用户设置的条件有以下几种。

任何值：选择该项，用户可以在单元格内输入任何数据类型且不受影响，其他选项卡的设置不变。如果要把所有选项卡的设置都清除，则可以单击对话框下方的"全部清除"按钮。

整数：用于限制单元格中只能输入某一范围内的整数。

小数：用于限制单元格中只能输入某一范围内的小数（包含该范围内的整数）。

序列：用于限制单元格中只能输入某一特定的序列，可以是单元格引用，也可以手工进行输入。

日期、时间等设置同上。

8.5.2 复制数据验证设置

反复设置数据验证信息不免有些麻烦，为了节省时间，可以选择复制数据验证的设置。首先选定添加了数据验证的单元格，按"Ctrl+C"组合键进行复制，选择需要设置数据验证的目标单元格或者单元格区域，单击"开始"菜单中的"粘贴"按钮，在弹出的下拉列表中选择"选择性粘贴"，弹出"选择性粘贴"对话框后，单击选择"验证"，最后单击"确定"按钮，即可将数据验证的设置复制到选择的单元格或单元格区域（见图 8.5.3）。

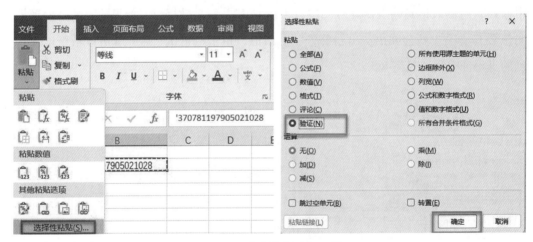

图 8.5.3　复制数据验证设置

8.5.3 利用数据验证制作下拉列表选项

想必大家一定填写过不少 Excel 表格，比如报名表、入职表等，在填写 Excel 表格中有些列的内容并不是通过输入完成的，而是要从下拉列表中选择数据，比如"民族""籍贯""学历"等。

用下拉列表选择数据，既可以提高输入速度，又可以保证输入的统一性和正确性。

假设我们需要在"学历"列中添加"学历"的下拉列表选项。首先选中需要设置的单元格，可按"Ctrl+Shift+↓"组合键，选中整列，单击"数据"菜单中"数据验证"下拉列表中的"数据验证"，在弹出的"数据验证"对话框中，单击选择"设置"标签，在"允许"列表中选择"序列"，并且勾选"提供下拉箭头"，否则无法出现下拉列表。"来源"编辑框中输入需要出现在下拉列表中的内容"专科，本科，硕士，博士"4 个选项，一定要注意，各个选项之间的逗号分隔符一定要是英文输入法状态下的逗号，如果是中文输入法状态下的逗号，那下拉列表中就会只有一个选项"专科，本科，硕士，博士"，而不是 4 个选项（见图 8.5.4）。

图 8.5.4　制作下拉列表选项

8.5.4　快速圈释表格中的无效数据

在应用数据验证后，我们会发现数据表格中不符合验证的数据所在单元格的左上角有一个小三角的标记，我们可以通过"圈释无效数据"这一功能按钮来使这些不符合验证的数据被更加明显地标记出来。

我们以成绩为例，先为该列添加新的数据验证，在"允许"下拉列表中选择"整数"，"数据"列表中选择"介于"，"最小值"为 0，"最大值"为 100，单击确定。这里需要先在"出错警告"页面不勾选"输入无效数据时显示出错警告"，这样即使限制了输入的数据范围，在出现输入错误数据后，也无法提示（见图 8.5.5）。

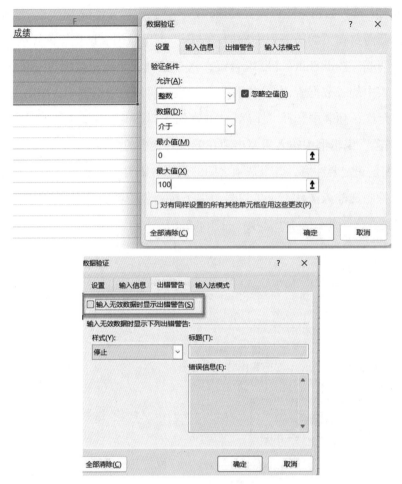

图 8.5.5　添加数据验证

如图 8.5.6 所示，虽然成绩列添加了数据验证，但是仍然出现了超出范围的数据"–30""125"，出现这个问题的原因就是没有勾选"输入无效数据时显示出错警告"。那有没有什么方法可以把无效数据一次性标注出来呢？选中需要操作的区域，左键单击"数据"菜单中的"数据验证"按钮，在弹出的下拉列表后选择"圈释无效数据"，随后无效数据即被圈出（见图 8.5.7）。

8.5.5　清除数据验证

如果要清除已经添加了的数据验证设置，需要先选定需要清楚数据验证设置的单元格或者单元格区域，左键单击"数据"菜单中的"数据验证"按钮，弹出"数据验证"对话框后，单击"设置"页面左下角的"全部清除"，最后单击"确定"按钮，这样选定区域的数据验证设置就被删除了（见图 8.5.8）。

图 8.5.6　圈释无效数据操作

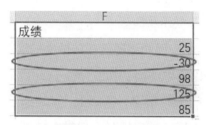

图 8.5.7　圈出的无效数据

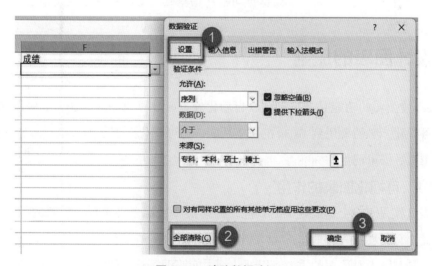

图 8.5.8　清除数据验证

第 9 章

数据可视化——用数据讲故事

数据可视化是什么呢？数据可视化的作用又是什么呢？我们可以用一句话体现数据可视化的强大功能——"字不如表，表不如图，一图胜千言"。

数据可视化，是关于数据视觉表现形式的科学技术研究，它为大数据分析提供了一种更加直观的挖掘、分析与展示手段。

可视化的终极目标是帮助人们洞悉蕴含在数据中的现象和规律，这包含数据的发现、决策、解释、分析、探索和学习等。

可实现数据可视化的技术有很多，Excel、ECharts、Tableau、魔镜、D3.js、Python、R 语言等都可以实现数据可视化，但其中大部分可视化技术需要有编程基础，对于一般办公人员来说，实现数据可视化最基础、最简单的工具就是 Excel。

9.1 设计图表的原则

Excel 最主要的功能是数据管理、自动化处理、计算及图表绘制，如果用 Excel 实现数据可视化，必然要用到 Excel 的图表功能。做可视化图表之前一定要清楚可视化图表的作用、数据可视化的标准等。

9.1.1 可视化图表的作用

图表其实是 Excel 里最难学的技能，因为实际数据多种多样，反映的问题也不一样，因此，分析图表就显得非常重要，示例如图 9.1.1 所示。

图表是制图人对数据的思考，以便让别人能够理解其中的意思，并进一步思考。

图表是对数据背后信息的挖掘，这种挖掘，实际上就是发现问题、分析问题、解决问题的过程，其分析逻辑是很严谨的，一环套一环，直至把影响因素找出来。

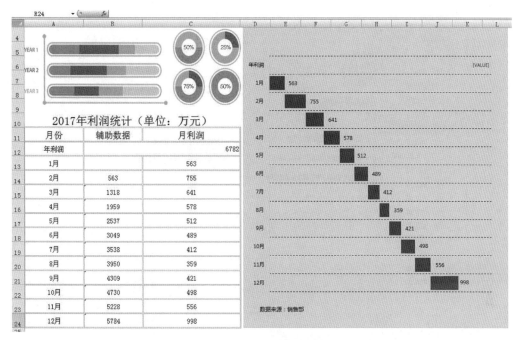

图 9.1.1　可视化图表示例

9.1.2　图表的设计标准

关于数据可视化的定义及其作用我们已经讲了很多，那么我们设计可视化图表的时候要遵循什么设计标准或者说可视化图表的设计原则是什么呢?

简单来说就是三个字——信、达、雅。

信，即能正确表达数据中的信息而不产生偏差和歧义。换句话说，"信"原则就是要求数据可视化设计能够正确表达信息。

达，即可视化设计能够清晰表达信息，让用户准确获取可视化图表所传递出的信息，不能造成认识困难和信息接收障碍。

雅，即可视化设计能够让人赏心悦目。

9.2 图表的分类

Excel 中的图表有柱形图、条形图、折线图、XY 散点图、饼图、面积图、雷达图、股价图、曲面图、树状图、旭日图、直方图、箱形图、瀑布图、组合图等（见图 9.2.1）。

我们首先要了解每种图表的适用范围，才能选择最适合的图表来传达数据要表达的意思。

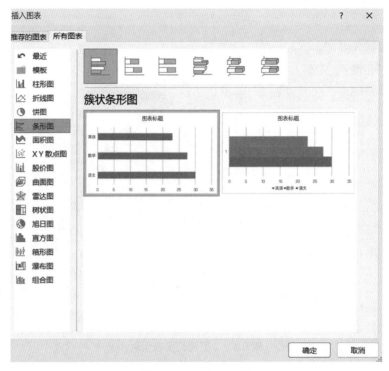

图 9.2.1　图表的种类

9.2.1　柱形图

柱形图常用于展示多个分类的数据变化，以及比较同类别各变量之间的情况，适用对象为对比分类数据，局限在于分类过多则无法展示数据特点。

柱形图通常沿水平轴显示类别，沿垂直轴显示数值，利用柱子的高度，反映数据的差异（见图 9.2.2）。人类肉眼对高度差异很敏感，辨识效果非常好。

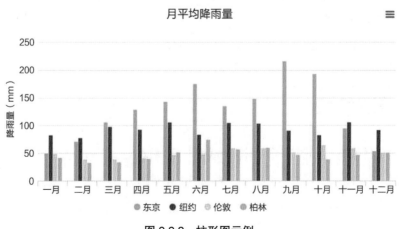

图 9.2.2　柱形图示例

9.2.2　条形图

条形图常用于展示多个分类的数据变化，以及比较同类别各变量之间的情况，适用对象为对比分类数据，局限之处在于分类过多则无法展示数据特点。它与柱形图具有相同的表现目的，不同的是柱形图是在水平方向上依次展示数据，条形图是在垂直方向上依次展示数据。

条形图描述了各项之间的差别情况，分类项垂直表示，数值水平表示。这样可以突出数值的比较，淡化数值随时间的变化。

条形图常应用于绘制轴标签过长的图表，以免出现柱形图中对长分类标签省略的情况（见图 9.2.3）。

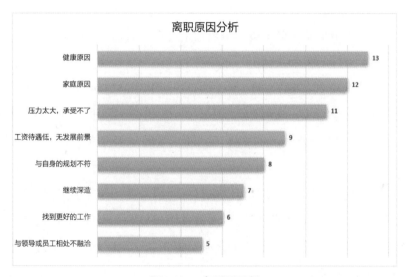

图 9.2.3　条形图示例

9.2.3　折线图

折线图用于展示数据随时间或有序类别的波动情况。适用对象为有序类别（比如时间），也适用于数据量较大的场景（见图 9.2.4）。

其局限之处在于无序的类别无法展示数据特点。

折线图可以显示随时间变化的连续数据（根据常用比例设置），它强调的是数据的时间性和变动率，因此非常适合显示在相等时间间隔下数据的变化趋势。在折线图中，类别数据沿水平轴均匀分布，所有数值型数据沿垂直轴均匀分布。折线图也适合多个二维数据集的比较。

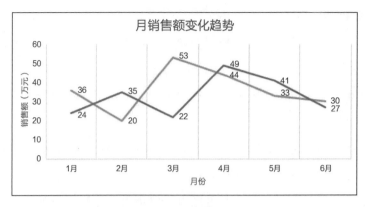

图 9.2.4　折线图示例

9.2.4　XY 散点图

XY 散点图主要用来显示单个或多个数据系列中各数值之间的相互关系，或者将两组数据绘制为 XY 坐标的一个系列。

XY 散点图有两个数值轴，沿横坐标轴（X 轴）方向显示一组数值型数据，沿纵坐标轴（Y 轴）方向显示另一组数值型数据。一般情况下，散点图用这些数值构成多个坐标点，通过观察坐标点的分布，即可判断变量间是否存在关联关系，以及相关关系的强度。

XY 散点图适用于三维数据集，但其中只有两维需要比较（为了识别第三维，可以为每个点加上文字标识，或者不同颜色）。其常用于显示和比较成对的数据，如科学数据、统计数据和工程数据等，不足之处在于数据量较小的时候无法体现数据关系，XY 散点图示例如图 9.2.5 所示。

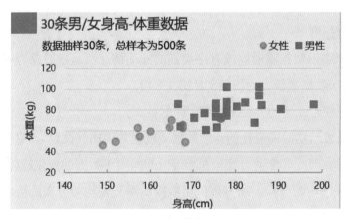

图 9.2.5　XY 散点图示例

9.2.5　饼图

饼图用来展示各类别占比，比如男女比例。适用于了解数据的分布情况，适合反映部分与整体的关系（见图 9.2.6）。

其不足在于分类过多，则扇形越小，无法展现图表。

饼图中包含了圆环图，圆环图类似饼图，它是使用环形的一部分来表现一个数据在整体数据中的大小比例。圆环图也可用来显示单独的数据与整个数据系列的关系或比例，同时圆环图还可以含有多个数据系列，如图 9.2.7 所示。圆环图中的每个环代表一个数据系列。

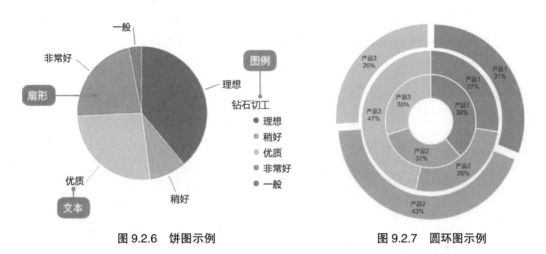

图 9.2.6　饼图示例　　　　　　　图 9.2.7　圆环图示例

9.2.6　面积图

面积图，又称区域图，是将工作表中的数据绘制到图表中，通过数据在图表中的面积强调数量随时间变化的程度，引起人们对总值趋势的注意（见图 9.2.8）。

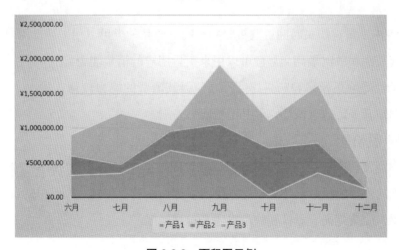

图 9.2.8　面积图示例

通过绘制全部数据，面积图还可以显示部分与整体的关系。

Excel 中面积图可分为面积图、堆积面积图、百分比堆积面积图、三维面积图、三维堆积面积图、三维百分比堆积面积图。

当数据值差距很大或区域模糊不清时，不适合使用面积图。

9.2.7 雷达图

雷达图，又被称为网络图、蜘蛛图、极坐标图或者星图。雷达图是将多个分类的数据量映射到坐标轴上，对比某项目不同属性的特点。

雷达图适合了解同类别的不同属性的综合情况，以及比较不同类别的相同属性差异。

从图 9.2.9 中我们能得出关于用户 1 和用户 2 的什么信息呢？

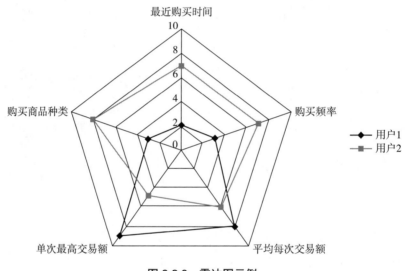

图 9.2.9　雷达图示例

图 9.2.9 中，最近购买时间、购买频率和购买商品种类可以用来评价用户的忠诚度，平均每次交易额和单次最高交易额可以用来衡量用户的消费能力。

用户 1 虽然购买频率和购买广度不高，但其消费的能力较强；用户 2 是频繁购买用户，对网站有一定的忠诚度，但其消费能力一般。

9.2.8 股价图

股价图经常用来描绘股票价格走势，股价图数据在工作表中的组织方式非常重要，必须按正确的顺序组织数据才能创建股价图。例如，若要创建一个简单的盘高 – 盘低 – 收盘股价图，应按盘高、盘低和收盘次序来排列数据。

9.2.9　曲面图

曲面图好像一张地质学地图，曲面图中的不同颜色和图案可表明具有相同范围值的区域。与其他图表类型不同，曲面图中的颜色不用于区别数据系列，而是用于区别数据值的。

曲面图显示的是连接一组数据点的三维曲面。当需要寻找两组数据之间的最优组合时，可以使用曲面图进行分析，示例如图 9.2.10 所示。

图 9.2.10　曲面图示例

9.2.10　树状图

树状图，是枚举法的一种表达方式。从图 9.2.11 中，我们可以清晰看出该酸奶在10 月份的销量最高，其他月份的销量则按照方块的大小依次排列。

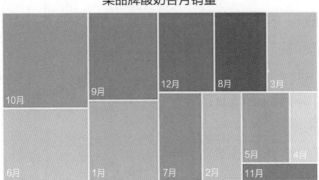

图 9.2.11　树状图示例

9.2.11　旭日图

树状图在显示超过两个层级的数据时，就会失去优势。这时我们可以使用旭日图。旭日图主要用于展示数据之间的层级和占比关系，环形由内向外，层级逐渐细分，如图 9.2.12 所示。旭日图的好处是想分多少层都可以。其实，旭日图的功能有些像复合环形图，即将几个环形图套在一起，只是旭日图简化了其制作过程。

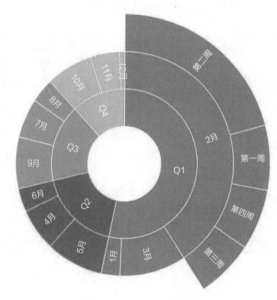

图 9.2.12　旭日图示例

9.2.12　直方图

直方图是显示在连续间隔或是特定时间段内数据分布情况的图表，经常被用在统计学领域。

直方图描述的是一组数据的频次分布，有助于用户了解数据的分布情况，比如众数、中位数的大致位置、数据是否存在缺口或者异常值。

直方图的各个部分之和等于单位整体，而柱状图的各个部分之和没有限制，这是两者的主要区别，示例如图 9.2.13 所示。

9.2.13　箱形图

箱形图也被称为盒须图、盒式图或箱线图。

箱形图是表述最小值、第一四分位数、中位数、第三四分位数与最大值的一种图形方法。通过它用户可以粗略地看出数据是否具有对称性、分散程度等信息，特别是可用于多个样本群体的比较。在箱形图中，最上方和最下方的线段分别表示数据的最大值和最小值，箱形的上方和下方分别表示第三四分位数和第一四分位数，箱形中间的粗线段表示数据的中位数。

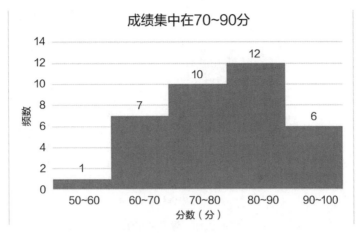

图 9.2.13 直方图示例

箱形图常见于品质管理，它可以反映原始数据分布的特征，还可以进行多组数据分布特征的比较。示例如图 9.2.14 所示。

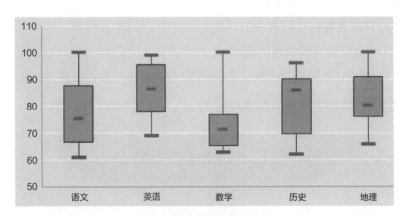

图 9.2.14 箱形图示例

9.2.14 瀑布图

瀑布图是麦肯锡咨询公司独创的图表类型，因为形似瀑布流水而被称为瀑布图。瀑布图具有自上而下的流畅效果，也可以称之为阶梯图或桥图。

瀑布图适合表达各项数据与数据总和的比例关系，或用于显示各项数据间的比较。

其常用于评估公司利润、比较产品收益、突出显示项目的预算变更、分析一段时间内的库存或销售情况、显示一段时间内产品价值变化等。示例如图 9.2.15 所示。

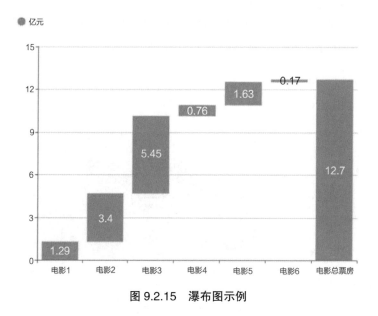

图 9.2.15　瀑布图示例

9.2.15　漏斗图

漏斗图是一种可以直观表现业务流程中转化情况的图表形式，它用梯形面积表示某个环节业务量与上一个环节之间的差异。

漏斗图适合业务流程比较规范、周期长、环节多的流程分析，通过各环节业务数据的比较，用户能够直观地发现问题所在。

漏斗图还可以用来展示各步骤（如网站购买）的转化率，从图 9.2.16 中可以明显看出"访问"到"咨询"环节数据明显减少。

图 9.2.16　漏斗图示例

9.2.16　组合图

组合图是将两个或两个以上的图表组合在一起展现数据的图表类型。

有些时候人们掌握的数据包含的信息太多，只通过单一的图表不能很好地展现数据所表达的信息，这时就可以使用组合图。图 9.2.17 是面积图和折线图的组合图，

图 9.2.18 是柱状图和折线图的组合图。

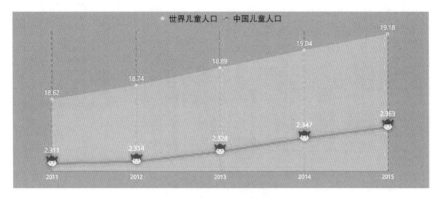

图 9.2.17　组合图示例 1

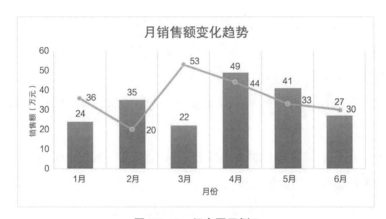

图 9.2.18　组合图示例 2

9.3 图表的绘制

9.3.1　图表元素有哪些

Excel 图表中最重要和最基础的内容是图表元素，这些元素分布在图表不同区域，通过不同的位置和形式组成了一个完整的图表。

当我们单击左键做好的图表后，图表右上角会出现 3 个图标，第一个图标"╋"表示图表元素，图表元素包含了坐标轴、坐标轴标题、图表标题、数据标签、数据表、误差线、网格线、图例、趋势线（见图 9.3.1）。

图标区域：整个图表被称为图表区域，即单击图表时，最外侧边框所包含的所有区域都属于图表区域。

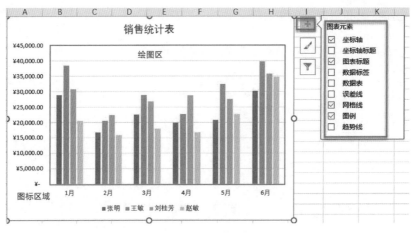

图 9.3.1　图表元素

绘图区：绘图区是图表中内侧边框所包含的区域，也是图表系列的展示区域，是数据可视化的中心。用户选中绘图区时，图表将会显示绘图区边框，边框线上面也有用于控制绘图区大小的 8 个控制点。

网格线：位于绘图区内，包含竖向和横向的线条，即垂直轴网格线和水平轴网格线（见图 9.3.2）。

纵坐标轴：图表的垂直坐标轴，位于绘图区左侧或右侧，是竖向的表现形式，通常在柱形图中显示数据表的数值大小。

横坐标轴：通常位于图表的下方，展示数据表的类别，一般显示为文本、日期等内容，是横向的表现形式。

纵坐标轴标题：位于纵坐标轴的左侧，用户可以拖动标题框到图表任意位置，但通常会将纵坐标标题放置在坐标轴周围，以显示纵坐标轴的主题或单位。

横坐标轴标题：位于横坐标轴下方，作用与纵坐标轴标题类似。

图表标题：通常位于图表最上方，一般是用一串文本来表达图表的主题。

数据表：显示在横坐标轴下方的数据表，数据表左侧是分类名称，右侧是各类别的数值，它直观展示了图表图形所对应的具体源数据。

系列：系列是图表的核心元素之一，它位于绘图区内，是表现数据的可视化图形。图 9.3.2 中包含 4 组不同颜色的柱形，每个颜色表示一个系列，该图表包含 4 个系列，分别是张明、王敏、刘桂芳、赵敏，每个系列分别显示不同主题的数值情况。当图表类型为折线图时，绘图区中的每一条折线都是一个系列，多条折线则代表多个系列。

图例：图例对应绘图区中的系列图形，展示系列的形状和颜色。一般位于横坐标轴下方，但也可以通过拖曳调整位置。图 9.3.2 为柱形图，包含了 4 个系列，每个系列颜色不同，则图例显示为 4 种不同颜色的小矩形。

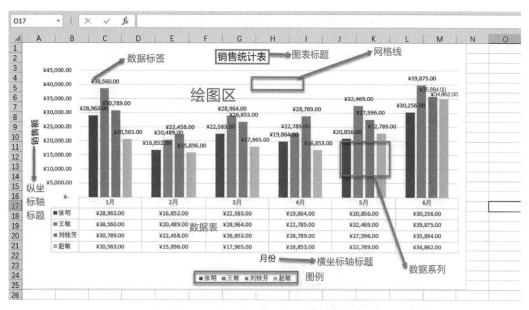

图 9.3.2　Excel 图表中各图表元素的应用

数据标签：又称为系列标签，它显示的数值代表该系列的值。默认情况下，数据标签只显示数值，但可以根据需求调整为包含系列标题及类别标题的完整标签。数据标签可显示位置通常分为 4 种，即居中、数据标签内、轴内侧、数据标签外。

第二个像毛笔的图标是图表样式，Excel 内置了很多图表样式，利用样式用户可以快速美化图表（见图 9.3.3）。

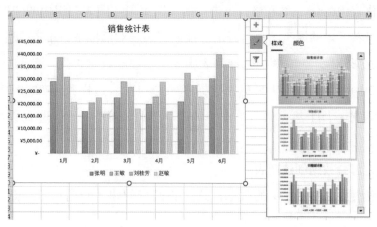

图 9.3.3　图表样式

第三个漏斗形图标表示图表筛选器，用户对"系列"或者"类别"中的数据进行筛选并应用，左侧图表绘制区域可以同步显示出筛选数据后的图表（见图 9.3.4）。

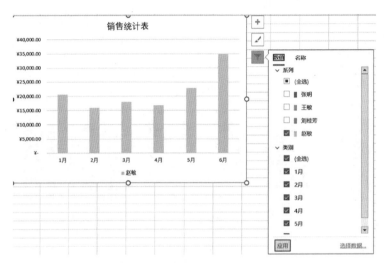

图 9.3.4　图表筛选器

9.3.2　创建图表的常用方法

图表的创建一定是基于完整真实的数据，有数据才能有图表。图表数据一般来源于统计汇总表或者是数据量少的明细表。

数据源不同，创建图表的方法也不相同。常用的方法有以下 3 种。

（1）利用固定数据区域创建图表

固定数据区域一般分为两种：工作表中的连续单元格区域和工作表中选定的部分区域。

选中工作表中的任一单元格，单击"插入"菜单"图表"组中的"推荐的图表"或单击图表组右下角的箭头，在打开的"插入图表"对话框中，单击"所有图表"标签，选择"柱形图"，在右侧的选择列表中单击"簇状柱形图"，然后选择第一种图表，图 9.3.5 中的图例是门店名称，数据序列是季度，这样我们就能对每季度各门店的销售量情况一目了然，最后单击"确定"按钮，这样一个简单的簇状柱形图就创建完成了。

（2）选定部分数据创建图表

我们仍然使用图 9.3.5 中的数据，这次我们只创建 4 个门店销售总额的簇状柱形图。

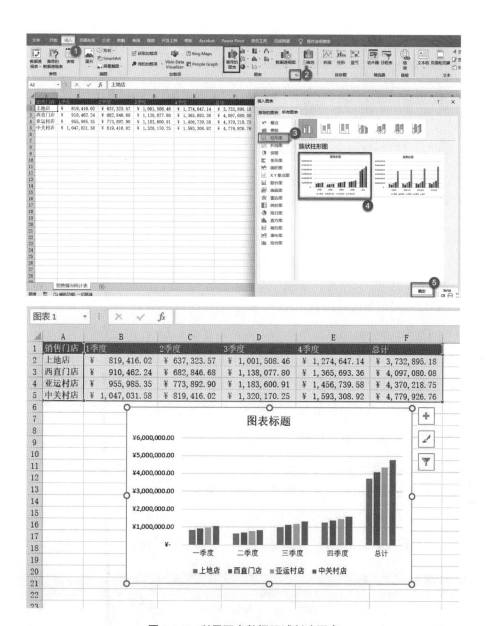

图 9.3.5　利用固定数据区域创建图表

按住鼠标左键不放选取 A2:A5 连续单元格区域，松开鼠标左键后，按住 Ctrl 键，选取 F2:F5 连续单元格区域，单击"插入"菜单"图表"组右下角的箭头，在打开的"插入图表"对话框中，单击"所有图表"标签，选择"柱形图"，在右侧的选择列表中单击"簇状柱形图"，选择第一种图表，这样选定数据的图表创建也就完成了（见图 9.3.6）。

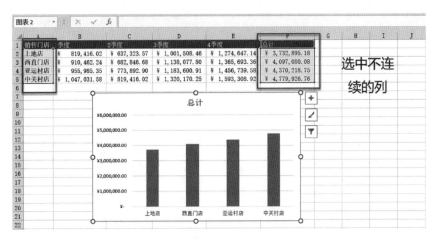

图 9.3.6　选定部分数据创建图表

（3）利用固定常量创建图表

实际工作中，并不是所有常见图表的数据都存在于 Excel 中，有时需要使用给定的数据常量或把通过数据工作表计算出的数据作为常量。

例如，某个运动会的奖牌数为金牌 22 块，银牌 48 块，铜牌 89 块。

我们需要根据各类奖牌的数量创建图表，数据常量有两组。

奖牌种类：金牌，银牌，铜牌。

奖牌数量：22，48，89。

现在我们根据这两组数据建立簇状柱形图，具体操作步骤如下。

打开一个空白表格，选中任一空单元，单击"插入"菜单中的"插入柱形图或条形图"，在弹出的对话框中选择"二维柱形图"中的"簇状柱形图"（见图 9.3.7）。

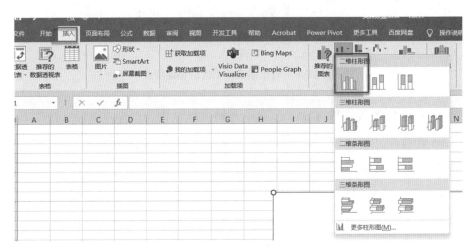

图 9.3.7　选择"簇状柱形图"

此时，工作表中会插入一个空白图表，并且会出现两个隐藏菜单"图表设计"菜单和"格式"菜单，这两个菜单是用来设置编辑图表的。左键单击空表图表选中图表，然后单击"图表设计"菜单数据组中的"选择数据"（见图 9.3.8）。

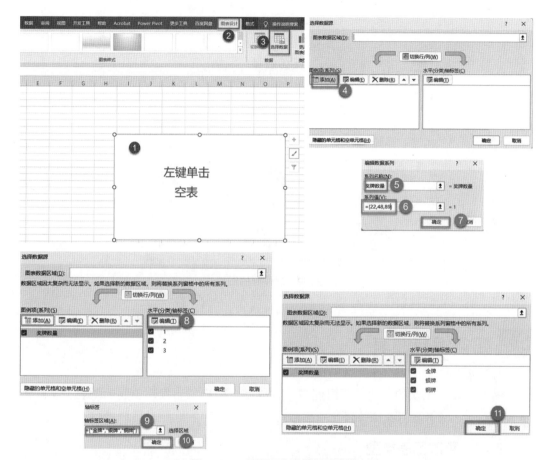

图 9.3.8　利用固定常量创建图表

弹出"选择数据源"对话框后，单击"图例项（系列）"列表框中的"添加"按钮。

在弹出的"编辑数据系列"对话框中，在"系列名称"文本框中输入"奖牌数量"，在系列值文本框中输入数组公式"={22,48,89}"，注意大括号和逗号要在英文输入法状态下输入。

单击"确定"按钮后，我们会返回"选择数据源"对话框，在"水平（分类）轴标签"列表框中单击"编辑"按钮。

弹出"轴标签"对话框后，在"轴标签区域"文本框中输入数组公式"={"金牌"，

"银牌""铜牌"}"，这里的""也要在英文输入法状态下输入。

单击"确定"按钮，返回"选择数据源"对话框。

继续单击"确定"按钮，返回工作表后，即可看到根据固定常量创建的簇状柱形图（见图 9.3.9）。

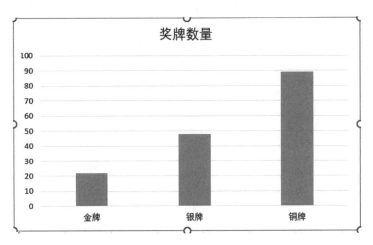

图 9.3.9　制作好的图表

9.4 如何编辑图表

最终呈现给观众的图表，不可能是一次成型，用户如果发现创建的图表与实际需求不符的话，还需要对图表进行适当的编辑。

9.4.1　更改图表类型

图表创建完成后，用户如果发现创建的图表类型不能满足自己对数据可视化分析的需求，那就可以根据实际需要更改图表的类型。

常用的更改图表类型的方法有两种：第一种是左键单击图表选中图表，然后单击鼠标右键，弹出快捷菜单后选择"更改图表类型"；第二种更改图标类型的方法是左键选定图表后，左键单击"图表设计"菜单中的"更改图表类型"。

更改图表类型也分为两种：一种是更改整个图表的图表类型；另一种是更改某个数据系列的图标类型。

（1）更改整个图表的图表类型

在需要更改的图表上单击鼠标右键，在弹出的快捷菜单中选择"更改图表类型"，弹出"更改图表类型"对话框后,在"所有图表"类型中选择一种合适的图标类型,比如条形图,单击"确定"按钮后,返回工作表,就可以看到更改图表类型后的效果图(见图 9.4.1)。

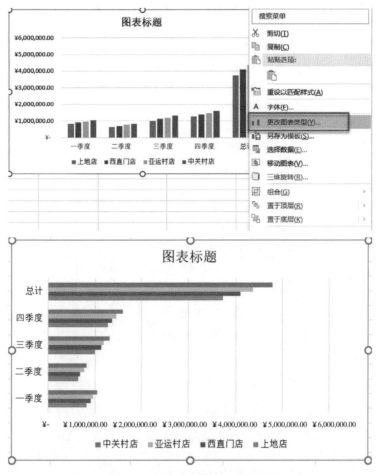

图 9.4.1　更改整个图表的图表类型

(2)更改某个数据系列的图表类型

有些情况下,我们只要修改某个数据系列的图表类型就能达到更好的视觉效果。

左键单击图表上需要修改的某一数据系列,单击"图表设计"菜单中的"更改图表类型"。

弹出"更改图表类型"对话框后,在"组合图"右侧"为您的数据系列选择图表类型和轴"列表框中,单击需要修改的系列的"图表类型",在弹出的下拉列表中选择合适的图表类型,本处选择"折线图"。

图 9.4.2 中，我们将"中关村店"由柱形图更改为了折线图，然后单击"确定"按钮，返回工作表。

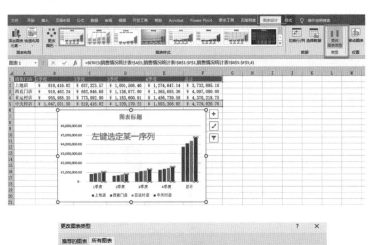

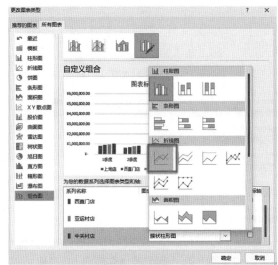

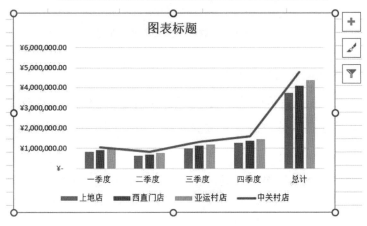

图 9.4.2　更改某个数据系列的图表类型

9.4.2　编辑数据系列

图表创建完成后，如果想要减少、增加数据系列，我们应该怎么做呢？

（1）减少数据系列

这里我们以删除销售总计金额为例，如图 9.4.3 所示，单击鼠标左键选择数据系列"总计"。按 Delete 键，即可删除"总计"数据系列，也可以用同样的方法删除其他不需要的数据系列。

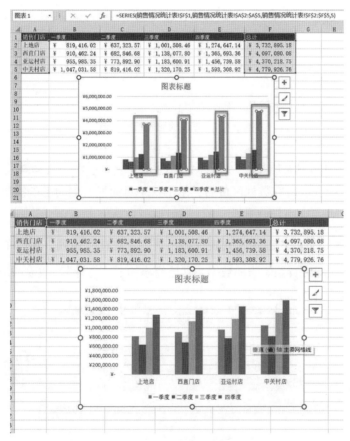

图 9.4.3　减少数据系列

（2）增加数据系列

现在我们把刚刚删除的"总计"数据系列再添加回来。

左键单击选定图表，单击"图表设计"菜单中的"选择数据"。弹出"选择数据源"对话框后，我们可以看到"图表数据区域"文本框中的数据区域处于选定状态，工作表中相应选定的数据周围会有绿色的流动的边框（见图 9.4.4）。

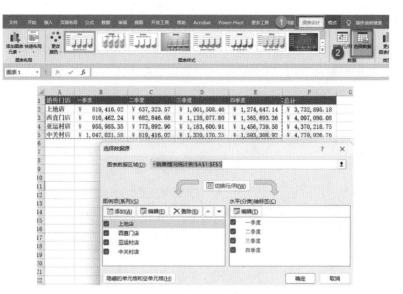

图 9.4.4　默认的图表数据区域

左键单击"图表数据区域"文本框右侧向上的箭头，弹出"选择数据源"对话框后，按住鼠标左键选取所有数据区域后，单击这个对话框右侧向下的箭头，返回完整的"选择数据源"界面，这时我们会发现选定的数据区域已经发生了改变。并且在"水平（分类）轴标签"下方的"编辑"列表框中出现了"总计"系列，最后单击"确定"按钮，返回工作表，即可看到图表的数据系列已经添加了"总计"，效果如图 9.4.5 所示。

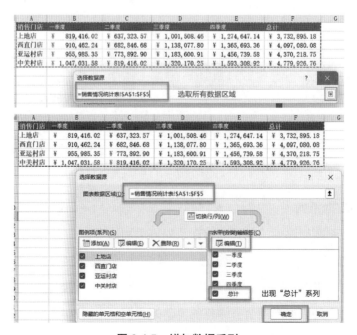

图 9.4.5　增加数据系列

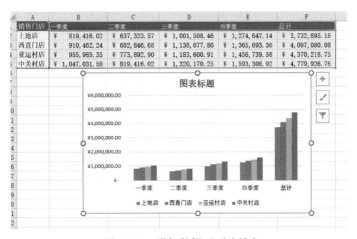

图 9.4.5　增加数据系列（续）

9.4.3　编辑图表标题

醒目的图表标题可以让读者清楚地知道图表要表达的意思，那图表的标题是如何添加及修改的呢？

图 9.4.6 中的图表是没有标题的，只看图表，我们压根不知道图表是关于什么的。

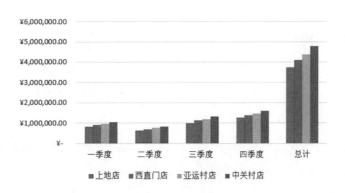

图 9.4.6　无图表标题

单击图表的任一区域选定图表，这时图表右上角会出现 3 个设计按钮 "图表元素" "图表样式" "图表筛选器"。

单击图表元素图标，弹出列表后勾选 "图表标题"，这时就添加了图表标题，但标题内容默认是 "图表标题"（见图 9.4.7）。

接下来修改图表标题的内容。单击 "图表标题" 使其处于选定状态，按住鼠标左键选取 "图表标题" 4 个字，然后输入新的标题 "销售统计图"，这时图表标题就修改完成了（见图 9.4.8）。

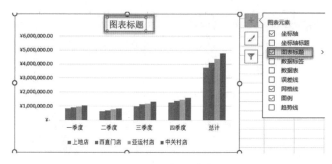

图 9.4.7　添加图表标题

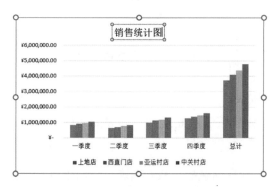

图 9.4.8　修改图表标题内容

9.4.4　编辑图例

图例由文本和标识组成，用来区分不同的数据系列。一般情况下，图表默认带有图例，如果不小心删除了图例，势必会导致图表晦涩难懂，这时就需要将图例重新添加，图例的位置也是可以调整的。

图 9.4.9 所示的图表是没有图例的，这时我们就不清楚图中的柱形图分别代表的是什么意思。

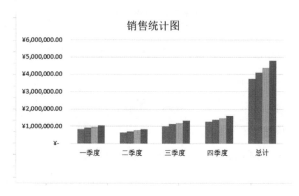

图 9.4.9　无图例图表

单击图标"**+**"，弹出列表后勾选"图例"选项，同时可以选择图例放置的位置，在此我们选择"底部"（见图 9.4.10）。

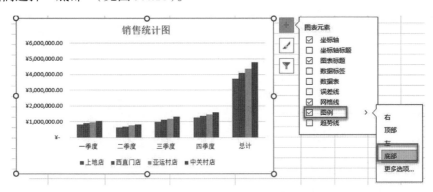

图 9.4.10　勾选"图例"

图例放置的位置是可以改变的，也就是说图例可以被移动。如果要移动图例的默认位置，只需要再次单击图表元素图标，在弹出的下拉列表中选择"图例"选项，然后在右侧选择一个位置即可。

如果想要的图例放置的位置并不是系统默认的 4 个位置，那我们可以单击图表中的图例，然后按住鼠标左键拖动，在合适的位置松开鼠标左键，就可以把图例放置在需要的位置。

当然，图例的大小也是可以改变的。单击图例后，我们会看到图例周围出现了 8 个控制点，拖动任意一个控制点即可调整图例的大小（见图 9.4.11）。

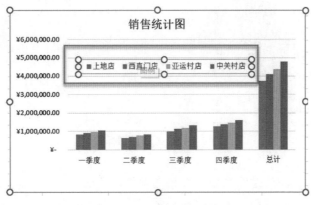

图 9.4.11　调整图例大小

9.4.5　添加数据标签

数据标签是指图表中各系列的具体数据，在图表中添加数据标签可使图表更加直观、具体、清晰。

图 9.4.12 所示是关于巧克力 1 月至 6 月各月销售情况占比数据和饼图。

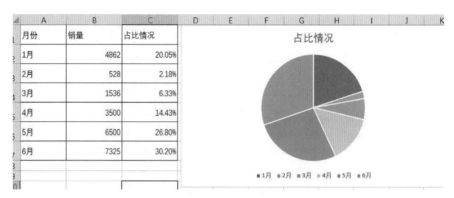

图 9.4.12　巧克力销售情况数据和饼图

如果只看图表，我们只能看出巧克力 2 月销量最低，5 月和 6 月销量差不多，但是具体的数值是无法知道的，这样读表的人会非常困惑，这时就需要添加数据标签，以便我们的可视化图表更清晰。

单击选中图表，弹出图表元素列表后，勾选"数据标签"选项，并在右侧弹出的列表中选择"最佳位置"，或者根据实际情况选择数据标签显示的位置（见图 9.4.13）。

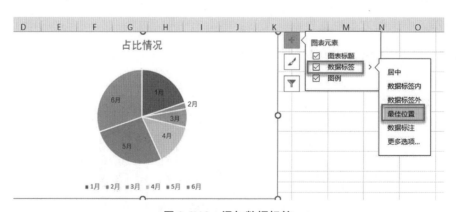

图 9.4.13　添加数据标签

添加的数据标签默认是系列值，如果需要修改值的显示方式，比如显示为百分比等，需要在任意一个数据标签上单击鼠标右键，在弹出的快捷菜单中选择"设置数据标签格式"，弹出对话框后，在"标签选项"列表中，可以根据实际情况勾选或取消勾选相应的选项（见图 9.4.14）。

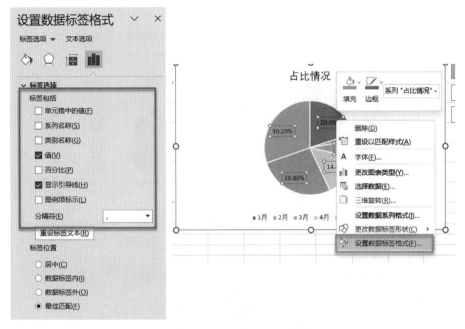

图 9.4.14　设置数据标签格式

对比添加数据标签前后的两个图，明显添加了数据标签的图表更加清晰明了。

9.4.6　玩转复合图表

多系列数据图表的制作，一直是工作中的难题。由于数据系列较多，做出来的图表总显得混乱，数据之间的对比性也不强。那有没有什么好的思路或者方法来制作多系列图表呢？

单一的图表类型无法满足多维度的数据展示，这时候就要考虑使用复合图表。

什么是复合图表呢？就是将两种及以上的图表类型组合起来绘制在一个图表上。

如果我们用惯性思维，选定图 9.4.15 中表格显示的所有数据后，单击"插入"菜单中的"簇状柱形图"，那么由于增长率的数值相对于销售额来说非常小，这样做出的图表会导致"增长率"数据系列几乎无法显示出来。

那我们应该选择什么样的图表，才能使可视化图表达到最佳状态呢？对于增长型数据，我们一般会选择"带数据标签的折线图"这种图表类型。

单击图表中的某一数据系列，接着单击"图表设计"菜单中的"更改图表类型"。

弹出"更改图表类型"对话框后，单击"增长率"右侧向下的箭头，在弹出的"图表类型"对话框中，选择"带数据标签的折线图"，并勾选其后面的"次坐标轴"复选框，最后单击"确定"按钮（见图 9.4.16）。

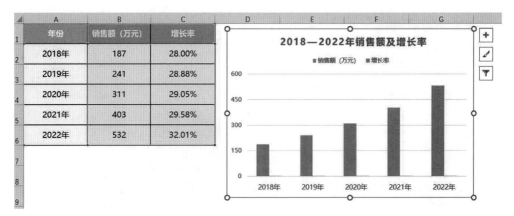

年份	销售额（万元）	增长率
2018年	187	28.00%
2019年	241	28.88%
2020年	311	29.05%
2021年	403	29.58%
2022年	532	32.01%

图 9.4.15 "增长率"数据几乎无法显示

图 9.4.16 更改图表中的系列图表类型

返回工作表后，我们看到图表已经更改为柱状图与折线图的复合图表了。

我们可以进一步美化图表，按照前面讲到的方法，设置数据标签，并且还可以调整坐标轴的步长值，以及柱形图的颜色等。

（1）改变柱形图的颜色

单击选定柱形图数据系列，单击右键选择"设置数据系列格式"，工作表的右侧会弹出"设置数据系列格式"列表，选择"系列选项"下的第一个图标"填充与线条"，在"填充"选项中选择"纯色填充"，在"颜色"位置选择标准色蓝色，同时还可以选择"边框"的类型为"实线"，"颜色"为标准色红色，"宽度"位置填写数值"1"，这样柱形图的外观就被改变了，细心的读者还会发现，柱形图的图例同步发生了改变，如图 9.4.17 所示。

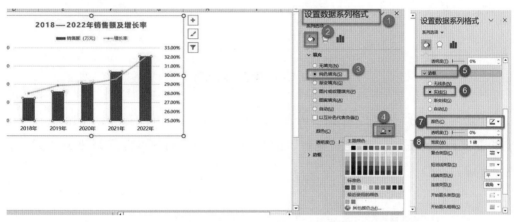

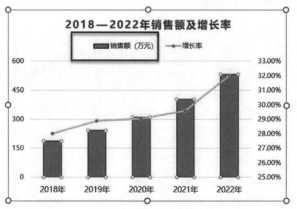

图 9.4.17　改变柱形图的颜色

（2）折线图的修改

单击选中折线图，这时工作表右侧弹出关于折线图的"设置数据系列格式"，这时你会发现折线图的"线条与填充"设置中包含了"线条""标记"两部分，柱形图中并没有"标记"这个选项。

首先我们先对折线图的线条进行设置，"线条"选择"实线"，为了对比明显，"颜色"选择标准色绿色，然后单击"标记"标签，对"标记"进行设置（见图 9.4.18）。

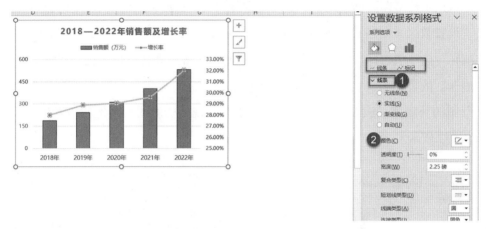

图 9.4.18　设置"线条"

单击勾选"标记选项"中的"内置"选项，单击"类型"右侧向下的箭头，在弹出的下拉列表中选择"第三种类型"的标记，"大小"右侧的数字修改为"8"（见图 9.4.19）。

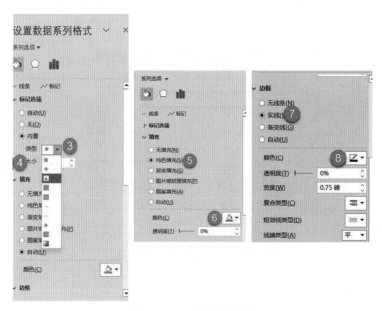

图 9.4.19　设置"标记"

在"填充"选项中选择"纯色填充",颜色为"标准色红色"。

在"边框"选项中选择"实线",颜色为"自动"。

所有设置修改完毕后,折线图的图例也发生了改变,最终效果如图 9.4.20 所示。

图 9.4.20　最终效果

9.5　点睛的打印设置

除了图表的数据可视化,当我们对 Excel 表格中的数据进行讨论时,往往需要将表格进行打印,如何打印出清晰明了的表格呢?

9.5.1　在页眉位置添加信息

Excel 表格打印前有 3 个常被忽略的设置:页眉填写重要信息、页脚有页码和总页数、每页都有标题行。

有了这些信息用户就可以快速了解表格的整体结构,比如表格是哪家公司制作的,总共多少页,翻页的时候也能清晰地知道每一列要表达的信息是什么。

页眉在整个文档的顶部,是读者最先看到的区域。我们一般会在页眉位置加上表格归属和制作者。

有人会问 Excel 添加页眉的方式是不是 Word 一样,直接双击页眉位置进行编辑就行呢?答案是否定的。

Word 是以页面承载内容,Word 中的页面视图就是实际的打印效果。但是 Excel 是以表格承载内容,Excel 编辑状态下的视图方式是普通视图,这种视图下我们完全看不到页眉信息,也不知道 Excel 打印出来是什么样子。

要给 Excel 工作表添加页眉，需要单击工作表右下角的"页面布局"按钮（见图 9.5.1）。此时 Excel 中的界面就会与 Word 相似，这时我们就可以在页眉位置添加页眉内容，并可对字体、字号、颜色等进行设置。设置完毕后，打印出来的每页内容就都会显示页眉内容，示例中添加了"西北民族大学"为页眉。

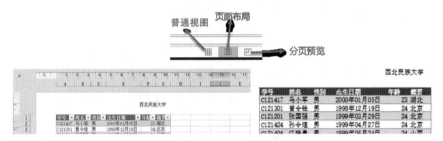

图 9.5.1　选择"页面布局"

如果我们并不满足于在页眉位置添加文本内容，想要添加学校的校徽、单位的标志等其他信息又该怎么做呢？

单击"页面布局"菜单页面设置组右下角的箭头。

弹出"页面设置"对话框后，单击"页眉 / 页脚"标签，单击"自定义页眉"按钮。

在弹出的"页眉"设置对话框中，首先单击"左部"空白区域，然后单击"插入图片"按钮。

弹出插入图片对话框后，找到图片在本机存放的位置，单击选择图片，然后单击"确定"按钮（见图 9.5.2）。

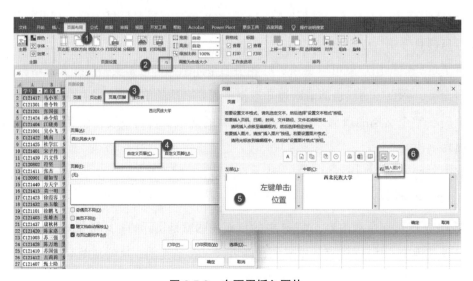

图 9.5.2　在页眉插入图片

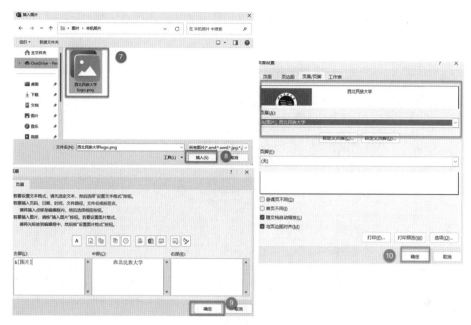

图 9.5.2　在页眉插入图片（续）

图片插入完成后，我们返回"页面设置"对话框，这时"页眉"下方位置会出现我们目前添加的页眉信息，并且有预览信息，继续单击"确定"按钮，带照片的页眉就添加完成了。

此时会出现另外一个问题，照片尺寸太大覆盖了表格内容，为了美观，也为了信息显示完整，需要调整页眉图片的大小。

单击页眉，这时菜单栏会出现一个隐藏菜单"页眉和页脚"。单击"页眉和页脚"菜单中的"设置图片格式"，在弹出的"设置图片格式"对话框中，我们可以按比例调整页眉图片的大小。在"比例"位置的高度后面输入 20%，宽度也会自动变成 20%，单击"确定"按钮（见图 9.5.3）。

9.5.2　在页脚位置添加页码和总页数

Excel 处理的数据往往是比较多的，如果打印出来的文档页数较多，且未给这些表格添加页码时，就会给浏览数据的人带来困扰，比如当前是第几页？总共有几页？给每页添加页码，我们可以快速定位所需信息的位置。而且知道了总页数，读者才能知道自己的浏览进度。

页脚的添加方式跟页眉类似。单击"页面布局"菜单页面设置组右下角的箭头。弹出"页面设置"对话框后，单击"页眉 / 页脚"标签，单击页脚位置向下的箭头，在弹出的列表中选择第 2 种页脚类型"第 1 页，共 ? 页"，最后单击"确定"按钮（见图 9.5.4）。

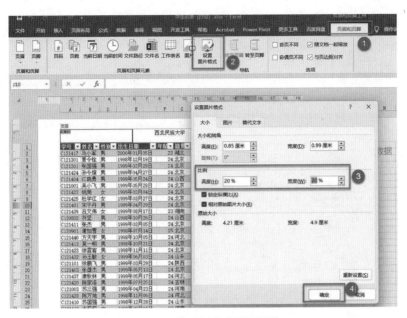

图 9.5.3　按比例缩小页眉图片

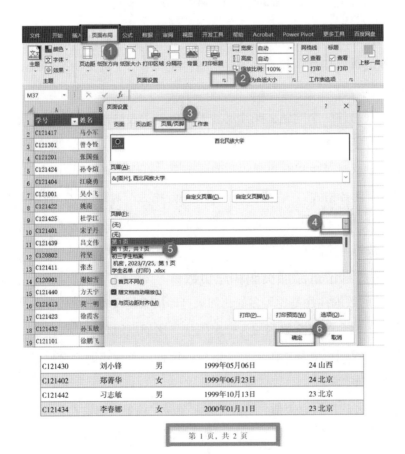

C121430	刘小锋	男	1999年05月06日	24 山西
C121402	郑菁华	女	1999年06月23日	24 北京
C121442	习志敏	男	1999年10月13日	23 北京
C121434	李春娜	女	2000年01月11日	23 北京

第 1 页，共 2 页

图 9.5.4　添加页码和总页数

9.5.3　每页都打印出标题行

我们还是以学生名单为例，一般情况下，第一页是有标题行的，而第二页是直接从数据开始（见图 9.5.5），其他的列通过猜测可能会知道这一列的内容是什么，但是"学号"列和"年龄"列就不容易判断了。

图 9.5.5　第二页无标题行

如果手动在每页的最上方插入一行标题，表面上看似完成了要求，但每页都需要新增一行，而且表格中一旦某一行被删除或者新增一行后，那所有的标题行都要重新调整。

有没有一种方法可以让表格在打印时，自动给每页添加标题行呢？

单击"页面布局"菜单页面设置组中的"打印标题"。

在弹出的"页面设置"对话框中，将光标停留在"顶端标题行"输入框中，然后选中数据表中的标题行，单击"打印预览"查看结果，这时就会发现标题行已经出现在每页中了（见图 9.5.6）。

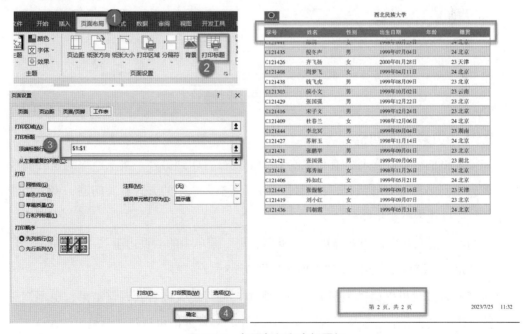

图 9.5.6　每页都打印出标题行

227

如果在实际工作中，列标题有两行，那么在选中标题行步骤就选中两行。

9.5.4 居中打印表格

如何才能让打印出来的表格水平居中显示呢？单击"页面布局"菜单页面设置组右下角的箭头。在弹出的"页面设置"对话框中，单击"页边距"标签，勾选左下角"居中方式"中的"水平"复选框，单击"确定"按钮，这样表格就能水平居中显示了（见图 9.5.7）。

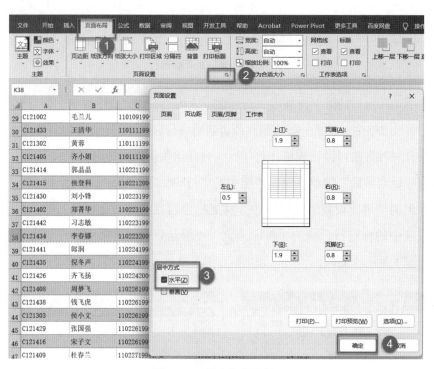

图 9.5.7　居中打印表格

9.5.5 页边距的调整

如果表格的列数较多时，有可能会有少数列被打印到另外一页上。遇到这种有少数列被分割到另外一页的情况，我们可以通过调整页边距的方式解决问题，将页边距调小，就可以让表格显示完整。

常用的调整页边距的方法是单击"页面布局"菜单中的"页边距"，然后单击"自定义页边距"，手动调整各边距的数值（见图 9.5.8）。

这种调整方式可以精确调整页边距的数值，但不能直接看到调整结果，也不知道现在的页边距是否合适，表格是否已经显示完整，如何才能可视化地调整页边距呢？

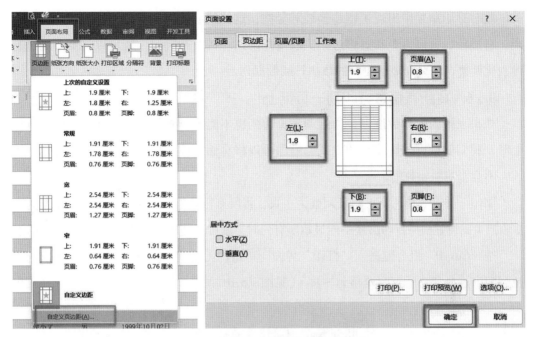

图 9.5.8　调整页边距

我们在表格界面按 "Ctrl+P" 组合键打开 "打印" 界面，在界面右下角单击 "显示页边距" 按钮（见图 9.5.9）。

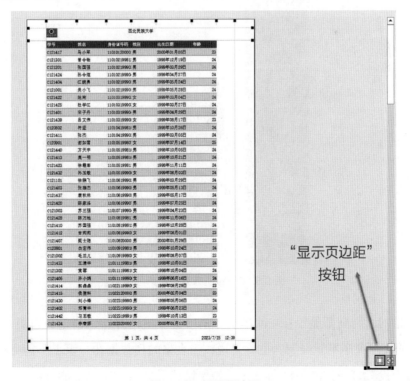

"显示页边距"
按钮

图 9.5.9　显示页边距

此时打印预览中出现了很多横线和竖线，这些线分别控制上边距、下边距、左边距、右边距、页眉边距和页脚边距。通过拖动这些横线和竖线，就可以将页边距进行可视化调整，使页面显示更多的数据行或数据列。

9.5.6　将所有信息打印到一页纸上

如果表格内容列数过多，通过调整页边距也不能将所有数据完整地显示到一页纸上时，我们就可以采用缩印的方式。缩印可以将页面字体大小、行距、列宽等比例缩放，不会影响原始数据。

缩印一共有 3 种：将工作表调整为一页、将所有行调整为一页、将所有列调整为一页。当页面设置横向打印后还不能显示所有列时，就可以使用"将所有列调整为一页"。

按"Ctrl+P"组合键进入"打印"界面，单击"无缩放"向下的箭头，在弹出的下拉列表中选择"将所有列调整为一页"（见图 9.5.10）。

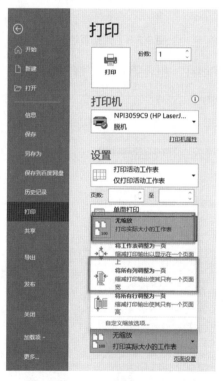

图 9.5.10　将所有列调整为一页

让表格的所有列都显示在一页的方法有 3 种：横向打印、调整页边距、缩印。这 3 种方式的使用顺序不能颠倒，也就是说，当表格的列数据在一页上不能完整显示时，首先要考虑设置打印方向为横向打印，如果设置了横向打印也不能显示完整，就可以通过调整页边距，这时还不能显示完整的话，就使用缩印功能。因为缩印会缩小字号，影响阅读，建议非必须不使用这项功能。

9.5.7 如何将表格打印到不同类型的纸张上

我们在制作电子版表格时，纸张类型一般默认 A4 纸，但打印的时候，如果需要将 A4 纸上的内容打印到其他纸张类型上，比如"A6"纸上，又该如何操作呢?

按"Ctrl+P"组合键弹出打印预览界面，单击"打印机属性"按钮，在弹出的打印机属性对话框中，单击"效果"标签，在弹出的"效果"页面中选择"调整尺寸选项"中的"文档打印在"，然后单击下拉列表选择匹配的纸张尺寸，最后单击"确定"(见图 9.5.11)。

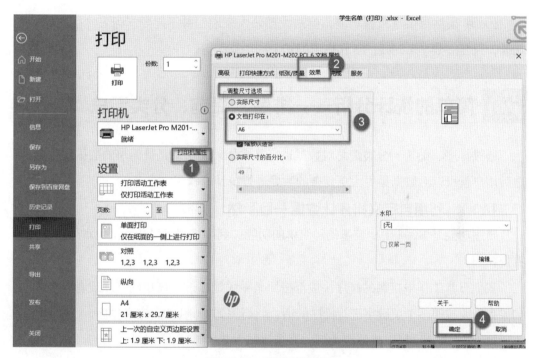

图 9.5.11 修改纸张类型

这种打印方式可以在不调整原表格结构的情况下，将表格完整地打印在其他纸张上。

第 10 章
数据统计分析快速上手

我们使用 Excel 最主要的目的是进行数据分析统计，但在使用 Excel 进行数据分析统计过程中，很多人都不知道该如何操作。

Excel 虽然提供了大量功能，但对大部分人来说，并不需要学习 Excel 的每一个功能，只要需要学习对我们工作有用的知识和功能即可。

10.1 简单的统计分析——排序、筛选、分类汇总

通过排序、筛选、分类汇总对数据进行基本处理，这就是最简单的数据统计分析，之后用户就可以对数据量更大更复杂的数据进行统计分析了。

10.1.1 利用自定义排序让数据一目了然

排序功能是 Excel 中比较基础和简单的功能，利用排序可以让杂乱无章的数据变得有规律。

我们日常工作中接触的排序一般都按照某一关键字进行简单的升序或者降序排序，如果我们要按照多个关键字进行排序的话，就要用到 Excel 的自定义排序。

打开 Excel，这里以成绩表为例，要求按照主要关键字"班级"进行升序排序，次要关键字"总分"降序排序。

选中需要排序的区域，然后单击"开始"菜单中的"排序和筛选"。在弹出的对话框中，选择"自定义排序"选项（见图 10.1.1）。

在"排序"对话框中，单击"排序依据"右侧向下的按钮，选择"班级"。然后，单击"添加条件"，出现"次要关键字"后，选择"总分"，最后单击"确定"。此时表格会先按照"班级"升序排序，同一个班级中再按照"总分"升序排序（见图 10.1.2）。

图 10.1.1　选择"自定义排序"

图 10.1.2　自定义排序

自定义排序后数据将按照设置的规则进行排序，这时用户就可以轻松查看和分析数据了。如果希望数据更加直观易懂，我们还可以使用"条件格式"功能。

条件格式可以将数据根据特定条件进行格式设置，从而让数据以更醒目的方式呈现。条件格式位于"开始"菜单中的样式组中，包含突出显示单元格规则、最前/最后规则、数据条、色阶、图标集等功能（见图 10.1.3）。

图 10.1.3　条件格式

打开需要操作的 Excel 表格，这里以找出不及格成绩为例，选择需要操作的数据区域，然后选择"条件格式"功能中的"突出显示单元格规则"，并选择"小于"规则。

在弹出的"小于"对话框中，在左侧数据区域填写"60"，在右侧"设置为"对话框选择你想要的格式，即可达到找出成绩中不及格的成绩并将其标记出来的效果（见图 10.1.4）。

如果规则比较复杂，则可以使用"新建格式规则"功能。我们仍然以"条件格式"使用的表格数据为例，现在需要找出"计算机"这一列中低于平均分的记录，并填充黄色底纹。首先选中"计算机"列的数据，依次选择"条件格式"功能中的"新建规则"。在弹出的"新建规则类型"对话框中选择"仅对高于或低于平均值的数值设置格式"，并在"编辑规则说明"位置选择"低于"，然后单击"格式"按钮（见图 10.1.5）。

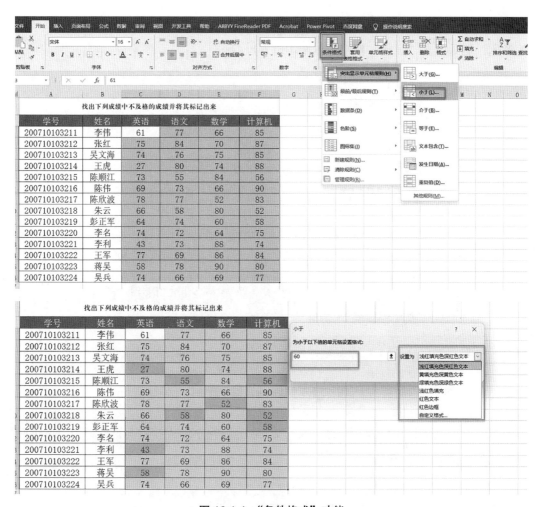

图 10.1.4　"条件格式"功能

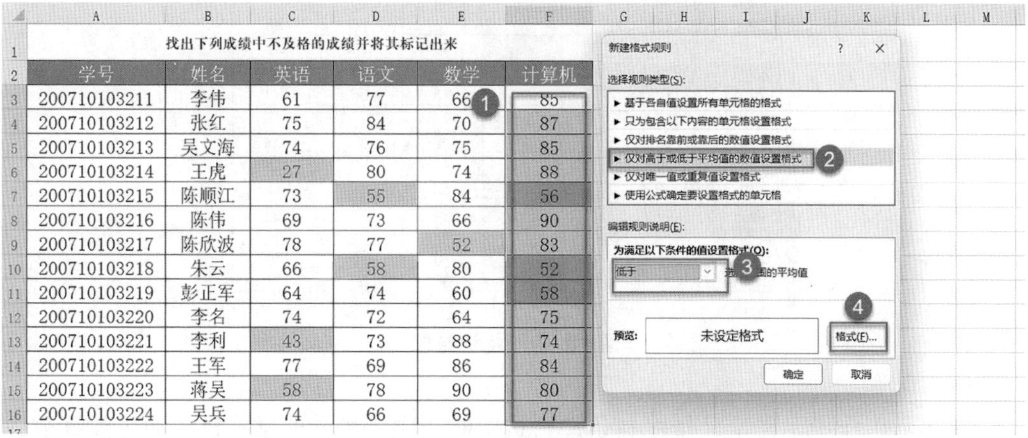

图 10.1.5　仅对高于或低于平均值的数值设置格式

在弹出的"设置单元格格式"对话框中，切换至"填充"页面，选择"背景色"为黄色，然后单击"确定"按钮（见图 10.1.6）。

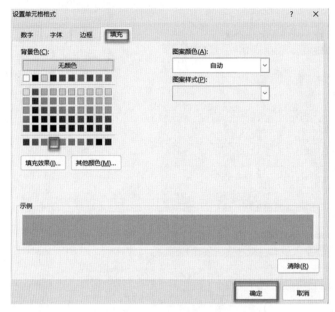

图 10.1.6　选择合适的背景色

"计算机"这门课的平均成绩是 76.7，此时低于 76.7 的成绩就会被标记为"黄色底纹"，结果如图 10.1.7 所示。

学号	姓名	英语	语文	数学	计算机
\multicolumn{6}{} 找出下列成绩中不及格的成绩并将其标记出来
学号	姓名	英语	语文	数学	计算机
200710103211	李伟	61	77	66	85
200710103212	张红	75	84	70	87
200710103213	吴文海	74	76	75	85
200710103214	王虎	27	80	74	88
200710103215	陈顺江	73	55	84	56
200710103216	陈伟	69	73	66	90
200710103217	陈欣波	78	77	52	83
200710103218	朱云	66	58	80	52
200710103219	彭正军	64	74	60	58
200710103220	李名	74	72	64	75
200710103221	李利	43	73	88	74
200710103222	王军	77	69	86	84
200710103223	蒋吴	58	78	90	80
200710103224	吴兵	74	66	69	77

图 10.1.7　标记结果

在实际工作中，自定义排序和条件格式功能的应用场景非常广泛。通过熟练掌握这些技能，我们将能够轻松整理和分析各类数据报表，从而提高工作效率和准确度。

10.1.2　利用高级筛选快速查找和提取分析数据

在当今信息化时代，数据的处理和分析变得越来越重要。而 Excel 作为 Microsoft Office 中的重要组成部分，其提供了许多方便快捷的数据处理和分析工具。其中，高级筛选功能可以让我们快速查找和提取分析数据。

我们以成绩表为例，利用高级筛选，在选定区域设置条件（班级为"2014 级地勤服务 2 班"，排名为前 25 名的学生信息），并将结果显示在原数据区域。

在执行高级筛选操作之前，我们需要了解高级筛选界面。在 Excel 中，"高级筛选"位于"数据"菜单的排序和筛选组中（见图 10.1.8），操作由"方式"对话框、列表区域、条件区域及复制到区域组成。

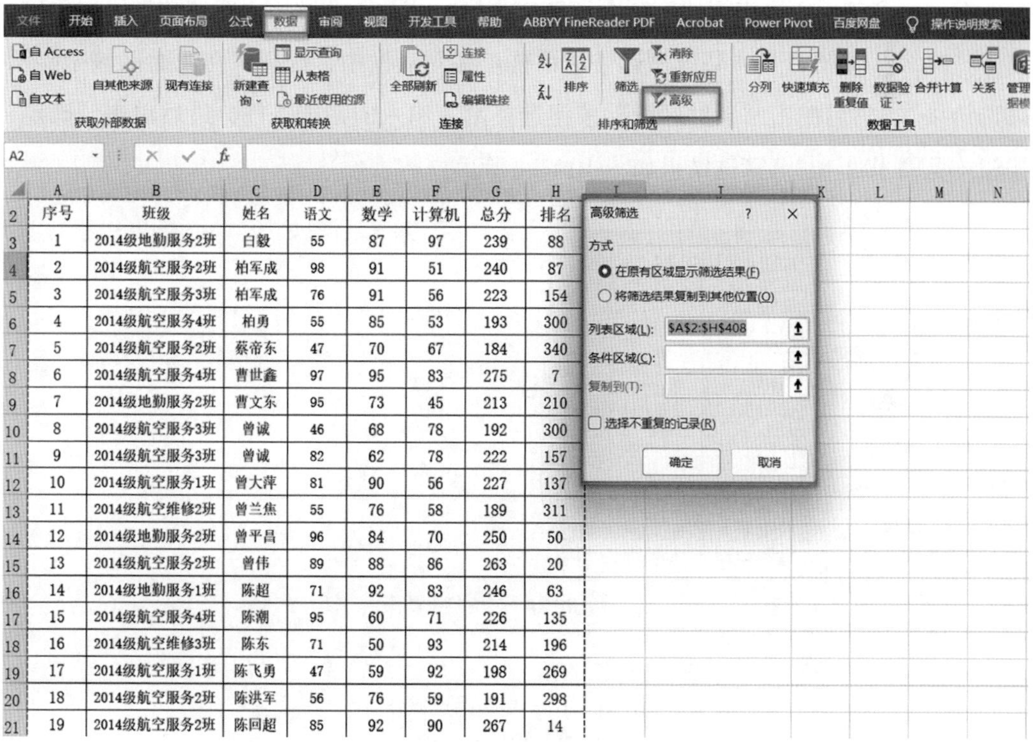

图 10.1.8　高级筛选

在执行高级筛选操作之前，我们需要设置筛选条件。首先，根据要求将筛选条件填写到区域 J5:P6，填写条件时一定要注意，条件的标题和内容必须跟原数据区域中的内容一致，否则会导致筛选不出结果（见图 10.1.9）。

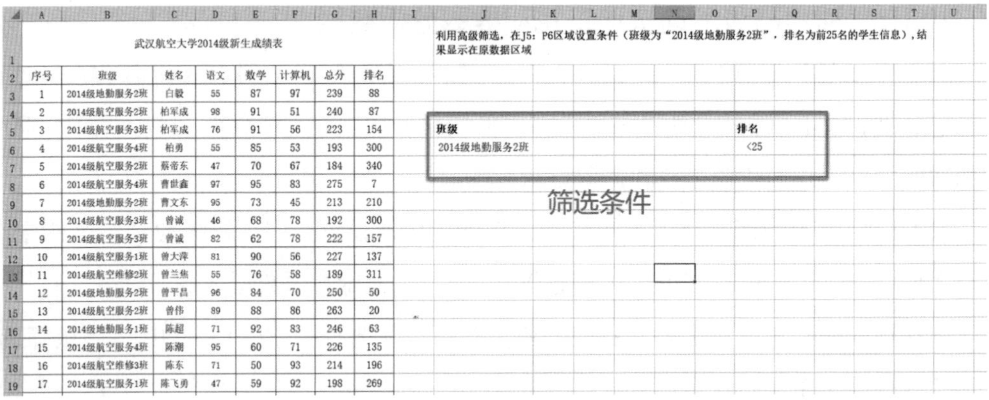

图 10.1.9　填写筛选条件

然后，选中工作表中需要进行筛选的数据区域作为筛选区域。在"数据"菜单中，单击"高级"按钮打开"高级筛选"对话框。在对话框中，选择"在原始区域中显示筛选结果"，然后单击"条件区域"按钮选择刚才输入的筛选条件，最后单击"确定"按钮（见图 10.1.10）。筛选结果如图 10.1.11 所示。

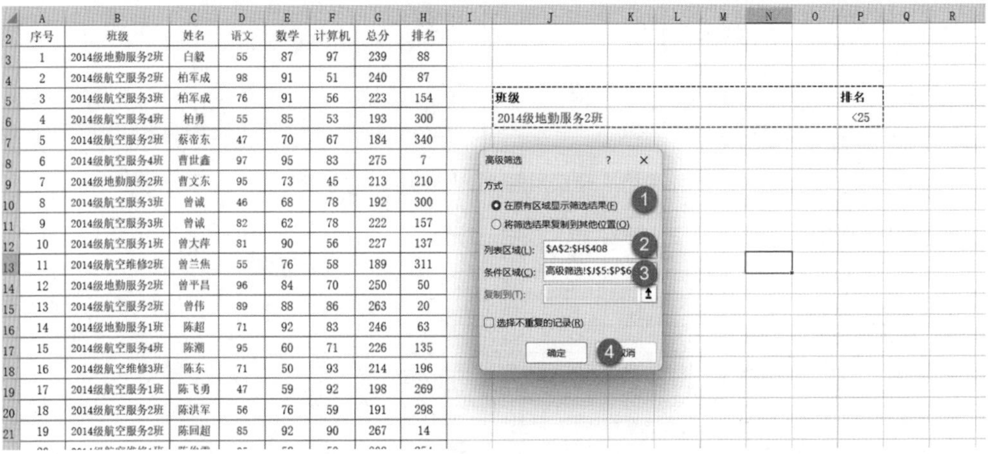

图 10.1.10　高级筛选操作

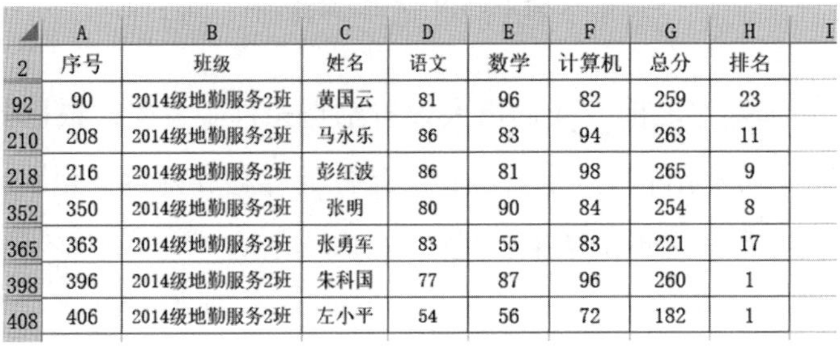

	序号	班级	姓名	语文	数学	计算机	总分	排名	
2									
92	90	2014级地勤服务2班	黄国云	81	96	82	259	23	
210	208	2014级地勤服务2班	马永乐	86	83	94	263	11	
218	216	2014级地勤服务2班	彭红波	86	81	98	265	9	
352	350	2014级地勤服务2班	张明	80	90	84	254	8	
365	363	2014级地勤服务2班	张勇军	83	55	83	221	17	
398	396	2014级地勤服务2班	朱科国	77	87	96	260	1	
408	406	2014级地勤服务2班	左小平	54	56	72	182	1	

图 10.1.11　高级筛选结果

如何创建多个筛选条件

如果需要多个筛选条件，我们也可以创建多个条件区域。注意每个条件区域必须紧跟一个空白数据行或列。每个条件区域必须由一个标题行开始，该标题行包含条件名称和条件值。

我们仍以前文素材为例，现在筛选出语文成绩在 80 分及以上，或者数学成绩在 90 分及以上的同学名单，并把结果复制到其他位置。多个筛选条件的高级筛选与单个条件高级筛选的区别在于筛选条件的书写？多个筛选条件就需要多写几行，这里筛选条件的写法如图 10.1.12 所示。

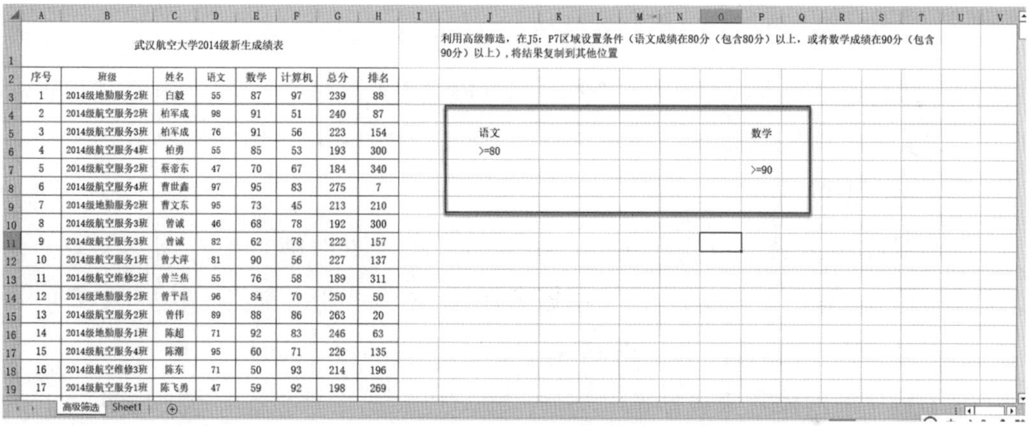

图 10.1.12　多个筛选条件

这里语文的筛选条件和数学的筛选条件为什么要分别写在两行呢？如果写到同一行又该如何解读呢？如果高级筛选有多个筛选条件，并且筛选条件分别写在不同的行，那么这几个筛选条件之间的关系就是"或"的关系，如图 10.1.13 所示，筛选条件可以解读为：筛选出语文成绩在 80 分及以上，或者数学成绩在 90 分及以上的同学名单。

语文		数学
>=80	条件分别写在不同的行	
		>=90

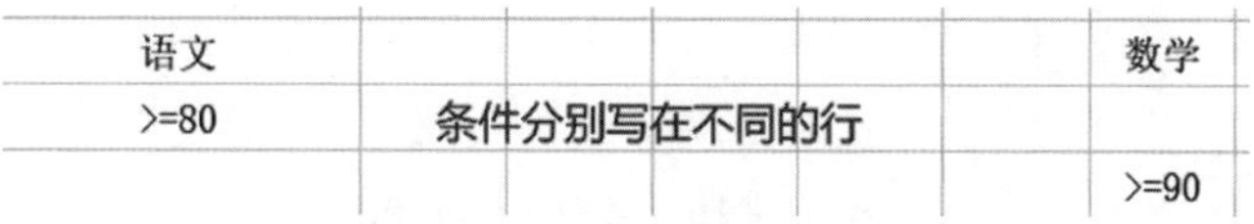

图 10.1.13　"或"的关系

如果高级筛选有多个筛选条件，并且筛选条件写在同一行，那么这几个筛选条件之间的关系就是"且"的关系，如图 10.1.14 所示，条件可以解读为：筛选出语文成绩在 80 分及以上，并且数学成绩在 90 分及以上的同学名单。

语文	条件写在同一行			数学
>=80				>=90

图 10.1.14 "且"的关系

在设置完筛选条件后，根据前文"高级筛选"部分进行操作。在"高级筛选"对话框中选择"将筛选结果复制到其他位置"选项并指定要复制的区域即可。

10.1.3 分类汇总与合并计算，一键搞定你的汇总统计

在现代办公中，数据的汇总和统计是十分常见的任务。分类汇总和合并计算作为两种重要的数据处理方法，能够将分散的数据按照一定的规则进行整理和计算，从而帮助我们更好地进行分析和决策。本小节将介绍分类汇总与合并计算在高效办公中的应用，以实际案例为基础，深入剖析它们在数据汇总统计中的作用。

（1）分类汇总

分类汇总能够根据某个分类字段对数据进行分组，并对每个组进行汇总计算。无论是分析销售数据、学生成绩，还是分析财务报表，分类汇总都能提高数据处理的效率。接下来，我们将结合具体实例详细介绍如何使用分类汇总功能。

我们以"数据库技术成绩单"为例，相关数据及分类汇总的要求如图 10.1.15 所示。

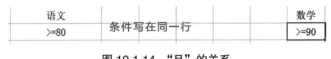

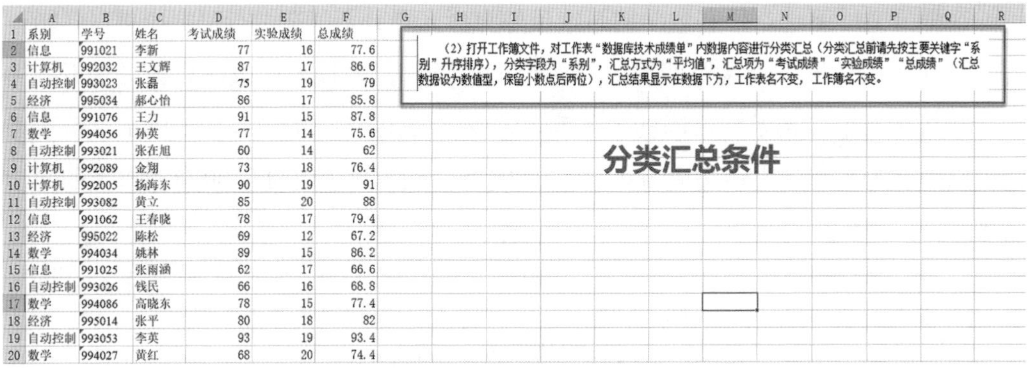

图 10.1.15 分类汇总要求

步骤一：选择数据区域

打开包含数据的工作表，选择需要汇总的整个数据区域，包括标题行，这里选中 A1:F20。

步骤二：排序数据

在进行分类汇总前，先确保数据已根据需要分类的字段进行排序，这一步非常重要，决定了分类汇总的结果是否正确。在这个例子中，我们需要按"系别"进行排序。首先选择"数据"菜单，然后单击"排序"按钮，在弹出的对话框中选择"系别"作为主要关键字进行排序。

步骤三：分类汇总并设置分类汇总选项

选择"数据"菜单，单击"分类汇总"按钮。在弹出的对话框中，"分类字段"选择"系别"，"汇总方式"选择"平均值"，"汇总项"选择需要汇总的字段（这里选择"考试成绩""实验成绩"和"总成绩"），最后单击"确定"按钮，如图 10.1.16所示。

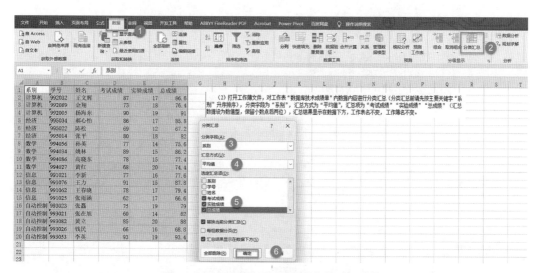

图 10.1.16　分类汇总并设置分类汇总选项

步骤四：完成分类汇总

此时 Excel 将自动生成分类汇总结果。结果会显示在数据区域的下方，每个分类字段的汇总结果如图 10.1.17 所示。

步骤五：设置汇总项的单元格格式

按住 Ctrl 键，分别选择计算机平均值、经济平均值、数学平均值、自动控制平均值以及总计平均值，使用"Ctrl+1"组合键弹出设置单元格格式对话框，在分类选择卡中选择"数值"，在右侧设置区域设置小数位数为 2，并单击确定（见图 10.1.18）。

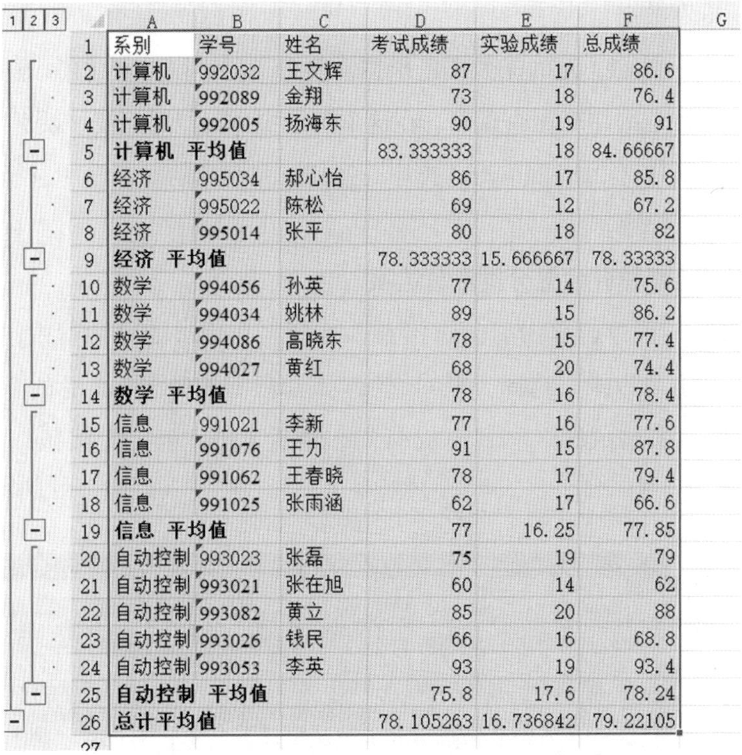

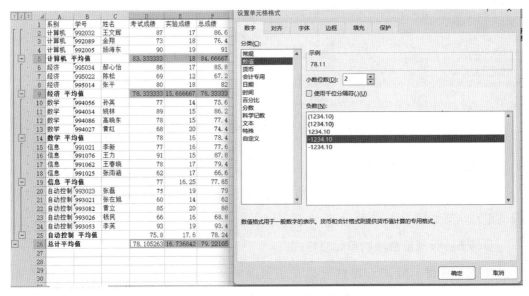

图 10.1.17　分类汇总结果

图 10.1.18　设置汇总项的单元格格式

　　最后满足条件的分类汇总就设置完成了（见图 10.1.19）。通过以上步骤，我们可以在 Excel 中轻松实现分类汇总功能，这不仅有助于数据的分组和分析，还能显著提高工作效率。

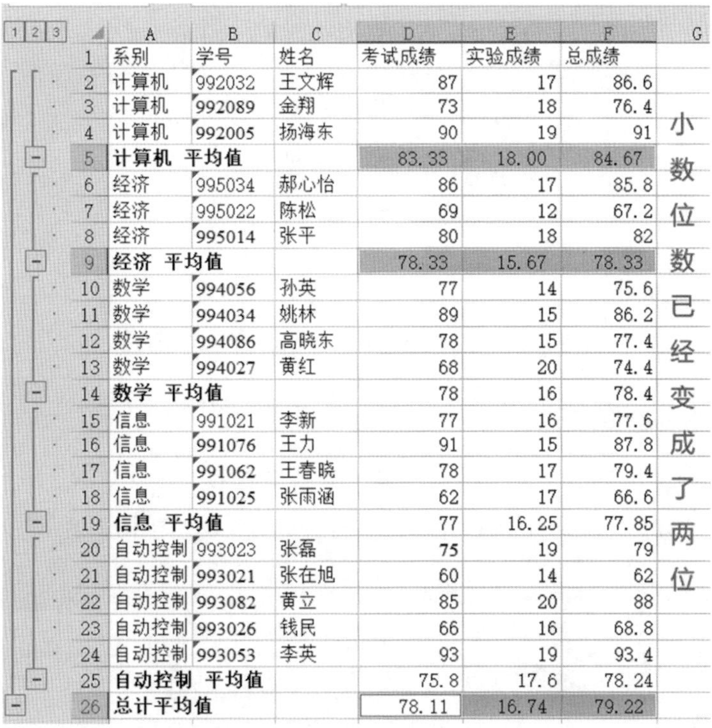

1 2 3		A	B	C	D	E	F	G
	1	系别	学号	姓名	考试成绩	实验成绩	总成绩	
	2	计算机	992032	王文辉	87	17	86.6	小
	3	计算机	992089	金翔	73	18	76.4	
	4	计算机	992005	扬海东	90	19	91	数
	5	计算机 平均值			83.33	18.00	84.67	位
	6	经济	995034	郝心怡	86	17	85.8	
	7	经济	995022	陈松	69	12	67.2	数
	8	经济	995014	张平	80	18	82	已
	9	经济 平均值			78.33	15.67	78.33	经
	10	数学	994056	孙英	77	14	75.6	
	11	数学	994034	姚林	89	15	86.2	变
	12	数学	994086	高晓东	78	15	77.4	成
	13	数学	994027	黄红	68	20	74.4	了
	14	数学 平均值			78	16	78.4	两
	15	信息	991021	李新	77	16	77.6	位
	16	信息	991076	王力	91	15	87.8	
	17	信息	991062	王春晓	78	17	79.4	
	18	信息	991025	张雨涵	62	17	66.6	
	19	信息 平均值			77	16.25	77.85	
	20	自动控制	993023	张磊	75	19	79	
	21	自动控制	993021	张在旭	60	14	62	
	22	自动控制	993082	黄立	85	20	88	
	23	自动控制	993026	钱民	66	16	68.8	
	24	自动控制	993053	李英	93	19	93.4	
	25	自动控制 平均值			75.8	17.6	78.24	
	26	总计平均值			78.11	16.74	79.22	

图 10.1.19　设置完成后的效果

（2）合并计算

合并计算是 Excel 中非常有用的功能之一，其可将多个工作表或工作簿中的数据汇总成一个综合报告。这一功能能够帮助我们更有效地进行数据分析和决策。接下来，我们将结合具体示例详细讲解如何使用合并计算功能。

这里我们需要创建 4 个工作表，sheet1、sheet2、sheet3 这 3 个工作表分别包含产品 A、B、C 前三个季度的销售额，第四个工作表"合并计算"是用来存放合并计算结果的，也就是将这 3 种产品三个季度的销售额放在一个工作表中，方便后续统计分析。

步骤一：准备数据

确保所有需要合并的数据在不同的工作表中，且格式一致。这里，我们有 3 个工作表，分别代表不同季度的销售数据，每个工作表的结构相同（见图 10.1.20）。

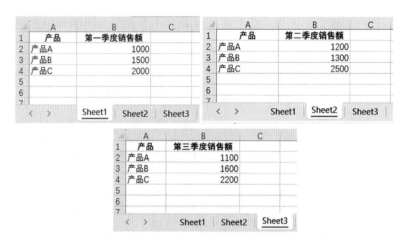

图 10.1.20　产品 A、B、C 前三个季度的销售额

步骤二：选择数据源

在现有文件中，新建一个空白工作表（将其命名为"合并计算"），准备存放合并后的数据。在"数据"菜单中找到并单击"合并计算"（见图 10.1.21）。

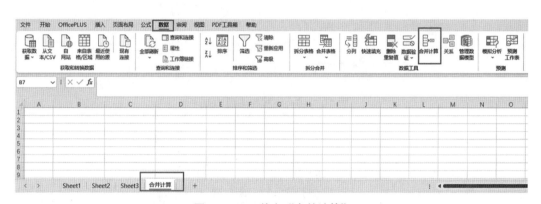

图 10.1.21　单击"合并计算"

步骤三：设置合并计算选项

选择函数：在弹出的"合并计算"对话框中，选择你想要使用的汇总函数。在这个例子中，我们选择"求和"，因为我们想要汇总各季度的销售额。

添加引用位置：单击文本框后面的箭头，切换到"sheet1"工作表，选择 A1:B4 区域，然后单击"添加"。

重复上述步骤，将所有需要合并的数据区域添加进来（即"sheet2"和"sheet3"工作表中的数据）。

标签选项：在"合并计算"对话框中，确保勾选"首行"和"最左列"（见

图 10.1.22）。这将确保 Excel 根据产品名称进行汇总，而不是简单地将所有数据相加，确认设置无误后，单击"确定"按钮。

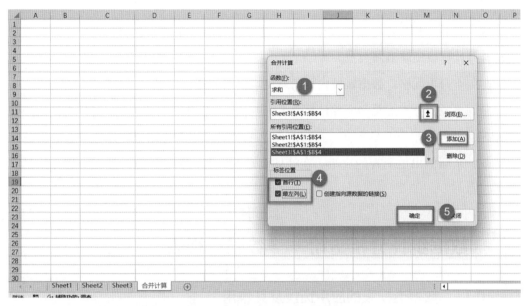

图 10.1.22　设置合并计算选项

步骤四：完成合并计算

查看结果：Excel 会自动生成合并后的数据，并显示在当前工作表（"合并计算"工作表）中。每个产品的销售情况如图 10.1.23 所示。

	A	B	C	D	E
1	产品	第一季度销售额	第二季度销售额	第三季度销售额	
2	产品A	1000	1200	1100	
3	产品B	1500	1300	1600	
4	产品C	2000	2500	2200	
5					
6					
7					

图 10.1.23　合并计算结果

注意事项

数据格式统一：确保所有参与合并计算的工作表中的数据格式一致，字段名称和数据类型相同。

数据区域一致：各个工作表中的数据区域应保持一致，以防止合并计算结果出现错误或不完整。

数据标签的使用：勾选"首行"和"最左列"复选框，确保 Excel 正确识别列标签和行标签，以便准确进行数据汇总。

函数选择：根据需要选择合适的汇总函数，如"求和""平均值""计数"等，满足不同的汇总需求。

数据更新：如果原始数据发生变化，合并计算的结果并不会自动更新，需要重新进行合并计算以反映最新数据。

避免空白单元格：数据区域内尽量避免空白单元格，以确保合并计算结果准确。

总的来说，分类汇总和合并计算是 Excel 中两个非常实用的功能，可以帮助用户快速处理、分析和整合大量数据。通过应用这些功能，用户可以更好地理解数据的分布和特征，从而做出更明智的决策。在处理大量数据时，掌握这两种数据处理方法是非常必要的。

10.2 数据统计分析进阶——数据透视表

10.2.1 数据透视表的应用场景及其作用

数据透视表是 Excel 中的一项强大工具，它应用场景广泛，可以在数据分析、预测、决策等多个领域发挥巨大作用。本小节我们将详细探讨数据透视表的应用场景及其作用。

数据透视表可适用于多种场景。首先，它可以用于分析数据。通过数据透视表的汇总和筛选功能，我们可以快速了解数据的分布和特征。其次，数据透视表还可以用于制作图表。利用数据透视表，我们可以轻松生成各种类型的图表，如柱形图、折线图和饼图等，更直观地展示数据。此外，数据透视表还可以实现数据分析，帮助我们发现数据中的关联和规律，为决策提供有力支持。

数据透视表主要有以下几个作用。首先，使用数据透视表可以提高办公效率。通过快速筛选和汇总数据，用户可以减少手动处理数据的时间和工作量，从而提高工作效率。其次，数据透视表可以降低工作难度。对于不熟悉数据处理的人来说，数据透视表的直观性和易用性使其成为一项对用户友好的工具。此外，数据透视表还可以实现数据分析和预测。通过观察数据的分布和关联，我们可以对数据进行深入挖掘，发现隐藏在数据中的规律和趋势，从而为未来的决策提供依据。

在深入探讨数据透视表时，我们需要注意以下几个方面。首先，如何设置数据透视表的字段至关重要。选择合适的字段可以使数据透视表更加简洁、直观。其次，我们可以通过更改数据透视表的格式来优化其外观和布局。例如，可以调整列宽、字体大小和颜色等属性来使数据透视表更加美观易读。此外，还可以使用条件格式功能来突出显示数据中的异常值或重要信息。

数据透视表在高效办公中具有广泛的应用场景和重要作用。通过使用数据透视表，我们可以快速分析、整理和可视化数据，从而提高工作效率、降低工作难度，并为决策提供有力支持。随着大数据时代的到来，数据分析和预测的重要性日益凸显，而数据透视表无疑将成为我们在这方面的得力助手。因此，掌握数据透视表的使用技巧对提高我们的办公效率和数据分析能力具有重要意义。

10.2.2　数据透视表的创建及美化

数据透视表可以将数据按照指定的方式进行分组、汇总和计算，帮助用户从不同的角度和维度了解数据的分布特征和规律。在构建数据透视表时，我们需要掌握一些基本的步骤和技巧，以便更好地进行数据分析和决策制定。

本小节将通过具体实例和数据来介绍如何构建数据透视表。我们以利达公司 1 月所付工程原料款的详细数据为例，这些数据信息量巨大，如果没有合适的"编辑器"，读起来可真让人头大。此时，就可以用到数据透视表了！表格中的关键字段有日期、项目工程、原料和金额，具体数据如图 10.2.1 所示。

	A	B	C	D
1		利达公司1月所付工程原料款		
2	日期	项目工程	原料	金额（元）
3	2004/1/15	德银工程	细沙	8000
4	2004/1/15	德银工程	钢筋	100000
5	2004/1/15	城市污水工程	钢筋	10000
6	2004/1/15	商业大厦工程	钢筋	80000
7	2004/1/15	银河剧院工程	钢筋	120000
8	2004/1/20	德银工程	大沙	10000
9	2004/1/20	城市污水工程	水泥	8000
10	2004/1/20	商业大厦工程	水泥	50000
11	2004/1/20	银河剧院工程	水泥	90000
12	2004/1/25	德银工程	水泥	60000
13	2004/1/25	城市污水工程	细沙	3000
14	2004/1/25	商业大厦工程	细沙	4000
15	2004/1/25	银河剧院工程	细沙	10000
16	2004/1/30	德银工程	木材	1000
17	2004/1/30	城市污水工程	大沙	1000
18	2004/1/30	城市污水工程	木材	500
19	2004/1/30	商业大厦工程	大沙	6000
20	2004/1/30	商业大厦工程	木材	2000
21	2004/1/30	银河剧院工程	大沙	15000
22	2004/1/30	银河剧院工程	木材	10000

图 10.2.1　关键字段

在这些数据中，我们要统计每种原料每天的支出情况，还要计算出每种原料每天的支出总计，这听起来简直就是一场数据噩梦！但别担心，数据透视表就像魔法师的神奇咒语，能让这一切变得轻松有趣。它不仅能帮我们快速汇总和分类数据，还能让你瞬间获得有价值的信息。如何制作出我们需要的数据透视表呢？首先我们要了解数据透视表的功能。

汇总：数据透视表会自动汇总相同项目工程和原料在不同日期的总金额。

分类：通过筛选，我们可以按项目查看每个项目的详细支出情况。

筛选：我们可以使用数据透视表的筛选功能，快速找到特定条件下的数据，比如某个特定日期或某种原料的支出。

计算：数据透视表还支持添加计算字段，比如计算每个项目的总支出、平均支出等。

生成报表：通过数据透视表，我们可以快速生成报表，帮助管理层了解每个项目的支出情况，并做出相应的决策。

下面，我们一起来看看如何制作数据透视表。

首先打开数据表格，选择数据区域（包含日期、项目工程、原料和金额），注意不要选择标题行。

切换到"插入"菜单，选择"表格"组中的"数据透视表"（见图 10.2.2）。

弹出"来自表格或区域的数据透视表"对话框后，"选择表格或区域"部分显示的数据就是我们刚才选中的需要做统计分析的数据区域，"选择放置数据透视表的位置"部分选择"新工作"，这样统计分析会更清晰明了，最后单击确定按钮（见图 10.2.3）。

此时会出现一个新的工作表，在这个工作表中我们可以通过拖曳的形式完成数据的统计分析。首先我们要确定分析维度：我们可以选择"项目工程"为筛选字段，以"原料"为行字段，以"日期"为列字段，并以"金额（元）"为值字段。这样设置可以帮助我们按不同项目工程和原料类别查看每个日期的支出情况。

在工作表右侧的"数据透视字段"中，先勾选需要的字段，这里我们勾选所有字段。然后，将"项目工程"拖曳到"筛选"区域；将"原料"拖曳到"行"区域；将"日期"拖曳到"列"区域；将"金额（元）"拖曳到"值"区域，并将该项"值字段设置"中的计算类型设置为"求和"。

图 10.2.2　选择"数据透视表"

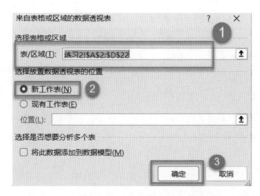

图 10.2.3　设置"来自表格或区域的数据透视表"

完成以上步骤后，我们就能看到一个按项目工程、原料和日期汇总的支出报表（见图 10.2.4）。通过这个报表，我们可以清晰地看到每个项目在不同日期的支出情况，进而优化采购和项目管理流程。

图 10.2.4　制作完成的数据透视表

　　数据透视表作为一种强大的数据分析工具，在各个领域都有广泛的应用。通过对数据的汇总、分类和计算，数据透视表能够帮助我们从大量数据中提取有价值的信息，用于科学决策。无论是财务报表、销售分析，还是项目管理，数据透视表都能大大提高我们的数据处理效率和分析能力。

第 11 章

用函数公式让工作更高效

Excel 是全球范围内广为使用的办公软件，它功能多样，可以进行表格处理、数据分析、图表制作等，在众多功能中，它的函数和公式功能最为强大。通过使用 Excel 的函数和公式，我们能够更高效地处理和分析数据，从而更好地支持决策制定和工作流程。

11.1 玩转函数不用背——入门级函数公式

在开始学习 Excel 函数之前，我们先了解一下 Excel 函数的基础概念。函数是预先定义的数学、文本、逻辑和统计计算规则，可以帮助用户执行各种任务。每个函数都有一个名称，后面跟着括号，括号内包含函数所需的参数。

11.1.1 函数的结构

函数的结构通常如下所示。

= 函数名（参数 1, 参数 2, …）

函数名指定了要执行的操作，而参数是函数操作所需要的输入。函数参数可以是数值、单元格引用或其他函数的嵌套组合。例如，SUM 函数用于求和一系列数字，其结构如下。

=SUM（参数 1, 参数 2, …）

11.1.2 常用函数

Excel 中有很多种函数，包括财务函数、统计函数、数学函数、文本函数等，以下是一些常用函数及其功能。

SUM 函数：用于求和。例如，A1:E1 区域中分别存放着 1、2、3、4、5，现在要对其进行求和，在 F1 单元格中输入公式 "=SUM(A1:E1)"，输完公式后按 Enter 键，结果即可显示在 F1 单元格中（见图 11.1.1）。

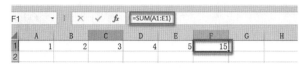

图 11.1.1　SUM 函数

AVERAGE 函数：用于计算平均值。仍然以刚才的 5 个数据为例，将数据复制到 A2:E2 区域中，在 F2 中输入 "AVERAGE(A2:E2)"，即可得到 5 个数的平均值（见图 11.1.2）。

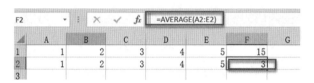

图 11.1.2　AVERAGE 函数

MAX 函数和 MIN 函数：分别用于查找最大值和最小值。继续将这个五个数分别复制到 A3:E3 区域和 A4:E4 区域，在 F3 中输入 "MAX(A3:E3)"，在 F4 中输入 "MIN(A4:E4)"（见图 11.1.3）。

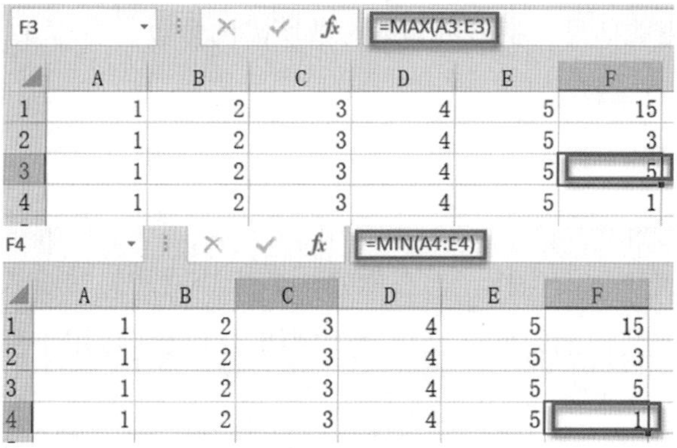

图 11.1.3　MAX 函数和 MIN 函数

在 Excel 表格中，COUNT 函数主要用于计算指定单元格区域范围内，所包含数字的单元格个数，例如统计获奖人数、售卖数量等，在实际案例中应用广泛。使用 COUNT 函数时，只要有 1 个及以上参数即可运算。那么，Excel 中计数函数 COUNT 怎么用？计数函数结果为什么有时是 0？接下来就一起来看看这两个问题的答案。

（1）Excel 中计数函数 COUNT 怎么用

我们以图 11.1.4 为例，在 E4 单元格中输入 =COUNT(A1:A11)。注意：这里的括号要在英文状态下输入。按下 Enter 键，即可对选中的区域进行计数，也就是求得区域内有多少个数值。

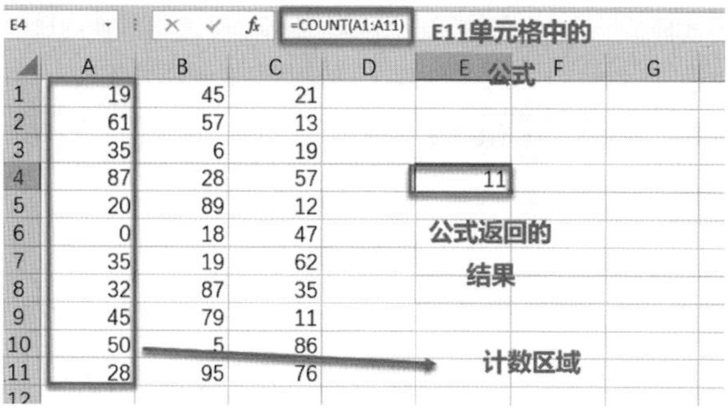

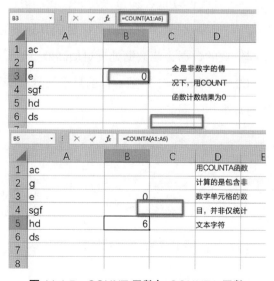

图 11.1.4 COUNT 函数

（2）计数函数结果为什么有时是 0

我们在使用计数函数时，有时候运算结果会显示为 0。这种情况一般有两个原因：一是所选区域内没有纯数字单元格，不符合 COUNT 函数计数规则；二是数据所在列为文本格式，此时需要先将单元格设置为常规，再进行计数。针对这两种情况，我们一一进行分析。

①如果所选区域内没有纯数字，全是文本，则无法使用 COUNT 函数进行计数。COUNT 函数只针对数值，而 COUNTA 函数可以合计字符。如果我们需要对文本字符进行计数的话，就把 COUNT 函数改成 COUNTA 函数，计数的方法与上文一致（见图 11.1.5）。

图 11.1.5 COUNT 函数与 COUNTA 函数

②排除上一种情况后，如果计数还为 0，那可能是存在格式错误。可以先对单元格格式进行设置（见图 11.1.6）。

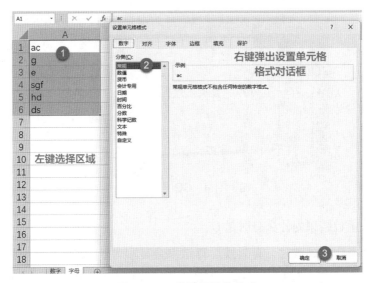

图 11.1.6　设置单元格格式

按住鼠标左键，拖动鼠标选中计数区域，然后单击鼠标右键，选择"设置单元格格式"。在"分类"中选择"常规"，然后单击右下角的"确定"按钮。设置好后即可对所选区域进行计数，具体步骤参考前文。

11.1.3　自动填充函数公式

Excel 的自动填充是一个强大的功能，通过该功能，我们可以快速将函数应用到其他数据中。我们只需编写一次函数公式，然后将其拖曳到其他单元格，Excel 会自动调整参数引用，以适应不同位置的数据，使数据处理更加高效。

图 11.1.7 是某地区 2003—2005 年 1 月至 6 月的月平均气温统计表，我们将使用自动填充功能计算这 3 年的月平均气温。

	A	B	C	D	E	F	G
1	气温统计表						
2	月份	1月	2月	3月	4月	5月	6月
3	2003年	2.3	5.1	10.6	15.7	24.5	30.1
4	2004年	2.5	5.3	10.9	15.1	24.2	29.6
5	2005年	2.2	5.2	10.3	15.3	25	30.5
6	月平均气温						

图 11.1.7　气温统计表

输入公式：首先，我们在 B6 单元格中输入公式"=AVERAGE(B3:B5)"，用于计算

2003 年至 2005 年 1 月的平均气温。

自动填充公式：将鼠标指针放在公式单元格（B6）右下角的小方块上，当鼠标指针变成十字形时，按住左键向右拖动，覆盖到 G6 单元格。Excel 会自动调整公式中的参数，以适应单元格的数据。

自动填充后，我们就可以快速算出 2003 年至 2005 年 1 月至 6 月的平均气温了（见图 11.1.8）。

图 11.1.8 应用自动填充功能

通过使用自动填充功能，我们可以轻松地将同一个公式应用到多个单元格中，提高数据处理效率。此功能适用于需要对大批量数据进行相同计算的场景。

11.1.4 错误处理

在使用 Excel 函数时，有时会遇到错误。这些错误通常是由于参数引用不正确或函数公式本身存在问题引起的。Excel 提供了一些工具和方法来帮助我们诊断和纠正这些错误。

（1）常见错误类型及其原因

#DIV/0!：尝试除以零。这通常发生在分母单元格为空或为零的情况下。

#N/A：值不可用。当函数或公式无法找到所需的数据时，会出现此错误。

#VALUE!：数据类型不匹配。例如，在要求输入数值的地方输入了文本。

#REF!：无效的单元格引用。通常发生在删除了公式中引用的单元格或范围后。

#NAME?：Excel 无法识别公式中的文本。例如，函数名拼写错误或引用的名称范围不存在。

#NUM!：数值问题。通常出现在公式生成了无效的数字结果时。

（2）错误处理工具和方法

公式审阅工具：在 Excel 中，我们可以使用"错误检查"来检查公式中的错误。通过"公式"菜单中的"错误检查"功能，我们可以逐步排查公式中的问题（见图 11.1.9）。

图 11.1.9　错误检查

错误值捕获：使用函数如 IFERROR 或 IFNA 来捕获错误并提供替代值。例如，公式"=IFERROR(A1/B1,"错误")"可以在发生除零错误时返回"错误"而不是"#DIV/0!"（见图 11.1.10）。

图 11.1.10　返回"错误"

跟踪单元格：使用"公式"菜单中的"追踪引用单元格"和"追踪从属单元格"，可以帮助我们可视化公式中引用的单元格关系，找出错误的来源（见图 11.1.11）。

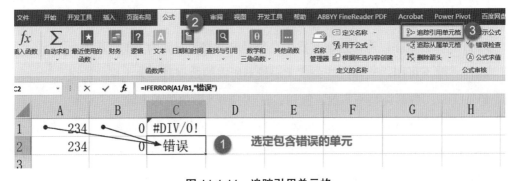

图 11.1.11　追踪引用单元格

11.1.5　实践是关键

想要真正掌握 Excel 函数，最重要的是要不断实践。通过处理不同类型的数据和任务，我们将更加熟练地使用各种函数。不要害怕使用函数的过程出现错误，因为错误是学习的一部分。只有不断练习和探索，才能更加精通 Excel 函数，提高数据处理和分析效率。

11.2　揭秘 Excel 排名——深入解析 RANK 函数

在处理数据、分析数据时，Excel 无疑是大部分人喜爱的得力工具之一。想要在庞大的数据集中找寻和整理出信息的优先级，排序与排名自然成为一个不可避免的环节。在本节中，我们将着重探讨 Excel 中用于执行排名任务的 RANK 函数，通过细致解析、实用示例和小技巧，一起理解和掌握 RANK 函数。

11.2.1　RANK 函数的基本语法

在深入探讨 RANK 函数的使用之前，我们首先了解一下它的基本结构和语法。RANK 函数能够计算数字在一组数据中的排名。

其基本语法结构如下：

RANK(数值 , 引用 , [逻辑值])

数值：我们要排名的数字；

引用：包含数值的区域或数组；

逻辑值：指定排名的顺序。1 表示升序，0 表示降序。

注意：RANK 函数在较新版本的 Excel 中已经被 RANK.EQ 和 RANK.AVG 所取代，以提供更加明确和多样的排名方式，但其基本使用逻辑和语法仍是类似的。

假设我们有一组学生考试成绩，数据如图 11.2.1 所示。

学生姓名	分数
张三	85
李四	90
王五	78
赵六	92
孙七	85

图 11.2.1　学生考试成绩

接下来，我们使用 RANK.EQ 函数计算排名。

RANK.EQ 函数：用于计算数字在列表中的排名。如果有重复值，它们将共享相同的排名。这里我们按降序排列学生的成绩排名，在 B2 单元格中输入"=RANK.EQ(B2, $B$2:$B$6,0)"，所得结果如图 11.2.2 所示。

	A	B	C
1	学生姓名	分数	排名
2	张三	85	3
3	李四	90	2
4	王五	78	5
5	赵六	92	1
6	孙七	85	3

图 11.2.2　用 RANK.EQ 函数计算排名

在这个示例中，张三和孙七的分数相同，因此它们共享相同的排名。

接下来，我们使用 RANK.AVG 函数计算排名。

RANK.AVG 函数：用于计算数字在列表中的排名。如果有重复值，它们将共享相同的排名，但返回值为这些位置的平均排名。我们仍然以刚才的学生成绩为例，在 B2 单元格中输入"=RANK.AVG(B2, $B$2:$B$6,0)"，所得结果如图 11.2.3 所示。

	A	B	C
1	学生姓名	分数	排名
2	张三	85	3.5
3	李四	90	2
4	王五	78	5
5	赵六	92	1
6	孙七	85	3.5

图 11.2.3　用 RANK.AVG 函数计算排名

在这个示例中，张三和孙七的分数相同，因此它们共享相同的平均排名 3.5。

11.2.2　实用案例

在本小节中，我们将结合实际案例演示如何使用 RANK 函数对数据进行排序。我们以某运动会的成绩统计表为例（见图 11.2.4），使用 RANK 函数对各队的总积分进行排名。

	A	B	C	D	E	F
1	某运动会成绩统计表					
2	队名	金牌	银牌	铜牌	总积分	积分排名
3	A队	29	77	69		
4	B队	22	59	78		
5	C队	18	45	78		
6	D队	34	46	62		
7	E队	21	41	53		
8	F队	26	72	60		
9	G队	17	49	45		
10	H队	31	31	35		
11	I队	38	32	24		
12	J队	15	27	12		
13	K队	36	26	28		
14	L队	7	21	20		
15	M队	14	32	18		

图 11.2.4　某运动会成绩统计表

首先，我们需要计算各队的总积分。假设金牌、银牌和铜牌的积分分别为 10 分、7 分和 3 分。我们可以在 E3 单元格中输入“= B3 * 10 + C3 * 7 + D3 * 3”来计算每个队的总积分。

然后，将此公式向下自动填充至所有队伍的总积分单元格（E2:E15），即可得到每个队伍的总积分。

接下来我们使用 RANK 函数进行排名，计算完总积分后，我们在 F3 单元格中输入“= RANK(E3,$E$3:$E$15, 0)”，0 表示降序（默认），1 表示升序。

然后，将此公式向下填充至所有队伍的积分排名单元格（F3:F15），即可得到每个队伍的积分排名（见图 11.2.5）。

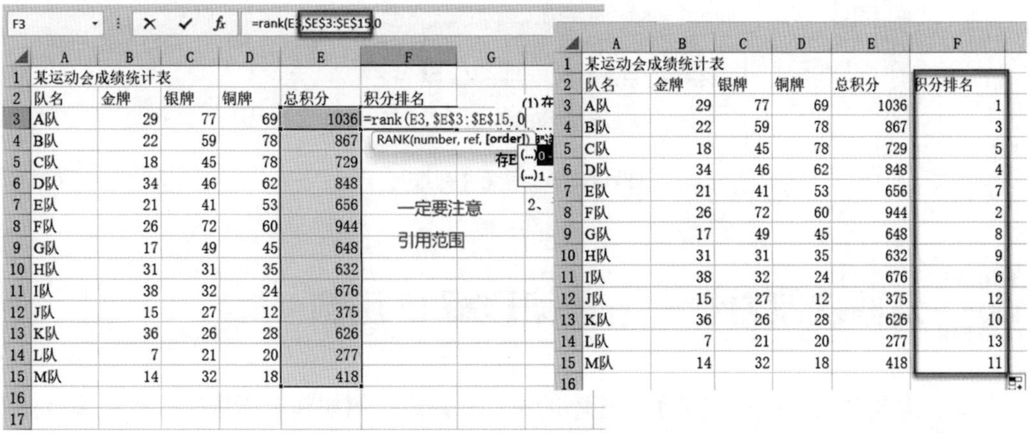

	A	B	C	D	E	F
1	某运动会成绩统计表					
2	队名	金牌	银牌	铜牌	总积分	积分排名
3	A队	29	77	69	1036	1
4	B队	22	59	78	867	3
5	C队	18	45	78	729	5
6	D队	34	46	62	848	4
7	E队	21	41	53	656	7
8	F队	26	72	60	944	2
9	G队	17	49	45	648	8
10	H队	31	31	35	632	9
11	I队	38	32	24	676	6
12	J队	15	27	12	375	12
13	K队	36	26	28	626	10
14	L队	7	21	20	277	13
15	M队	14	32	18	418	11

图 11.2.5　排名结果

11.2.3　避坑指南：处理相同排名的问题

在使用 RANK 函数时，如果数据集中存在相同数值，RANK 函数会为这些相同的数值赋予相同的排名，而下一个数值将跳过若干名次。例如，在某产品各地区销售情况统计表中（见图 11.2.6），有两个 789 并列第一名，而下一个数值将直接跳至第三名。

	A	B	C	D	E	F	G	H	I
1	某产品各地区销售情况统计表								
2	地区	北部	东部	南部	西部	东南	东北	西北	西南
3	销售数量	654	675	789	789	463	365	457	765
5	地区排名	5	4	1	1	6	8	7	3

图 11.2.6　某产品各地区销售情况统计表

为了避免跳级的并列排名，我们可以结合 COUNTIF 函数为重复的数值添加一个微小的差异。这样，每一个排名都将会变得独一无二。在 B5 单元格中输入公式："=RANK(B3,\$B\$3:\$I\$3, 0) + COUNTIF(\$B\$3:B3, B3)–1"。

在这个公式中，COUNTIF 函数计算了在当前单元格之上有多少与当前单元格相同的数值。然后我们减去 1，以确保第一个相同的数值保持其原始排名。这种方法可以确保每个数值有一个唯一的排名，从而避免并列。将此公式向右填充至 I5 单元格，将所有地区的排名都计算出来。最终结果如图 11.2.7 所示。

B5			× ✓ fx	=RANK(B3,\$B\$3:\$I\$3,0) +COUNTIF(\$B\$3:B3,B3)- 1					
	A	B	C	D	E	F	G	H	I
1	某产品各地区销售情况统计表								
2	地区	北部	东部	南部	西部	东南	东北	西北	西南
3	销售数量	654	675	789	789	463	365	457	765
5	地区排名	5	4	1	2	6	8	7	3
6									
7			无重复排名						

图 11.2.7　避免并列排名

11.3　驾驭决策力量——透彻理解 IF 函数

数据分析的过程往往充满了一连串的决策和判断，例如判定销售额是否达到目标、员工是否符合晋升条件等。在 Excel 的强大工具库中，IF 函数以其简单直观的逻辑判断能力，成为数据决策分析中一颗璀璨的明珠。本节将深入解析 IF 函数的核心应用，同时讲解其在各类数据分析场景中的高阶运用技巧。

11.3.1　IF 函数的基本运用

IF 函数在 Excel 中为用户提供基本的逻辑测试，允许用户基于一个条件返回两种可能的结果。

其基本语法格式如下：

IF(逻辑测试 , 值如果为真 , 值如果为假)

逻辑测试：测试的条件；

值如果为真：当逻辑测试为"真"时返回的值；

值如果为假：当逻辑测试为"假"时返回的值。

例如，有一组成绩（73，61，87，69，92，97，91，85，75，98），我们希望在备注列中将成绩在 85 分以上的标注为"优秀"，其余不标注任何内容。

在 B2 单元格中输入"=IF(A2>85," 优秀 ","")"，回车后单元格会显示公式的运行结果，然后将公式进行自动填充至 B11，这样就可以一次性将成绩在 85 分以上的进行备注（见图 11.3.1）。

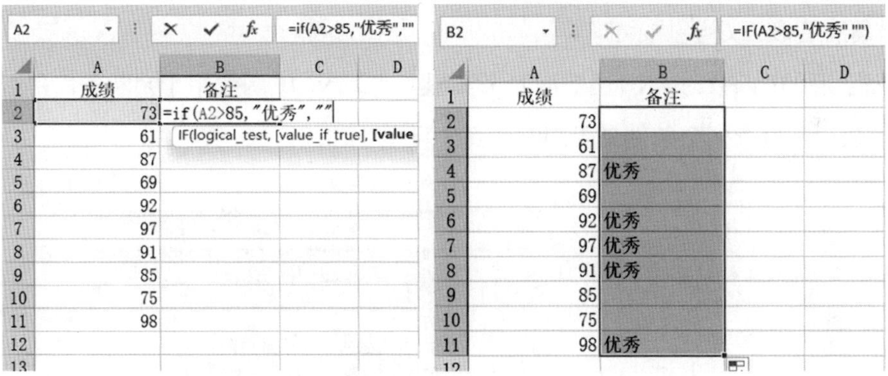

图 11.3.1　IF 函数

11.3.2　嵌套的 IF 函数

我们仍然以上面的一组成绩为例，现在需要对各成绩段进行备注：成绩 >=85，优秀；75~84，良好；60~74，及格；否则，不及格（见图 11.3.2）。

在应用嵌套 IF 函数时，需要特别注意确保每个条件都被涵盖，否则可能会导致结果不准确。

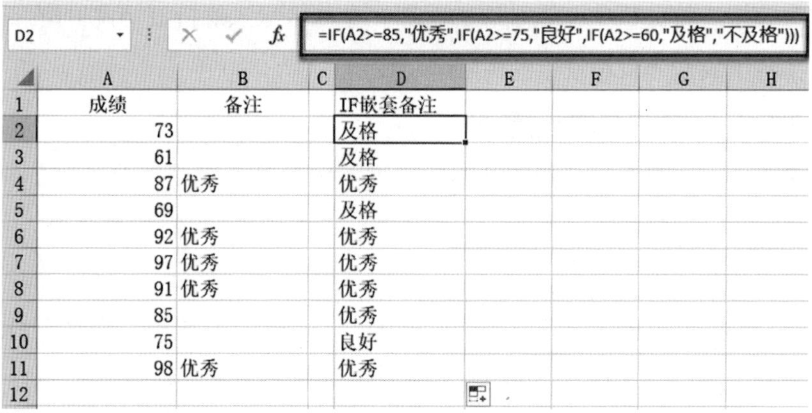

D2 =IF(A2>=85,"优秀",IF(A2>=75,"良好",IF(A2>=60,"及格","不及格")))

	A	B	C	D
1	成绩	备注		IF嵌套备注
2	73			及格
3	61			及格
4	87	优秀		优秀
5	69			及格
6	92	优秀		优秀
7	97	优秀		优秀
8	91	优秀		优秀
9	85			优秀
10	75			良好
11	98	优秀		优秀

图 11.3.2　嵌套的 IF 函数

11.3.3　与其他函数的组合运用

在数据处理和分析中，IF 函数是一个非常强大且常用的工具。它可以根据给定条件返回不同的结果。当我们将 IF 函数与其他函数嵌套使用时，可以实现更复杂的逻辑和数据处理需求。下面通过一个实际案例来讲解 IF 函数与其他函数的嵌套运用。

假设我们有一组学生的成绩数据，包含语文成绩、数学成绩和英语成绩。我们需要对这些数据进行处理，标注出那些语文、数学和英语成绩都在 85 分以上的学生，备注为“符合省级三好学生标准”。

我们使用 IF 函数与 AND 函数嵌套来实现上述需求。IF 函数用于判断条件是否满足，AND 函数用于检查多个条件是否同时为真（见图 11.3.3）。

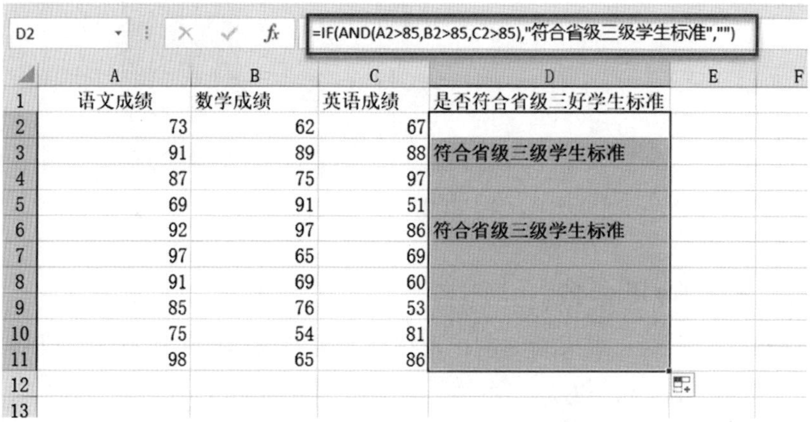

D2 =IF(AND(A2>85,B2>85,C2>85),"符合省级三级学生标准","")

	A	B	C	D
1	语文成绩	数学成绩	英语成绩	是否符合省级三好学生标准
2	73	62	67	
3	91	89	88	符合省级三级学生标准
4	87	75	97	
5	69	91	51	
6	92	97	86	符合省级三级学生标准
7	97	65	69	
8	91	69	60	
9	85	76	53	
10	75	54	81	
11	98	65	86	

图 11.3.3　IF 函数与 AND 函数嵌套使用

IF 函数与其他函数的嵌套使用是数据处理中的重要技巧，可以实现复杂的逻辑判断和数据分类。在实际应用中，根据具体需求选择合适的函数组合，可以大大提高数据处理效率和准确性。

11.4 横跨表格的数据搜寻——VLOOKUP 函数深度解析

在日常的数据处理任务中，我们时常需要跨表查询、整合和分析的需求。VLOOKUP 函数作为 Excel 中的强大查找函数，能够便捷地在不同表格或数据区块之间执行数据查询和抽取工作。本节我们将深入探索 VLOOKUP 函数的秘密，掌握其在实际数据处理中的广泛应用。

11.4.1　VLOOKUP 函数的基础应用

VLOOKUP 函数用于在表格或区域中按行查找内容，其基本语法结构如下：

VLOOKUP（查找值，表格数组，列索引数，[查找范围]）

查找值：我们希望在数据表中查找的键值；

表格数组：查找值所在的表格区域；

列索引数：返回结果所在的列号（与查找值的列相对应）；

查找范围：TRUE 为近似匹配，FALSE 为精确匹配。

我们以查找工资为例，图 11.4.1 所示是某公司的工资表，我们在空白单元格中输入公式 "=VLOOKUP(A2, 工资表 !A:C, 2, FALSE)"，这里 "A2" 是我们要查找的员工 ID，"工资表 !A:C" 是包含工资信息的表格区域，"2" 表示我们希望返回的数据位于工资表的第二列，最后的 "FALSE" 意味着我们希望进行精确匹配。

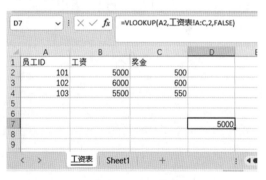

图 11.4.1　工资表

11.4.2　处理 VLOOKUP 函数的错误返回

在使用 VLOOKUP 函数进行查找时，可能会遇到 "#N/A" 错误，这意味着函数未找到对应数据。我们可以通过 IFERROR 函数来处理这一问题：

= IFERROR(VLOOKUP(A5, 工资表 !A:C, 2, FALSE), " 数据未找到 ")

如果 VLOOKUP 函数返回一个错误，IFERROR 将捕获它，并返回我们定义的自定义消息 "数据未找到"（见图 11.4.2）。

图 11.4.2　错误返回

11.4.3　两步 VLOOKUP 函数法则

在某些情况下，我们查询的数据列与查找列并非位于同一个工作表，此时我们可以利用"两步 VLOOKUP 函数法则"进行查找。

辅助列创建：在查找值所在表中创建一个辅助列，利用 VLOOKUP 函数查询出中间数据。

最终数据查找：使用新的中间数据作为查找值进行二次 VLOOKUP，查询得到最终结果。

假设我们有员工表和部门预算表，现在我们需要将部门预算表中的预算加入员工表中，首先，我们需要在员工表中添加"预算"列，如图 11.4.3 所示。

图 11.4.3　在员工表中添加"预算"列

在员工表中，我们首先使用 VLOOKUP 函数查找部门，然后使用部门在"部门预算表"中查找预算：

= VLOOKUP(C2, 部门预算表 !A:B, 2, FALSE)

查找结果如图 11.4.4 所示。

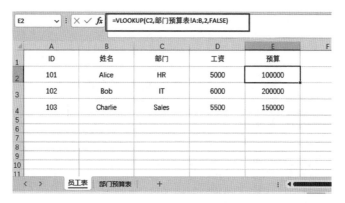

图 11.4.4　查找结果

在这一节中，我们一起学习了 VLOOKUP 函数的基本应用，探索了它在错误处理和多表查询中的实际操作，也窥探了它与其他函数搭配使用时带来的惊喜。相信你已经在这些实例中看到了 VLOOKUP 函数无尽的可能性，也许在今后的实际工作中，它将成为你最得力的助手。

但是，Excel 的世界不止于此。期待你在未来的探索中，能不断发现 VLOOKUP 函数更多的秘密，也能在实际的运用中，创造出属于你的、独一无二的数据艺术。

11.5　精准计数的艺术——走进 COUNTIF 函数的世界

数据分析中一个不可或缺的环节便是数据计数。在庞大的数据海洋中，如何准确无误地统计出满足特定条件的数据数量，无疑是提高数据处理效率与精准度的关键一步。在本节中，我们将学习 Excel 中的一个强大工具——COUNTIF 函数，探寻它在数据计数中的实用技巧。

11.5.1　COUNTIF 函数的基础结构与应用

COUNTIF 函数是一个统计函数，用于统计满足特定条件的单元格数量。其基本语法如下：

COUNTIF(范围 , 条件)

范围：需要进行计数的单元格区域；

条件：计数所依据的特定条件或标准。

图 11.5.1 所示的表格中有两个小组的语文、数学和英语成绩，现在我们需要统计一组的人数。

在 G3 单元格中输入“=COUNTIF($B$3:$B$12," 一组 ")”，回车后即可统计出一组的人数，这里要注意统计范围。

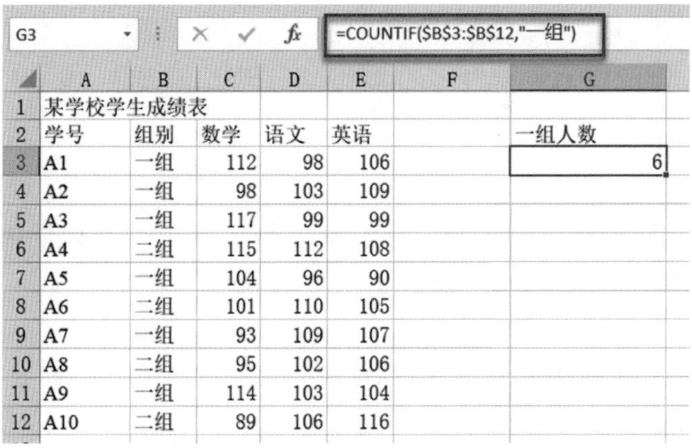

G3 =COUNTIF($B$3:$B$12,"一组")

	A	B	C	D	E	F	G
1	某学校学生成绩表						
2	学号	组别	数学	语文	英语		一组人数
3	A1	一组	112	98	106		6
4	A2	一组	98	103	109		
5	A3	一组	117	99	99		
6	A4	二组	115	112	108		
7	A5	一组	104	96	90		
8	A6	二组	101	110	105		
9	A7	一组	93	109	107		
10	A8	二组	95	102	106		
11	A9	一组	114	103	104		
12	A10	二组	89	106	116		

图 11.5.1 统计“一组”人数

11.5.2 多条件计数——COUNTIFS 函数的运用

在复杂的数据分析过程中，我们可能需要根据多个条件进行计数。此时，Excel 中的 COUNTIFS 函数便能发挥巨大的作用。COUNTIFS 函数允许我们依据多个条件进行精准计数，其基本语法如下：

COUNTIFS(范围 1, 条件 1, [范围 2, 条件 2], ...)

我们仍然以前文成绩表为例，现在需要计算一组学生中数学成绩在 110 以上的人数，在 G6 单元格中输入“=COUNTIFS($B$3:$B$12," 一组 ", $C$3:$C$12,">=110")”，最终计算出满足条件人数的人数为 3 人（见图 11.5.2）。

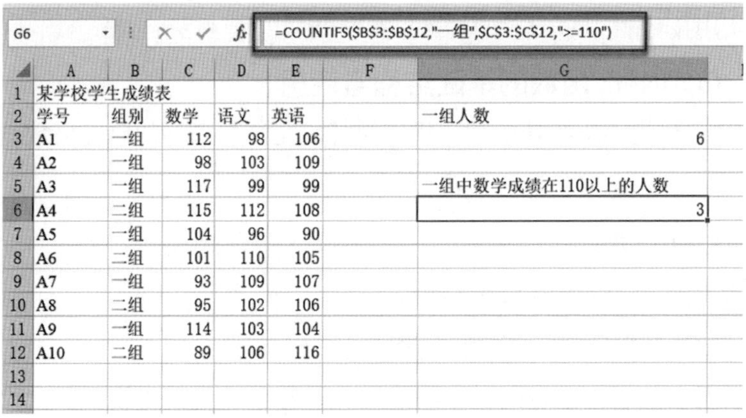

G6 =COUNTIFS($B$3:$B$12,"一组",$C$3:$C$12,">=110")

	A	B	C	D	E	F	G
1	某学校学生成绩表						
2	学号	组别	数学	语文	英语		一组人数
3	A1	一组	112	98	106		6
4	A2	一组	98	103	109		
5	A3	一组	117	99	99		一组中数学成绩在110以上的人数
6	A4	二组	115	112	108		3
7	A5	一组	104	96	90		
8	A6	二组	101	110	105		
9	A7	一组	93	109	107		
10	A8	二组	95	102	106		
11	A9	一组	114	103	104		
12	A10	二组	89	106	116		
13							
14							

图 11.5.2 多条件计数

11.5.3　高阶技巧：动态区间的计数

在实际应用中，我们可能需要在动态变化的数据区间内进行计数。这就需要我们巧妙地运用 INDIRECT 函数和 ADDRESS 函数来实现动态范围内的计数。同样，以前文成绩表为例，我们需要统计数学成绩列（C 列）中，从第 2 行到第 7 行内成绩大于 100 的学生数量。

我们需要计数的区间是从第 2 行到第 7 行，即动态行号是 7。在 G10 单元格中输入“=COUNTIF(INDIRECT("C2:C" & ROW(A7)), ">100")”。

INDIRECT("C2:C" & ROW(A7))：该部分会生成一个动态引用，例如，如果动态行号是 7，则生成的引用是 C2:C7。

COUNTIF(INDIRECT("C2:C" & ROW(A7)), ">100")：这个公式会在生成的动态引用范围内计数满足条件的单元格数量。

通过这个公式，我们可以统计数学成绩列（C 列）中从第 2 行到第 7 行内成绩大于 100 的学生数量，结果如图 11.5.3 所示。

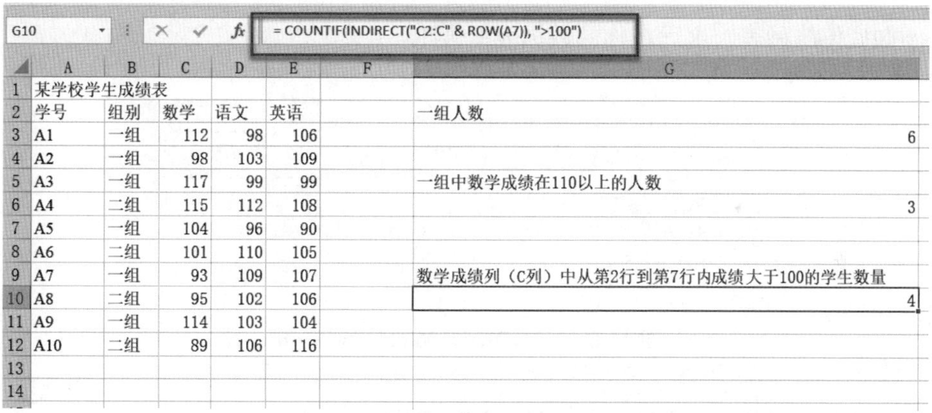

	A	B	C	D	E	F	G
1	某学校学生成绩表						
2	学号	组别	数学	语文	英语		一组人数
3	A1	一组	112	98	106		6
4	A2	一组	98	103	109		
5	A3	一组	117	99	99		一组中数学成绩在110以上的人数
6	A4	二组	115	112	108		3
7	A5	一组	104	96	90		
8	A6	二组	101	110	105		
9	A7	一组	93	109	107		数学成绩列（C列）中从第2行到第7行内成绩大于100的学生数量
10	A8	二组	95	102	106		4
11	A9	一组	114	103	104		
12	A10	二组	89	106	116		
13							
14							

图 11.5.3　动态区间的计数

现在，我们已经驾驶着 COUNTIF 函数这艘船，在无边无际的数据海洋中探索了一番。你是否已经感受到，那些曾经无法言说的数据，现在都在脑海中翩翩起舞？

在 COUNTIF 函数的世界里，每一个数据都有它的生命和节奏。它们在满足条件的光芒下轻快的旋转，汇聚成一串串灿烂的火花，展现出一个个绚丽的数据故事。

11.6　与时间赛跑——Excel 日期函数的奇妙世界

本节让我们一起来探索令人着迷的时间之旅——Excel 日期函数的奇异世界！

11.6.1 DATE 函数：打造你的时间机器

首先，让我们深入了解一下 DATE 函数，这不仅仅是一个函数，更是一台能把我们带往任何日期的时间机器！其基本语法如下：

= DATE(年 , 月 , 日)

这样我们就能构建一个属于我们自己的日期！图 11.6.1 为我们创造了一个 2023 年 10 月 13 日的标签。

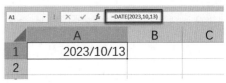

图 11.6.1　DATE 函数

11.6.2 TODAY 函数和 NOW 函数：永远不迟的现在

TODAY 函数与 NOW 函数，正如它们名字所暗示的，是活在当下的"家伙"！其基本语法如下：

= TODAY( )

= NOW( )

TODAY 函数和 NOW 函数总是精准地告诉你现在的日期和时间（见图 11.6.2）。它们是不知疲倦的秒表，永远在你的数据表里奔跑。

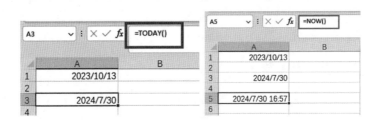

图 11.6.2　TODAY 函数和 NOW 函数

11.6.3 DATEDIF 函数：时间的秘密通道

DATEDIF 函数能告诉我们两个日期之间的天数。其基本语法如下：

= DATEDIF(开始日期 , 结束日期 , " 单位 ")

我们需要给该函数两个日期并告诉它我们想知道的是天、月、年中的哪一个。

比如下面的公式：

= DATEDIF("2023–01–01", "2023–12–31", "d")

这个公式将返回 2023 年 1 月 1 日和 2023 年 12 月 31 日之间的天数（见图 11.6.3）。

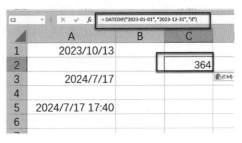

图 11.6.3　DATEDIF 函数

11.6.4　EDATE 函数和 EOMONTH 函数：未来（或过去）的预言家

EDATE 函数和 EOMONTH 函数则如预言家一般，能带我们领略未来或过去的风景。其基本语法如下：

= EDATE（开始日期, 月份）

= EOMONTH（开始日期, 月份）

它们能告诉我们在几个月后（或几个月前）的确切日期或者月份的最后一天是什么时候。

= EDATE("2023–01–01", 6)

= EOMONTH("2023–01–01", 6)

上面的公式将分别返回从 2023 年 1 月 1 日起六个月后的日期和六个月后的月份的最后一天（见图 11.6.4）。

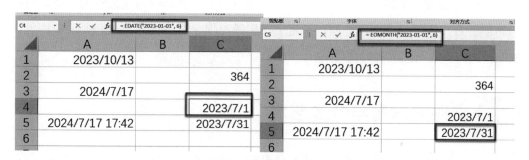

图 11.6.4　EDATE 函数和 EOMONTH 函数

这些日期函数就像 Excel 时间世界里的指南针，无论是在历史的长河中追溯，还是在未来的海洋中探寻，它们总能给我们一个精确的方向和安全的归宿。

第 12 章
Office 习惯与技巧

12.1 整洁的桌面，工作的良师

桌面作为计算机使用的起始与归宿，其整洁不仅影响着我们的视觉体验，更间接地塑造着我们的工作状态。过多的文件堆积在桌面上，就如同杂乱无章的思绪阻碍我们的创造力。请养成将文件整理到指定文件夹的习惯，将桌面留给最必要的应用程序快捷方式或不常用但重要的文件。

12.2 文件的命名与分类艺术

为文件赋予简明扼要且具有描述性的名称，可以让每一次的搜索与回溯变得简单易行。建立一套属于你自己的文件分类体系，将相关的文件放置在同一文件夹下，并用逻辑性强的名称来标记它们，如"2023 年财务报表"或"客户反馈汇总"。

12.3 定时设置自动保存，文件不易丢失

对办公人员来说，在使用计算机办公的时候突然停电或者计算机突然死机导致录入的数据丢失，是一件非常麻烦的事情。为了避免这种情况，用户应该养成时刻保存表格的好习惯。但在我们一心一意投入工作的时候，难免会忘记保存，针对这种情况，Excel 提供了自动保存的功能，用户可以通过设置"保存自动恢复信息时间间隔"，让 Excel 每隔一段时间就保存一次文档，当发生断电等意外情况时，再次启动 Excel，Excel 会给出"文档恢复"窗格，恢复未保存的表格。

设置自动保存的具体操作步骤如下。

在 Excel 界面中单击工作表左上角的"文件"菜单，在弹出的界面中单击"选项"。在弹出"Excel 选项"对话框中，切换到"保存"选项卡，在"保存工作簿"组中勾选"保存自动恢复信息时间间隔"复选框，并设置时间间隔，例如设置时间间隔为"3"分钟，设置完毕单击"确定"按钮即可（见图 12.3.1）。

图 12.3.1　定时设置自动保存

如果工作簿意外关闭，当用户再次打开工作簿时，工作表的左侧会弹出"文档恢复"窗格，提醒用户有哪些文档已经被恢复，用户可以选择打开恢复的文档。

Excel 的自动保存功能只能恢复 Excel 在异常情况下没有保存就关闭程序的文档。如果用户在正常关闭 Excel 程序时，选择了不保存对表格的更改，那么表格将无法恢复。

12.4 利用云同步，安全备份

将重要文件保存在云端，不仅能为你提供额外的备份，还能实现跨设备的无缝衔接。无论身在何处，只要有网络，文件就始终在你的掌控之中。

单击"文件"菜单，选择"共享"选项，单击"保存到云"，即可将重要文件保存至云端，实现安全备份（见图 12.4.1）。

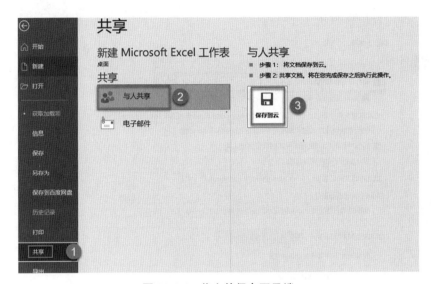

图 12.4.1　将文件保存至云端

通过这些简单的步骤，你可以轻松利用云同步功能，确保文件的安全性和可访问性。

12.5 利用宏和自动化功能

利用 Excel 中的宏和自动化功能，可以显著提高工作效率，减少重复性任务的工作时间。下面我们来看看如何创建和使用宏，并以表格"数据透视表"为例展示具体操作。

（1）启用开发工具选项卡

打开 Excel，单击"文件"菜单，然后选择"选项"（见图 12.5.1）。

在弹出的"Excel 选项"窗口中，选择"自定义功能区"，在"从下列位置选择命令"处选择"所有选项卡"，接着勾选"开发工具"选项卡，将其添加到右侧"自定义功能区"，最后单击"确定"按钮（见图 12.5.2）。

图 12.5.1　选择"选项"

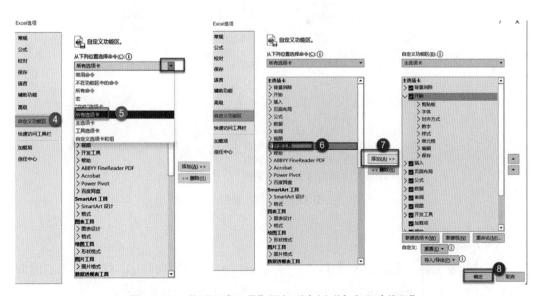

图 12.5.2　将"开发工具"添加到右侧"自定义功能区"

（2）录制宏

打开"数据透视表"表格，在"开发工具"菜单中，单击"录制宏"按钮。

在弹出的对话框中，为宏命名，例如"A4 页面横向打印"，并选择存储位置（建议选择"当前工作簿"）。单击"确定"后，Excel 会记录接下来进行的操作（见图 12.5.3）。

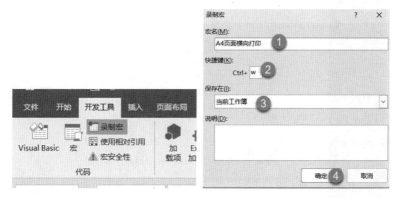

图 12.5.3　录制宏

单击"页面布局"菜单，单击"纸张大小"，然后选择"A4"，接着单击"纸张方向"，然后选择"横向"。最后单击"开发工具"菜单中的"停止录制"按钮（见图 12.5.4）。

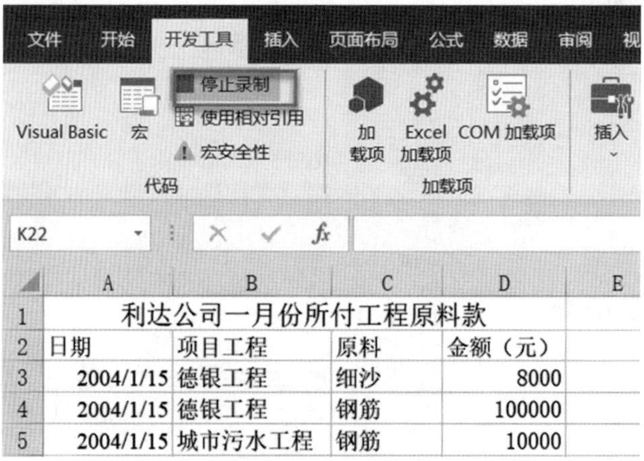

图 12.5.4　停止录制

（3）运行宏

在"开发工具"菜单中，单击"宏"，选择"A4 页面横向打印"宏，单击右侧的"运行"，宏会自动执行，将页面设置为 A4 纸，横向打印（见图 12.5.5）。

通过这些步骤，我们可以轻松创建宏，并使用宏来自动化表格的页面设置，提高工作效率。熟练掌握宏和自动化功能，可以让我们在数据处理和分析中游刃有余，事半功倍。

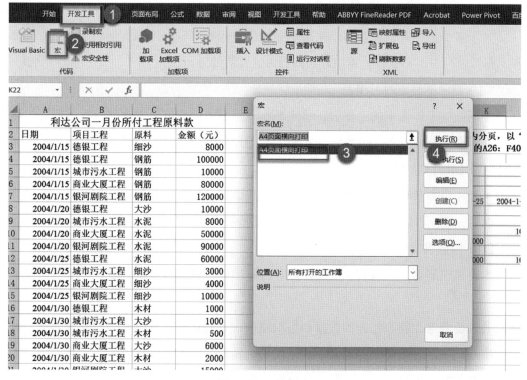

图 12.5.5　运行宏

12.6 掌握数字纪律：工作表数量的明智控制

在浏览电子表格文件时，过多的工作表经常会造成视觉混乱和定位困难。有效地控制和管理工作表数量不仅能让信息的获取变得简单，也能反映文件作者的条理性和专业性。在这方面，我们分享一些维护工作表数量和结构的小诀窍。

（1）逻辑清晰的工作表命名

给每一个工作表赋予一个清晰、简短且直观的名字，这样在导航或搜索时能够快速定位到你需要的数据。例如，使用"2023 年年度收入"代替模糊的"Sheet1"或"新建工作表"。

（2）合并相关数据

如果多个工作表中的数据关联性较强，可以考虑将它们合并到一个工作表中，并使用数据透视表或其他 Excel 工具来更高效地组织和分析数据。

（3）使用颜色编码

对于多个工作表，我们可以采用不同的颜色标签来区分不同类别的工作表，例如按月份或部门分类，这样就可以轻松找到你需要的部分。

（4）删除不必要的工作表

定期检查工作簿中的工作表，移除那些不再需要的或冗余的表格，这不仅可以减少混乱，也可以减小文件的大小，让其更易于分享和保存。

（5）创建目录索引

当工作表数量较多且必要时，可以创建一个目录工作表，列出所有的工作表及其主要内容，甚至可以创建超链接，通过单击超链接导航到相关工作表。

（6）保护重要的工作表

为避免误删除，可以对关键工作表进行保护或隐藏，以防工作表不小心被修改或删除。

通过智慧地控制工作表的数量和组织结构，我们将更加从容地面对海量数据，并在其中找到我们真正需要的信息。这不仅是一种科学的数据管理方法，更是一种对工作尊重和负责的态度。

至此，Excel 的实践与探讨进入尾声，我们一同穿越数据森林，探索了单元格的奥秘，和函数公式共舞，并在图表和分析中找到了乐趣。Excel 作为一款强大的数据分析和管理工具，它的魅力在于其多样的可能性，能够让我们在行与列的交错中找到答案，也能让我们在数据的堆叠中塑造新的世界。希望这几章有关 Excel 的学习，能为你解锁 Excel 的种种秘密，也能激发你对数据分析和管理工作的兴趣。在日后的工作与学习中，愿你能够自如地运用这些知识，创造出属于你自己的数据艺术。

第 13 章
PPT 的真正价值

PPT 是办公场合常用的办公工具之一，有的人制作的 PPT 呆板无聊，有的却让人眼前一亮，让我们摆脱"PPT= 无聊"的刻板印象，一起跳入充满魔力的幻灯片世界，探索 PPT 的无限精彩！

13.1 PPT 的历史

PPT 诞生于 1987 年，那时连手机都还是稀罕物！PPT 第一次出现在人们面前时，简单、朴素，连动画效果都没有，不过它的出现让人们对会议有了全新的看法。

跟我们一样，PPT 也经历了青涩的青春期。1997 年，PPT 第一次尝试加入视频和音频，结果导致文件大得吓人，经常崩溃。

进入 21 世纪，随着软硬件的升级，PPT 有了 3D 效果、高级动画等功能。现在的 PPT 非常聪明，它不仅能云端共享，还能团队协作，可以说是办公室里的超级联盟！

13.2 为什么选择 PPT

PPT 不仅是演示工具，它还是万能的小助手、沟通的桥梁和个人形象代言。

万能的小助手：你以为 PPT 只能做幻灯片？大错特错！它还能制作海报、生日贺卡、图表，甚至是网站原型！有了 PPT，你就有了一个随身的设计师、艺术家和分析师！

沟通的桥梁：试想，如果没有 PPT，我们的会议将变成什么样？一堆乱糟糟的纸张、听不懂的专业术语、难以理解的数据……PPT 就像一个翻译官，把复杂的信息转化为易于理解的视觉语言。

个人形象代言：不要小看 PPT 对个人形象建设的作用。一份设计精良、内容丰富的 PPT 能展示你的专业性和创造力，就像是你的名片一样！

13.3 探索 PPT 的多功能性

PPT 不只可以制作简单的幻灯片，还能制作互动小游戏、线上课程，甚至是动画短片！PPT 就是我们手中的魔法棒！等待我们挥洒创意。通过组合不同的元素、布局和设计，你可以创造出只属于你的精彩！这里没有限制，只有无限可能！

当你深入了解 PPT，你会发现无论是数据整理、图形编辑，还是视频制作，它都能胜任。一旦你掌握了这个工具，你就会成为办公室里的 PPT 达人！

PPT 不仅伴随着我们的工作，更助力我们的创造力与表达。接下来，让我们一起探索 PPT 的神奇世界。

第 14 章

PPT 基础知识——
将幻灯片艺术变为超能力

在这个快节奏、高效率的时代，简洁明了地表达观点几乎成为一种必备技能。而 PPT 作为我们日常工作和学习中不可或缺的工具，正是承载这种表达的重要平台。在这一章中，我们将一起探索 PPT 的基础功能，解锁你在制作每一张幻灯片时的超能力。

14.1 探索模板的王国

14.1.1 模板是什么

在 PPT 的世界里，模板是表达思想的第一步。它不仅设定了幻灯片的整体外观、风格和布局，而且可以大大节省用户的时间，让用户更专注于内容而非设计。正确的模板可以让我们的演示文稿脱颖而出。

那如何使用 PPT 模板？首先打开 PowerPoint，在"文件"菜单中，选择"新建"，此时右侧界面会显示多种联机模板（见图 14.1.1）。

图 14.1.1 使用联机模板

14.1.2 如何挑选和使用模板

挑选模板就像选择一件适合场合的服装，需要考虑的不仅是美观，还有是否符合需要传达的主题和氛围。选定模板，将内容嵌入设计好的版块中即可。这个过程需要细心和匹配，以确保内容和设计之间的和谐统一。

14.1.3 自定义模板

当然，如果你觉得现成的模板无法满足你的需求，也可以尝试自己动手创建一个新模板。通过调整颜色方案、字体选择和布局设计，我们可以创建一个符合个人需求或个人风格的模板。当我们设计完 PPT 模板后，可以单击"文件"菜单中的"另存为"，双击"这台电脑"，在弹出的对话框中的"保存类型"位置选择"PowerPoint 模板（*.potx）"，并进行重命名，这样以后我们就可以调用这个模板了（见图 14.1.2）。

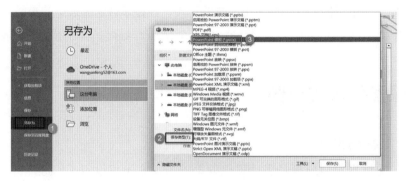

图 14.1.2　自定义模板

14.1.4 实例分享

假设我们需要为一个环保项目做演讲。选择一个以绿色为主色调的模板（见图 14.1.3），可以强调自然和生态的主题，使演讲更具说服力。还可以用大自然的图片作背景，同时采用清晰、简洁的版式，使内容更加引人注目。

图 14.1.3　选择以绿色为主色调的模板

14.2 文字与图片：表达的艺术

14.2.1 平衡文字和图片

在 PPT 中，文字提供信息，图片加深理解，找到二者之间的平衡是至关重要的。过多的文字会使幻灯片看起来拥挤、乏味，而图片的过度使用又会模糊主题（见图 14.2.1）。

图 14.2.1　需要找到文字与图片之间的平衡

14.2.2 文字的力量和限制

文字是传达具体信息的关键，其优势在于简洁。每个幻灯片应该只传达一个主要观点，并用几个关键点进行支持。这样不仅使信息更易于消化，还可以在演讲中留出解释和展开的空间。

14.2.3 图片的选择和利用

图片能说千言万语，所以选择能够强化幻灯片消息的图片至关重要。我们需要是高质量的、与话题相关的，并且能够引起情感共鸣的图片。另外，在一些活动上使用图片需要考虑版权问题！

14.3 动画与过渡：活力四射的幻灯片

14.3.1 什么是动画和过渡

动画和过渡可以为 PPT 增添活力。动画是指幻灯片中的对象（如文本、图片等）的动态效果，而过渡是指幻灯片之间的动态效果。它们在吸引观众注意力、突出重要信息方面起着关键作用。

14.3.2　如何有效使用动画

动画应该用来强调 PPT 的主要点，而不是分散观众的注意力。过多或太花哨的动画会使观众分心，甚至感到不适。选择适合内容和演讲风格的动画，并且牢记简单往往效果更好。

单击"动画"菜单，我们能看到各种各样的动画效果，首先选定需要添加动画的文字，如"计算机系统简介"，然后选择"擦除"的动画效果，这时"效果选项"处于可选状态，我们可以进一步给"擦除"动画选择一个效果选项（见图 14.3.1）。

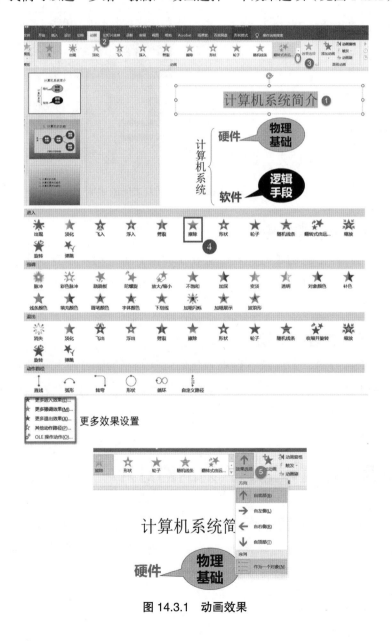

图 14.3.1　动画效果

14.3.3　动画的计时

设置完动画后，我们还可以为动画设置开始时间、持续时间及延迟时间。

单击"动画"菜单中"计时"功能组中的"开始"，在弹出的下拉列表中选择所需的计时开始时间，包括"单击时""与上一动画同时"和"上一动画之后"。同时，可以在"持续时间"位置可以直接输入所需的秒数，在"延迟"框中输入延迟所需的秒数（见图 14.3.2）。

图 14.3.2　动画的计时

14.3.4　实例分享

假设我们正在制作一个项目进度报告。当谈到每个阶段的成果时，可以使用"逐条出现"的动画效果，逐一突出每个成就。或者，在不同部分之间使用简单的"淡入"或"推进"过渡效果，这样可以在不分散观众注意力的情况下，保持演讲的流畅性。

现在，我们已经完成了 PPT 的基础学习！一个出色的 PPT 不仅是文字和图片的堆砌，更是用户思想的视觉传达，是展示内容强有力的支持。记住这些基础原则，并在实践中不断实践。下一章，我们将探索更多高级技巧，准备好了吗？让我们继续前进，解锁新的可能！

第15章
PPT 进阶技能

在 PPT 的奇妙世界里，只有不断学习和探索才能使你完全掌握这个领域。让我们一起踏上这趟奇幻旅程，探索更深层次的 PPT 技巧吧！

15.1 让文本跃然纸上：高级文本技巧

15.1.1 根据重要性设计文字

一场音乐会中每种乐器都有它的独特声音和重要性。同样，在 PPT 中，文字就像乐队里的各种乐器，每段文字都有其独特的角色和重要性。我们的目标是确保每段文字都能在正确的时间、正确的地方演奏出它最美妙的旋律。

● 标题：舞台上的主唱

标题就像乐队的主唱，是最吸引注意的部分。选择大而突出的字体，如 Arial 或微软雅黑，建议字号至少为 60。

确保标题简洁有力，能够清晰地传达主要信息或主题。

● 副标题：补充的和声

副标题是对主标题的补充，提供额外信息。它的字体可以稍小，例如 30 号，但应保持清晰易读。

副标题可以是一个引人深思的问题、一个有趣的事实或简短的说明。

● 正文：乐队的节奏

正文文字就像乐队中的节奏，支撑着整个演出。建议使用更小的字体，如 24 号。

正文应简洁明了，每张幻灯片不要超过 6 行文字。避免长篇大论，让观众快速捕捉要点。

● 强调文字：独奏时刻

需要强调的关键词或短语就像独奏时刻，需要让观众注意。可以通过加粗、倾斜或改变颜色来突出这些文字。

强调文字应用于最重要的概念或数据，帮助观众记住核心信息。

● 引用与标注：低音部的深度

引用和标注通常用于提供来源或额外注释，就像低音部给音乐增加深度。这些文字可以更小，如 20 号，但应确保可读。

保持标注的一致性和简洁性，不要让它们分散观众的注意力。

15.1.2　字体的艺术

字体的选择会极大地影响演示文稿的整体感觉。不同的字体风格可以传达不同的情绪和信息。

选择与主题相符的字体。如果是正式商务演示，可以选择更加传统的字体，如宋体或黑体；如果是创意演示，更现代、更个性的字体可能更合适，如微软雅黑。

15.1.3　文本的视觉效果

文本不能总是平淡无奇的，适当的视觉效果可以使其焕然一新，但关键是要适度。

使用阴影、发光等效果可以使文本更加突出，但不要过度使用，以免显得花哨。在重要标题上使用这些效果更为合适。

选择需要设置的文字，单击"形状格式"菜单，选择"文本效果"菜单列表中的"阴影"，从弹出的菜单中选择合适的效果（见图 15.1.1）。

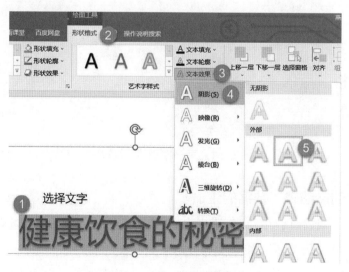

图 15.1.1　添加视觉效果

15.2 图表不只是为了好看：传播知识

15.2.1 图表的选择和使用

图表是数据可视化的重要工具，正确的图表类型可以更有效地传达信息。

根据需要传达的数据性质选择图表。例如，柱形图适合比较数据，折线图适合显示趋势，饼图则适用于显示比例。每种图表的适用场景可具体查看本书第九章"数据可视化——用数据讲故事"。

15.2.2 图表一页一张

图表的使用不仅是为了把数字进行可视化展示，更重要的是有效传达信息。图表的选择要因内容而异，并不是图形的简单堆砌，一定要把重要内容进行简明扼要的显示。如果用多个图表显示同一个数据，必然会造成观众理解困难。

具体使用什么图表，要看这张图表具体要传达什么样的信息，比如，为了直观显示人数，在这种情况下，我们可以选择图 15.2.1 左侧图表，如果是为了显示比例，右侧图则更直观。但注意，图表最好一页一张，避免显示混乱。

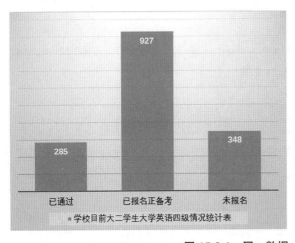

图 15.2.1　同一数据，不同图表

15.2.3 动态图表：数据的生命

动态图表可以使你的 PPT 更加吸引人。它们不仅可以用来展示数据的变化，还可以帮助观众更好地理解数据的上下文和重要性。

利用 PPT 的动画功能来制作动态图表。例如，动态饼图可以逐步突出显示每个部分，动态条形图可以展示数据的变化过程。但要记得，所有的动画都应该服务于数据的解释和呈现，而不是仅仅为了制作动画。

15.3　掌握 PPT 主题的秘密

在 PPT 的世界里，主题就像一种魔法，能够一瞬间改变幻灯片的整体风格和气氛。正确地使用主题，会让 PPT 制作更加简便。

15.3.1　什么是 PPT 主题

PPT 主题是一组设计元素的集合，包括颜色方案、字体选择和背景设计。它是幻灯片视觉呈现的基石，能够确保整个演示文稿的一致性和专业性。

PPT 的主题可以在"设计"菜单的"变体"功能组中进行设置，设置的内容包括"颜色""字体""效果"及"背景样式"（见图 15.3.1）。

图 15.3.1　PPT 主题设置

● 颜色：主题颜色决定了幻灯片中使用的颜色方案。它不仅影响文字颜色，还会影响图表、图形和其他可视元素的颜色。主题颜色包含一系列协调一致的颜色，这些颜色通常包括主色调、辅助色和强调色。选择合适的主题颜色可以确保您的演示文稿看起来专业且协调。

● 字体：主题字体决定了幻灯片中文本的字体风格。通常情况下，一个主题会包含两种字体风格：一种用于标题，另一种用于正文。正确选择字体不仅能提高阅读的舒适度，还能传达特定的气氛和风格。

● 效果：主题效果涉及幻灯片中的图形和对象的视觉效果，比如阴影、线条样式、填充效果等。将这些效果应用到形状、图表和其他图形元素上，可以给予演示文稿格式一致但吸引人的视觉体验。

● 背景样式：背景样式决定了幻灯片背景的外观。它可能包括纯色、渐变色、图案或图像。一个好的背景样式不应该让读者分心，而是增强内容的可读性和整体的美观性。背景样式是设置演示文稿整体感觉的重要因素。

15.3.2　如何选择合适的主题

选择主题就像是给幻灯片选择一套"衣服"。这套"衣服"不仅需要美观大方，还要能够传达正确的信息和情绪。

● 考虑场合：正式的商务报告可以用一个简洁专业的主题，而创意演示则可以选择更加活泼的风格。

● 传达情感：颜色和设计元素能够影响观众的情感。暖色调可以创造友好、活跃的氛围，而冷色调则给人沉稳、专业的感觉。

15.3.3　如何自定义 PPT 主题

如果你想要让 PPT 更加个性化，为什么不试试自己动手定制一个独一无二的主题呢？

● 定制颜色方案，在"设计"菜单的"变体"组中选择"颜色"，然后选择"自定义颜色"，自己创建专属色彩组合。

● 选择合适的字体：在"变体"组的"字体"选项中选择适合 PPT 内容和风格的字体组合。

● 背景设计：不要忽视背景的力量。你可以选择简单的纯色背景，或者添加一些图案、图形来增加视觉效果。

15.3.4　如何使用内置主题

内置主题是 PowerPoint 提供的一系列预设的设计方案，包括统一的颜色方案、字体选择和背景设计。这些主题可以为我们的演示文稿提供一致和专业的外观，同时节省我们的设计时间。

● 选择主题：在创建新的 PowerPoint 演示文稿时，首先单击"设计"菜单。这里我们会看到多种内置主题预览。浏览这些主题，并选择最适合自己内容的主题。

● 预览效果：在选择主题之前，我们可以将鼠标悬停在不同的主题上，以预览它们在幻灯片上的外观。这有助于我们做出更明智的选择。

● 应用主题：选定后，单击该主题，它将自动应用到整个演示文稿中（见图 15.3.2）。

15.3.5　主题和模板的联系与区别

当我们提到 PPT 的"主题"和"模板"时，有时可能会把这两个概念混为一谈。但实际上，它们之间既有联系也有区别。

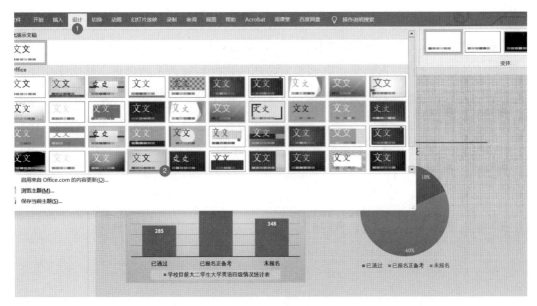

图 15.3.2　应用内置主题

（1）主题是幻灯片的灵魂

主题可以看作 PPT 的灵魂，它决定了 PPT 的整体风格、颜色、字体和其他设计元素。它就像 PPT 的衣服，反映了我们要传达的气氛和主题。换句话说，主题是对幻灯片视觉效果的全面控制。

（2）模板是幻灯片的框架

模板更像是一个预先设计好的框架，包括了排版、版面设计及可能包含的文本和图像位置。它决定了 PPT 的内容该如何排布和展示。

（3）主题与模板的联系

● 风格的一致性：无论是主题还是模板，它们都可以保持 PPT 的整体风格和一致性。

● 易于使用：它们都是为了让用户能够更容易、更快速地完成演示文稿的设计。

（4）主题与模板的区别

● 设计元素的差异：主题更偏向于颜色方案、字体和背景设计，而模板涵盖的是排版和页面布局。

● 使用层面不同：主题是对幻灯片视觉风格的全面设定，而模板则是实际操作时填充内容的基础框架。

总的来说，我们可以把主题理解成 PPT 的"内在灵魂"，而模板则是"外在的身体"。二者相辅相成，共同构成了一个完整的、吸引人的演示文稿。掌握了主题和模板的区别与联系，我们就能更有效地使用 PPT，创造出既美观又实用的演示作品。

PPT 的进阶之路并不容易，它需要对技巧的掌握和对艺术的理解。从文字布局到动态演示，每一个步骤都需要细心考虑和实践。但记住，其最终目标是清晰、有效地沟通。无论 PPT 多么炫酷，如果它没能传达出准确的信息，那一切都是徒劳的。让我们用这些进阶技能，创造既美观又有意义的内容吧！

第 16 章
PPT 的高级技巧

16.1 ▶ 动画的魔法：不只是闪闪发光

16.1.1 精心的动画选择

动画可以活跃演示，但过度使用会分散听众的注意力。

案例分析：在年度总结 PPT 中使用精心设计的动画来突出关键成果，通过简单但引人注目的动效，使重点信息得到强调，而不是淹没在花哨的效果中。

实践技巧：使用动画强调关键点，而非每个元素。过度使用动画会使观众感觉眼花缭乱，并因此丢失关键信息。

16.1.2 交互式 PPT

通过交互设计，将观众纳入你的演示，让他们成为其中的一部分。

案例分析：在产品发布会上，利用交互式 PPT 展示了智能家居生态系统，观众可以通过点击来选择他们最感兴趣的产品了解其详细信息。

实践技巧：加入超链接、隐藏的幻灯片或"触发"动画，使你的 PPT 不再只是单向交流，而是双向互动。

16.1.3 时间的艺术

掌握动画的时间和过渡可以创造流畅而专业的演示。

案例分析：在会议上，通过精确控制动画和幻灯片过渡的时间，确保演讲者每个关键点都能得到足够的关注，而不会感觉仓促或拖沓。

实践技巧：用"延迟""持续时间"和"重新开始"等功能来精细调整动画。记住，所有动画和过渡都应该服务于整体信息的传递。

16.2 设计的细节：小处着眼，大处着手

16.2.1 对齐和网格系统

正确的对齐和网格系统是设计 PPT 的基础，它们将为你的演示文稿带来整齐和专业的外观。

案例分析：许多商业计划书使用严格的网格系统，以确保每一页都有统一和专业的外观。这不仅反映了他们的专业性，也使内容更易于阅读和理解。

实践技巧：使用 PPT 中的"对齐"工具和"网格"功能来放置元素。一致的间距和高对齐度可以大大提高你的设计质量。

16.2.2 高级色彩理论

理解色彩理论可以帮助你创建情绪、引导注意力并强化你的信息。

案例分析：在品牌推广 PPT 中运用色彩理论，通过对比色彩强调其创新性和用户友好性，成功吸引潜在合作伙伴和客户的注意力。

实践技巧：研究颜色轮和色彩搭配原则，学习如何使用互补色、类似色等来创建和谐但引人注目的设计。

16.2.3 创意图片应用

图片不仅是用来装饰的，还可以加强你的信息，甚至以创造性的方式成为信息的一部分。

案例分析：在市场分析报告中，巧妙地将图表数据融入相关图片中，不仅可以节省空间，还能使数据更具吸引力。

实践技巧：试着将文字融入图片，或者使用图片作为背景来突出你的统计数据。记住，图片的使用应该增强信息，而不是分散核心信息。

16.3 走进未来：探索 PPT 的新趋势

16.3.1 虚拟现实（VR）与增强现实（AR）在 PPT 中的应用

VR 和 AR 技术正在改变我们呈现和体验信息的方式。

案例分析：在产品展示中，通过 VR 让观众亲身体验新型智能手机的独特功能。这种沉浸式体验可以更好地向观众展示产品的具体优势。

实践技巧：尽管这需要更高级的技术支持，但考虑将 VR 或 AR 元素整合到你的演示中，特别是当你的主题围绕技术或未来趋势时，可以大大提高观众的参与度。

16.3.2　PPT 自动化

自动化工具可以节省时间，减少重复性工作，让你能够专注于核心内容和创意思维。

案例分析：使用 PPT 自动化工具生成季度财务报告，通过自动填充数据和图表，能够在短时间内准备出准确、一致的报告。

实践技巧：探索使用 PPT 插件和软件，如 Office Scripts 或 think-cell，这些工具可以帮助用户自动化数据的输入和更新图表。

16.3.3　人工智能在 PPT 设计中的角色

人工智能已不再是科幻电影中的情节，它正逐渐成为我们工作流程中的一部分，包括 PPT 设计。

案例分析：使用 AI 工具来优化 PPT 设计流程，通过分析最成功的演示文稿，系统可以提供设计建议和模板，帮助创建者制作出更高质量的演示。

实践技巧：利用 AI 驱动的设计助手和内容建议，让你的 PPT 制作过程更智能、更高效。

第 17 章

团队协作与数据安全——
MS Office 的力量

在当今这个数字化快速发展的时代，有效的团队协作和数据安全已成为企业成功的关键。Microsoft 365 作为一个全面的解决方案，不仅提供了强大的工具为用户进行实时协作，还内置了多层安全措施，确保用户的商业信息得到全面保护。本章将深入探讨如何利用 Microsoft 365 实现高效的团队协作，同时确保我们的数据安全无忧。

17.1 高效团队协作的艺术

17.1.1 实时协作的魅力

在现代工作环境下，实时协作已不再是一种奢侈，而是必需。Microsoft 365 通过 Word、Excel、PowerPoint 的实时协作特性，使团队成员不受地理位置限制，能够同时编辑同一文档。例如，一家跨国制药公司可以利用实时编辑，在不同国家的研发人员之间共享临床试验数据，大大加快新药的上市速度。

17.1.2 会议与通信的革新

Microsoft Teams 改变了虚拟会议的方式，为远程工作提供了前所未有的一体化体验。通过 Teams 进行视频会议，不仅可以共享议程，还可以在会议中共同编辑文档，并在会后通过即时通信得到迅速反馈。

17.1.3 共享与管理文件

OneDrive 和 SharePoint 不仅能使文件共享变得简单，而且通过高级权限设置和版本控制，确保了文档管理的透明和高效。通过 SharePoint 管理所有项目文件不仅可以实现团队成员之间的无缝协作，还能够轻松追踪每个文件的修订历史。

17.2 保护您的数字财富

17.2.1 密码与身份验证

设置强密码可能已不足以保护我们的账户，Microsoft 365 的两步验证为数据安全增加了一层保护。假设一家金融机构启用了两步验证，即使相关密码被盗，员工的手机也会收到登录尝试的通知，从而防止潜在的非法访问。

17.2.2 文件加密与访问控制

Microsoft 365 可以进行文件加密，即使在传输过程中数据被截获，没有授权也无法读取数据。相关企业可通过这一特性保护客户信息及重要数据，避免法律纠纷和经济损失。

17.2.3 恶意软件保护

针对网络威胁，Microsoft 365 提供了内置的防病毒和反恶意软件解决方案。一家零售连锁企业就曾遭受勒索软件攻击，但得益于 Microsoft 365 的防护机制，其关键系统未受影响，可以继续正常运行。

17.3 安全存储与备份策略

17.3.1 云存储的智慧

OneDrive 和 SharePoint 的云存储解决方案不仅为用户提供了便利的远程访问，还可通过自动同步确保数据的实时备份。例如，一家国际非政府组织在地震发生后，虽然其地面设施受损严重，但所有关键数据因存储在云端而得以保存。

17.3.2 数据损失防护

通过 Microsoft 365 的数据损失防护（DLP）策略，企业可以防止敏感信息的不经意泄露。一家制造公司曾无意中将即将发布的产品细节通过电子邮件发送给外部供应商，但 DLP 策略自动拦截了该邮件。

17.3.3 灾难恢复规划

Microsoft 365 的灾难恢复功能确保了即使在极端情况下，用户的业务也能快速恢复。一家互联网服务提供商在遭受大规模 DDoS 攻击后，利用 Microsoft 365 的灾难恢复功能迅速恢复了服务，最大限度地减少了客户的不便。

Microsoft 365 通过其多功能协作工具和严密的安全措施，为现代企业提供了一个完整的业务解决方案。有效利用这些工具，可以让团队协作更加流畅，同时能够保护公司的重要数据。在这个不断变化的数字世界中，掌握 Microsoft 365 的强大功能，将帮助我们走在成功的前沿。

参考文献

在撰写《MS Office 高效办公必修》一书时，笔者参考了多种文献、网站和专业文章，以下列出部分重要参考文献。

［1］王晓丽 . 高效办公：MS Office 应用指南［M］. 北京：清华大学出版社，2020.

［2］张红梅 . Office 365 实战使用手册［M］. 北京：电子工业出版社，2019.

［3］梁宏 . Office 365 企业应用实战［M］. 北京：机械工业出版社，2018.

［4］孙建军 . 新时代高效办公技巧［M］. 北京：人民邮电出版社，2021.

［5］张建国 . 企业数据安全与保密实务［M］. 北京：中国财政经济出版社，2020.

［6］王婧 . 现代职场协作工具指南［M］. 北京：中信出版社，2019.

［7］Jones M，Smith L.Maximizing Productivity with Microsoft Office 365［J］. Journal of Business Technology，2022，15（2），130–145.

［8］Green A. Collaboration in the Digital Age: How Office 365 Transforms Workplace Dynamics［J］. International Journal of Business Communication，2021，29（4），456–472.

此外，读者还可以参考 Microsoft 365 文档和 Microsoft Security Blog。